古川　安
Yasu Furukawa

化学者たちの京都学派

喜多源逸と日本の化学

京都大学学術出版会

目　　次

プロローグ　喜多源逸の姿を求めて ——本書ができるまで—— ……………… 1

化学の京都学派を創った男　　3

本書ができるまで　　5

第1章　京都学派の形成 ——工業化学者・喜多源逸の挑戦—— ……………… 11

はじめに　　13

1　奈良から、三高、東京帝国大学へ　　14

2　教育観の齟齬　　18

3　京都帝国大学と澤柳事件　　21

4　欧米留学　　25

5　理研精神——大河内正敏と喜多源逸——　　31

6　喜多イズムの浸透　　36

7　国策科学と学派の拡大　　46

8　巨星墜つ　　50

第2章　実験室から工場へ ——戦時下の人造石油開発—— ………………… 57

はじめに　　59

1　小松茂と海軍の直接液化法　　63

2　喜多源逸と京都帝国大学のフィッシャー法　　70
　　——実験室からパイロットプラントへ——

3　京都から北海道へ　　79

4　人造石油の遺産　　89

第3章　繊維化学から高分子化学へ ——桜田一郎のたどった道—— ……… 93

はじめに　95

1　教育——セルロース化学の世界へ——　97

2　喜多研究室とセルロース化学　99

3　若きセルロース化学者のドイツ——低分子派の下に——　102

4　帰国後の研究活動とシュタウディンガーとの論争　110

5　高分子説の受容と「高分子」という言葉　119

6　ドイツ仕込みの気鋭化学者　123

7　合成繊維ナイロンの出現とその意味　131

8　合成一号と李升基　136

9　繊維化学科、日本合成繊維研究協会、「大阪・中之島の陣」　145

10　悩める二人の「発明者」　153

11　高分子化学の重鎮　161

第4章　燃料化学から量子化学へ ——福井謙一が拓いた世界—— ………… 165

はじめに　167

1　化学への道　173

2　量子の扉を開く　179

3　燃料化学科とハイドロカーボン　187

4　児玉信次郎のドイツ留学とポラニー　192

5　戦争のあとさき　202

6　フロンティア軌道理論をつくる　210

7　反発から受容へ　222

8　工学部の理論化学者たち　232

9　創造の源泉　249

エピローグ　有機合成化学の系譜 ——ラウエルから野依良治まで—— …… 253

はじめに　255

1　合成化学科への道——小田良平と古川淳二——　255

2　有機化学者・野依良治の誕生　266

謝　辞 ——あとがきに代えて——　275

文献一覧　279
インタビュー一覧　306
喜多源逸 関連年表　308
人名索引　313
事項索引　322

プロローグ

◆

喜多源逸の姿を求めて

　京大工学部の化学分野は伝統的に理学部よりも理学部らしく基礎を重視
してきた。

——吉田善一「独創の軌跡」（1992 年)[1]

1) 塩谷喜雄「独創の軌跡　現代科学者伝　吉田善一氏②」『日本経済新聞』1992 年 11 月 1 日から引用.

化学の京都学派を創った男

　今の若い世代の科学研究者や学生で喜多源逸（1883-1952）の名を知る者はほとんどいないであろう。彼がいた京都大学（以下京大と略）のキャンパスにも、碑や像はもとより彼の事跡を示すものはない。その歴史的重要性にもかかわらず、彼の生涯やその学派の歴史を扱った書物もない。本書はまずもって、この歴史の空白を埋める任を負っている。

　化学にも京都学派があった。喜多源逸は京都帝国大学（以下、京都帝大と略）工学部工業化学科に在任中、「京都学派」と呼ばれる学派を創始し、独自の学風を植え付けた。彼は研究者としてよりも組織者・管理者・教育者としてその才を遺憾なく発揮した。組織者・管理者としての彼は、財団法人理化学研究所主任研究員、京都帝大附置化学研究所所長、財団法人日本合成繊維研究協会副理事長、京都帝大工学部長、学術研究会議委員、日本学術会議会員、日本学士院会員、浪速大学（後の大阪府立大学）学長、工業化学会会長、日本化学会会長などさまざまな役職を歴任した。産業界の支援を受けて学内に財団法人日本化学繊維研究所、財団法人有機合成化学研究所を創設した。また、京都帝大工学部の工業化学科を拡充しただけでなく、燃料化学科（後の石油化学科）、化学機械学科（後の化学工学科）、繊維化学科（後の高分子化学科）を新設するうえで主要な役割を果たした。

　教育者としての彼は、桜田一郎（1904-1986）・堀尾正雄（1905-1996）・小田良平（1906-1992）・兒玉信次郎（1906-1996）・宍戸圭一（1908-1995）・古川淳二（1912-2009）・新宮春男（1913-1988）・岡村誠三（1914-2001）・福井謙一（1918-1998）らの優れた京大工学部の後継者を育てた。彼らはそれぞれの分野でその学風をさらに次の世代に伝えた。今日まで、京都学派から2人のノーベル化学賞受賞者（福井謙一・野依良治）、3人の文化勲章受章者（桜田一郎・福井謙一・野依良治）、6人の日本学士院会員（喜多源逸・桜田一郎・岡村誠三・福井謙一・野崎一・野依良治）、13人の日本化学会会長（喜多源逸・桜田一郎・兒玉信次郎・堀尾正雄・古川淳二・福井謙一・鶴田禎二・吉田善一・西島安則・井上祥平・野依良治・玉尾晧平・山本尚）が輩出している。

　喜多が京都に植え付けた学風の一つは基礎の重視である。理学部以上に基礎を重視したとさえいわれる。その典型は、福井謙一を中心とした量子化学の系譜に

図プロローグ-1　研究室の喜多源逸

喜多家所蔵。

見られる。基礎化学中の基礎化学であるはずの量子化学が、理学部ではなく、工学部で開花し日本の理論化学の一大拠点になったのである。応用面においても京都学派は、合成石油、合成繊維、合成ゴム、プラスチック、触媒の基礎研究から中間工業試験、工業化に至るまで目覚ましい成果をあげた。

　京都学派の創始者・喜多源逸は奈良県出身の関西人であった。東京帝国大学工学部応用化学科を卒業後、そこに助教授として留まったが、やがて逃げるように京都帝大に移った。生涯、東京帝大にライバル意識を持ち続けた。彼が生きた時代（明治末期から昭和中期まで）は、日本が欧米の科学・化学とその工業を導入・咀嚼し、自立への道を歩み始めた時代であった。工業化学者として彼はどのように時代を切り開いていったのか。どのように弟子を育て、学派を作り上げたか。学者として脂ののりきった壮年期、日本は戦争に突入していった。時代は彼と京都学派にどのような影響を与えたか。寡黙で木訥で鄙の野人のような男が、なぜ知の学堂の指導者として成功したのか。京を舞台にどのような人間模様がくりひろげられたのか。なぜ異色の化学者たちが輩出したのだろうか。学風はどのように教え子たちに受け継がれたか。こうした問いを念頭に置いて、この物語を語り始めていくことにしよう。

本書ができるまで

　少し長い私話になるが、本書が誕生するまでの経緯を記しておきたい[2]。本書のもとになる研究のきっかけを作ってくれたのは稲垣博先生であった。今から30年前の西ドイツ（当時）、先生との出会いは偶然であった。当時私は39歳、1987（昭和62）年3月、春休みを利用して自分の研究テーマであった高分子化学史の史料収集のため訪欧していた。ミュンヘンのドイツ博物館特別コレクションに保存されている高分子化学の創始者ヘルマン・シュタウディンガー（Hermann Staudinger）の膨大な私文書を4日間かけて調査した後、電車を乗り継いで南ドイツの美しい町フライブルクにたどり着いた。フライブルク大学はシュタウディンガーが長年、教授として活躍した場所である。同大学でちょうど同じ時期に高分子コロキウム（Makromolekulares Kolloquium）が開催されることになっていた。シュタウディンガーが始めたこの由緒あるコロキウムを一度自分の眼で見ておきたいという思いがあった。

　もう一つの目的は、当時ご存命だったマグダ・シュタウディンガー夫人（Magda Staudinger）にインタビューすることであった。到着日の午後、夫人の住む郊外の老人ホームを訪ね、夫君の生前の思い出話をじっくり聞くことができた。

　その晩、フライブルク大学の構内でコロキウムの晩餐会があった。疲れていたこともあり出席を躊躇ったが、折角の機会なので少しだけ覗いてみることにした。全く知る人もいない中で、私はワイングラスを片手にこの会の大勢の参加者たちを静かに傍観していた。すると、流暢なドイツ語でドイツ人の輪の中で談笑している日本人らしき初老の紳士が眼にとまった。笑い声やゼスチャーは大きいが、どこか古武士然として堂々としている。これが最初に見た稲垣先生であった。挨拶すると気さくに話の輪に招き入れてくれた。私が科学史を専門にしていて、シュタウディンガーについて調べていることを話すと、自分はその孫弟子にあたると言って、師のシュルツ（Günter Viktor Schulz）のことやシュタウディン

---

2) 経緯については、古川安「フライブルク学派から京都学派へ―稲垣博先生と私の科学史研究―」、平見松夫・福田猛編『稲垣博先生業績集』（稲垣先生を偲ぶ会、2013）5-10頁；同「現代科学史研究と史料探しの記」『科学史研究』第53巻（2014）：161-167にも書いた.

ガーのフライブルク学派の裏話をその晩遅くまで熱っぽく語ってくれた。

　稲垣先生はその前年まで京都大学化学研究所の所長をされており、京大を定年退官される1年前であった。マインツ大学のシュルツのところには2度留学した経験があった[3]。親子ほどの齢の差があり京大とは無関係の私であったが、フライブルクでの出会いが機縁となって、以後ずっと親しくお付き合いさせて頂くことになった。先生はたんに科学史に関心があるだけでなく、優れた歴史的センスの持ち主であった。1998年に刊行した高分子科学史の私の本にも、シュタウディンガー一門に関する先生の見解や提供して頂いたドイツ語文献が大いに役立った[4]。

　稲垣先生から喜多源逸の生涯と業績について書いてみないかという相談を受けたのは2006（平成18）年初め、出張の途中に京都に立ち寄った時であった。日本の高分子化学の草分け的存在である京大の桜田一郎は喜多の直弟子であった。それまで欧米の高分子化学史の研究をしてきた私は、桜田を中心とした日本の高分子化学者の仕事についてもきちんと調べておきたいと思っていた。その師にあたる喜多源逸という人物にも自ずと興味が湧いた。こうしたことから、相談を受けた時、すぐに私の気持ちは決まった。先生は私が引き受けるならば、京大の人脈を活用し、資料提供などの協力を惜しまないと言ってくださった。願ってもないことである。ただ、喜多源逸を「顕彰するための伝記」ではなく、科学史の立場からできるだけ客観的に喜多の生涯と業績を書くという条件で、お引き受けすることにした。先生は、私が京大の卒業生でなく師弟関係も全くないので、私情を入れずに客観的に書けるだろうと考えていたのだと思う。先生が読者として想定していた京大の若手教官や卒業生のためにも、その方がよいと判断したようだ。そして、私に求めるものを「喜多源逸の人と学に関する総合的な科学技術史的論述」と銘打った[5]。

　稲垣先生はとりわけ1998（平成10）年に京大関係者により刊行された『伝統

---

3)　稲垣博先生退官記念事業会編『稲垣博教授定年退官記念誌』（稲垣博先生退官記念事業会、1988）.

4)　Yasu Furukawa, *Inventing Polymer Science: Staudinger, Carothers, and the Emergence of Macromolecular Chemistry*（Philadelphia: University of Pennsylvania Press, 1998）.

5)　稲垣博から筆者宛書簡、2006年5月14日付.

の形成と継承―京都大学工学部化学系百年史―』を読んで危惧を抱いていた[6]。「その紙面には喜多先生の"喜"の字も現れておりません。……〈中略〉……つまり、京大工化の『伝統』の多くの部分が喜多先生によって『形成』され、それが『継承』されて二人のノーベル賞受賞者をはじめとする幾多の重要な化学者を輩出したという、この史実は全く触れられておりません‼」と嘆いた[7]。喜多は京大でも教官の間ではすでに忘れ去られた存在になっていたのである。

　喜多源逸の生涯についての先行研究はほとんどない。彼自身、自伝はもとより、研究回顧のようなものも書き残していない。日記もないし書簡集も残っていない。定年退官の記念文集のようなものすらない。このように、一次史料の乏しさにこの調査の難しさがあった。研究業績は学術雑誌に論文や総説として印刷されているので入手できる。伝記的な情報源には、弟子たちが書いた回想や追悼の記事、それに京大の年史類の中の断片的言及がある。これらの文献は貴重だが、なにぶん情報量は限られていた。

　そこで、情報収集の手段として次の方法をとった。（1）関係者へのインタビュー（聞き取り調査）、（2）関係者の所有する資料の探索、（3）関連機関やアーカイヴが所蔵する公文書・学内文書の探索、（4）当時の新聞記事の探索である。

　（1）のオーラル・ヒストリーは現代科学史の研究に有力な手段である。喜多源逸を直接知る存命者は多くはなかったが、間接的に知る関係者はかなりいたので、その人々にインタビューして情報を集めた。ご高齢者が多く、今取材しておかなければ後世知られないまま失われる情報もあったはずである。（2）については、喜多家所蔵の写真や遺品、卒業生・関係者所有の退官記念論集・同窓会誌・卒業アルバム・講演会配布資料などを見つけ出すことができた。（3）については、京大の大学文書館、化学研究所、工学部、および理化学研究所記念史料室などで関連文書にアクセスした。（4）については、京大大学文書館所蔵の戦前・戦中の新聞記事のスクラップブック、神戸大学附属図書館デジタルアーカイブ新聞記事文庫が有用であった。

---

6)　京都大学工学部化学系百周年記念事業実行委員会編『伝統の形成と継承―京都大学工学部化学系百年史―』（京都大学工学部化学系百周年記念事業実行委員会、1998）.
7)　稲垣博から古川淳二宛書簡、2006 年 5 月 14 日付.

こうして集めた個々の断片的情報をつなぎ合わせていく作業を続けた。この意味で、喜多の伝記を構築する作業はいわばジグゾーパズルのようなもので、最初は気の遠くなるような作業だった。しかし、謎解きのような面白さもあり、少しずつ前に進み、次第に形が見えてきた。

稲垣先生はご病気のため余命5年だと自ら宣言していた。入院先の病院で、私とのプロジェクトが人生最後の宿題だと語った。しかし、その1年後の2007（平成19）年1月、成果を見ることなく突然不帰の人となってしまった[8]。

「喜多源逸と京都学派の形成」と題する論文を『化学史研究』に発表したのは2010（平成22）年春のことであった[9]。喜多源逸についての研究を進めていくうちに、彼の直弟子たちの活動を含め、京都学派の展開についても書き留めておくべきだと考えるようになった。こうして、これまでと全く同じ研究手法で、調査範囲を拡大していった。その成果は、2012（平成24）年に第2論文「繊維化学から高分子化学へ―桜田一郎と京都学派の展開―」[10]、2014（平成26）年に第3論文「燃料化学から量子化学へ―福井謙一と京都学派のもう一つの展開―」[11] に発表した。

第1論文と第3論文は化学史学会論文賞を受賞する栄誉に浴した。論文は内輪の研究者や関係者に注目して頂いたが、より多くの読者に読んで頂くために本の形にすることにした。こうして、上記の3つの論文を適宜、加筆・修正・整理し、書き下ろしの第2章とエピローグを加え、さらに図、表、年表、文献を追補してまとめたのが本書である。学術書ではあるが、一般読者にもできるだけ読みやすい内容にすることを心掛けた。

本書は喜多源逸と京都学派の形成とその展開の様相を、おおよそ1910年代から1960年代までたどる。一言でいえば、大正から昭和中期にかけて、京都大学

---

8) 稲垣先生を偲ぶ文集刊行会『稲垣博先生を偲んで』（非売品、2009）.

9) 古川安「喜多源逸と京都学派の形成」『化学史研究』第37巻、第1号（2010）：1-17；同「化学大家422　喜多源逸（1883.4.8～1952.5.21）」『和光純薬時報』第80巻、第3号（2012）：24-27 も参照.

10) 古川安「繊維化学から高分子化学へ―桜田一郎と京都学派の展開―」『化学史研究』第39巻、第1号（2012）：1-40.

11) 古川安「燃料化学から量子化学へ―福井謙一と京都学派のもう一つの展開―」『化学史研究』第41巻、第4号（2014）：181-233.

工学部を舞台に織りなされた化学者たちの群像を描いたものである。プロローグ、4つの章、エピローグから構成されている。第1章「京都学派の形成—工業化学者・喜多源逸の挑戦—」では、喜多源逸の経歴、人物像、教育観、学問観、制度的・社会的背景などを展望し、彼がいかにして京都学派を形成し、どのような学風が学派の伝統となったかを論ずる。第2章「実験室から工場へ—戦時下の人造石油開発—」では、国策科学に与した喜多の研究活動の中でも自ら最も心血を注いだ人造石油の研究に焦点を当て、戦前・戦中の時代状況下で、喜多と兒玉信次郎を中心に行われたこの研究の成果が工業化されていく過程を詳らかにする。第3章「繊維化学から高分子化学へ—桜田一郎のたどった道—」では、京都学派の繊維化学の流れをとりあげ、喜多の弟子で日本の高分子化学の草分けとなる桜田一郎の1940年代までの研究活動に焦点を当てる。桜田の研究の重心がセルロース（繊維素）の化学から高分子化学へ、そしてそこから合成繊維へと移動していった軌跡を論ずる。第4章「燃料化学から量子化学へ—福井謙一が拓いた世界—」では、京都学派のもう一つのユニークな展開として、おおよそ1960年代までの喜多の愛弟子の福井謙一による量子化学の研究活動に焦点を当てる。福井の歩んだ道と工学部で開花した量子化学研究の経緯を、彼を取り巻く人々との関係、研究環境、学問の流れ、そして時代背景などから詳しく論じる。エピローグ「有機合成化学の系譜—ラウエルから野依良治まで—」では、京大工学部に生まれた有機合成化学の系譜をカール・ラウエルから野依良治までをたどる。

　京大工学部化学系の卒業生の大多数は産業界で活躍した。本書が描くのは主としてアカデミズムの世界であるが、こうした社会に進出した京都学派のエンジニアたちのその後については、別の課題として残しておきたい。

　本書には、戦時下における科学者、科学者の論争、学派間の確執、東西大学の対抗意識、科学的リーダーの条件、科学研究における基礎と応用、理論と実践の関係、アカデミズムと産業の関係、大学制度と人事、科学における地域文化性といった、科学史のいろいろな興味深いサブテーマも凝縮されている。本書を通じて、読者諸氏に現代科学史のもつそうした諸相を理解して頂くきっかけにもなれば幸いである。

第1章

◆

京都学派の形成

――工業化学者・喜多源逸の挑戦――

　むかし哲学に京都学派というのがあった。いまでもあるのかも知れない。西田幾多郎、田辺元に率いられた一群の学者は、日本の思想界に一つのシュトルムウントドランクの時代をもたらした。私は応用化学界にも、喜多先生に源を発する京都学派の存在を感じるものである。

――兒玉信次郎「喜多源逸先生」（1962年）[1]

　研究室の伝統というものは、日頃意識しなくても、まるでそれが遺伝子のごとく伝わって研究の方向性を定めていくものであることを実感として自覚するものである。

――芝哲夫「芝研究室の源流」（2004年）[2]

1) 兒玉信次郎「喜多源逸先生」『化学』第 17 巻、第 6 号 (1962)：扉、578-580、引用は 579 頁．この記事は兒玉信次郎『研究開発への道』（東京化学同人、1978) 2 - 9 頁にも再録されている．
2) 芝哲夫「芝研究室（大阪大学）の源流」『化学』第 59 巻、第 12 号 (2004)：19-21、引用は 21 頁．芝は大阪大学理学部教授、財団法人蛋白質研究奨励会ペプチド研究所所長、化学史学会会長などを歴任した．ここでは研究室の伝統についての一般論として引用した．

はじめに

　喜多源逸の一番弟子であった兒玉信次郎の本章扉の引用文のように、応用化学における「京都学派」という言葉は歴史の当事者が自ら使っていた呼称である。多くの科学史研究で論じられている、英語の research school にあたる「学派」のオーソドックスなイメージは次のようなものである。すなわち、研究および組織運営に優れた能力を持つカリスマ的な教授が、発展性のある研究プログラムを構築し、それに沿った教育により多くの弟子を育て、かつ潤沢な研究資金とその成果を公表する活字媒体を確保し、多くの成果を発表し、その時代の科学者のコミュニティに強力な影響を与える集団というものである[3]。喜多とその一派の活動を顧慮すると、その意味での「学派」とほぼ符合することが分かる。そして、それが京都帝大を中心に形成されたのであるから、「京都学派」と呼んで差し支えないであろう。学問上の傾向や特徴を「学風（scientific style）」と呼ぶならば、学風はしばしば研究室の「伝統（research tradition）」となって直弟子たち、さらに孫弟子たちに継承される。扉の芝哲夫の原体験に基づいた引用文は、学風の伝統というものを「遺伝子」に例えて短いながらうまく表現している。本章では、喜多源逸の経歴、人物像、教育観、学問観、制度的・社会的背景などを展望し、彼がいかにして京都学派を形成し、どのような学風が学派の伝統となったかを考察する。

　喜多の生涯や業績については、その歴史的重要性にもかかわらず、科学史的視点から単独かつ系統的に扱った研究はこれまでなかった。プロローグでも触れたように、喜多自身は著書や多数の論文を出版したが、回顧談に類するものはほとんど著していない[4]。さしあたって入手可能な情報源としては、弟子や同僚に

---

3)　例えば、J. B. Morrell, "The Chemist Breeders: The Research Schools of Liebig and Thomas Thomson," *Ambix*, 19（1972）: 1-46; Gerald L. Geison, "Scientific Change, Emerging Specialties, and Research Schools," *History of Science* 19（1981）: 20-40; Gerald L. Geison and Frederic L. Holmes, eds., *Research Schools: Historical Reappraisals*, *Osiris*, 2nd ser. 8（1993）.

4)　唯一の例外として喜多が存命中に書いた次の短い履歴がある．「工学博士　喜多源逸」、井関九郎編『大日本博士録　第5巻　工学博士之部』（アテネ書房、2004：1930年版の復刻版）201-202頁.

14 │ 第1章　京都学派の形成

よって書かれた回想記事、京都大学の年史類の中の断片的な言及などがある[5]。本章では、こうした既存資料を再吟味するとともに、新たに発見した未公刊の一次資料や関係者とのインタビューから得られた知見を加えて本題にアプローチする。

1　奈良から三高、東京帝国大学へ

　喜多源逸は1883（明治16）年4月8日、奈良県生駒郡平端村大字額田部（現在の大和郡山市額田部南町）に喜多源次郎、た賀の次男として生まれた。父の源次郎はこの地域の大地主であった。上に姉のキクエ（後にシズエに改名）と兄の源治郎がいた。源逸は喜多の家系で唯一人の学者となった。源逸は生まれてすぐ、父源次郎の弟の亥之祐（いのすけ）の養子にさせられた。亥之祐の家は生家と庭続きの隣で、普段は食事の時を含めて実の両親と一緒に生活していた。戸籍上は亥之祐の長男になっていたものの、実際には生みの親と暮らしていたのである。亥之祐は生涯独身であったが、1916（大正5）年に他界した[6]。

---

5) 亀山直人「弔辞」『化学と工業』第5巻、第7号（1952）;『浪速大學學報　故総長追悼號』浪速大學事務局、1952年7月7日；兒玉信次郎「喜多源逸博士の訃」『化學の領域』第6巻（1952）：437-438；小竹無二雄・櫻田一郎・兒玉信次郎・小田良平・古川淳二「座談會　喜多先生を偲ぶ」『化学』7（1952）：434-441；「静かなり化学の巨峰—燃料化学・繊維化学・工業化学の喜多源逸博士—」、京都發明協会編『發明の京都』（發明協会支部京都發明協会、1956）53-58頁；兒玉信次郎「喜多源逸先生」（注1）；古川淳二「喜多源逸」、近畿化学工業会記念誌編集委員会編『50年のあゆみ』（近畿化学工業会、1970）45頁；田中芳雄「喜多源逸」、日本学士院編『学問の山なみ：物故会員追悼集』第3巻、（日本学士院、1979）210-216頁；兒玉信次郎「日本化学工業の学問的水準の向上に尽くされた喜多先生」『化学と工業』第33巻、第10号（1980）：652-654；堀尾正雄「喜多源逸先生と繊維化学」『繊維と工業』第52巻、第4号（1996）：177-180（高分子学会編『日本の高分子科学技術史』（高分子学会、1998）18-21頁に再録）；武上善信「喜多源逸とその流れ」『化学と工業』第51巻、第6号（1998）：875-878.

　　喜多についての記述のある年史類には次のものがある．京都帝國大學『京都帝國大學史』（京都帝国大學、1943）；京都大学七十年史編集委員会編『京都大学七十年史』（京都大学、1967）；燃料化学・石油化学教室五十年史編纂委員会編『京都大学工学部燃料化学・石油化学教室五十年史』（京都大学工学部燃料化学・石油化学教室同窓会準備会、1991）.

6) 喜多源逸の家系に関する情報は、主として子孫である喜多やす、洋子、一男、時生の各氏から得た．喜多やす・洋子、筆者とのインタビュー、2006年11月24日；2010

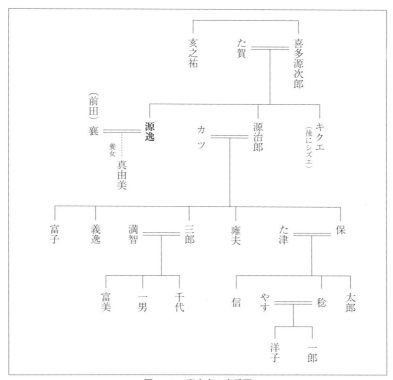

図1-1　喜多家の家系図

喜多家の関係者からの情報を総合して作成。

　源逸は地元の平端尋常小学校（現在の昭和小学校）を卒業し、奈良県尋常中学校に入学した。同校は源逸が在学中に奈良県郡山中学校と校名を変えた。現在の奈良県立郡山高等学校の前身である。源逸は家から郡山城址にあるこの学校まで2里（約8 km）の道のりを毎日徒歩で通学した。

　郡山中学を卒業後、1900（明治33）年9月に京都の第三高等学校（以下、三高と略す）に入学した。当時三高の理工系進学クラスは2組に分かれ、工科系が第2部甲、理科系が第2部乙であったが、喜多は1年生の時は甲、2年生は乙、

年3月16日（大和郡山）；喜多一男・時生、筆者とのインタビュー、2008年1月25日；2010年3月16日（大和郡山）．

16 | 第1章　京都学派の形成

3年生は再び甲に属している[7]。喜多がどのような経緯で化学を志したかは詳らかでないが、化学への関心は三高時代に培われたものとみられる。1903（明治36）年7月に三高を卒業し、同年9月に東京帝大の工科大学応用化学科に進学した。三高の同級生、中澤良夫（後に京都帝大教授）、鉛市太郎（後に大阪帝大教授）も喜多と同じ道をたどった。この年の三高の記録によれば、甲乙48名の卒業生のうち、東京帝大に進んだ生徒は半数以上を占めている[8]。京都帝大は創立6年しか経っていなかったこともあり、優秀な学生はまだ伝統のある東京帝大を志向していた時代であった。

　東京帝大での卒業時の喜多の指導教授は河喜多能達であった。河喜多は工部大学校の三期生で英国人化学者エドワード・ダイヴァース（Edward Divers）に師事し、1884（明治17）年同校化学科の助教授となった。1886（明治19）年の帝国大学令公布により東京大学が帝国大学となった際、工部大学校は東京大学工芸学部と合併して工科大学になったため、帝国大学工科大学助教授となった。その前年から東京大学の化学科は化学科と応用化学科に分離され、前者は理科大学に、後者は工科大学に組み入れられた。1893（明治26）年、講座制が導入され応用化学科には第一講座（高松豊吉が担任）、第二講座（中澤岩太が担任）が設置され、翌年には第三講座（鴨井武が担任）が加わった[9]。河喜多は1897（明治30）年に応用化学科の教授に昇格し第三講座を担任した。この講座は製紙、繊維素、醸造、油脂、石鹸、塗料、ゴム、香料などさまざまな分野を手広く扱っていた[10]。

---

7)　第三高等學校編『第三高等學校一覽』明治三十三年起・明治三十四年止（1901）；明治三十四年起・明治三十五年止（1902）；明治三十五年起・明治三十六年止（1903）.

8)　前掲書、明治三十五年起・明治三十六年止（1903）.

9)　1893（明治26）年の帝国大学令改正で講座制が導入された．当時は、1講座に1教官（原則として教授、教授がいない場合は助教授または講師）を担任させて、これを「講座」と称し、本俸のほかに「講座俸」を支給した．講座制導入の目的は、教官の専攻分野を明確にするとともに、研究業績評価を俸給制度に反映させるためであった．「教授1、助教授1、助手1」という組織単位としての講座が成立するのは1920年代以降のことである．中山茂『帝国大学の誕生―国際比較の中での東大―』（中央公論社、1978）；寺崎昌男『東京大学の歴史―大学制度の先駆け―』（講談社学術文庫、2007）88-98頁；天野郁夫『大学の誕生―上巻　帝国大学の時代―』（中公新書、2009）、202-210頁参照.

10)　河喜多については、田中芳雄「河喜多能達先生」『化学』第16巻、第12号

図1-2　東京帝大時代の喜多源逸
1913（大正2）年頃。「喜多源逸先生を偲ぶ」『化学』
1953年8月号、436頁所収。

　喜多は1906（明治39）年7月に卒業し、大学院生として残った後、翌年に東京帝大の講師、1908（明治41）年に助教授となった。学者として好スタートを切ったかのように見えたが、その後の彼は河喜多の下で鬱々とした日々を送ることになる。
　河喜多は謹厳一点張りの硬派な人柄であった。酒好きで朴訥な喜多は河喜多と性格的にも合わなかったとみられる[11]。河喜多自身、もう一人の助教授、律儀で秀才肌の田中芳雄に喜多よりもよくしていたようである。第一高等学校から東京帝大に進んだ田中は、同じ河喜多研究室の卒業生で一学年上であった。両者は『有機製造工業化學』という教科書を共著で出版した仲ではあったが[12]、同じ第

(1961)：1070-1071および口絵頁参照.
11)　河喜多の性格については前掲書、1071頁および口絵頁、喜多の性格については小竹ほか「座談會：喜多先生を偲ぶ」（注5）参照.
12)　田中芳雄・喜多源逸『有機製造工業化學』全3巻（丸善、1913-1914）.

18 | 第1章　京都学派の形成

三講座を分担し、年齢、研究テーマが近すぎる（発酵・油脂）ゆえに、絶えず比較され、ライバル意識をもたざるを得ない状況にあった。田中は卒業時に最優等生に与えられる恩賜の銀時計をもらったが、喜多には与えられなかった。ちなみに、喜多の卒業年の銀時計は鉛市太郎に与えられている[13]。田中は 1911（明治44）年に、酵素の作用とその工業的応用に関する論文により、早くも工学博士の学位を受けた[14]。

　喜多の僚友中澤良夫は、喜多は当時「楽しかるべき研究を棄て、、荒川（隅田川の上流）え舟を漕ぎに行つて憂さ晴らしをやつて居た。之は上官［河喜多］が喜多君の本質を理解しなかつた事に原因した」と述懐している[15]。河喜多との個人的確執とともに、次節で見るように、喜多には当時の応用化学科の教育姿勢にも大いに不満を感じていた。

2　教育観の齟齬

　近代化を急ぐ当時のわが国は欧米の先進の製造技術を導入することに奔走していた。東京帝大をはじめとするこの時期の大学・高等工業学校での応用化学の教育が、例えば硫酸や染料の製造法や化学工場の運転法の伝授を主眼としていたのも驚くに当たらない。それは、字義通りの応用化学というよりも、製造化学の教育といった方が正確である。菊池好行は、東京帝大応用化学科におけるこうした製造現場中心の技術教育の伝統は、イギリス人御雇い教師ロバート・アトキンソン（Robert William Atkinson）の実学的な製造化学教育に端を発し、高松豊吉、中澤岩太がそれを発展させたことを指摘している[16]。実学派の中澤は、純正化学

---

13)　東京帝大における恩賜の銀時計授与者のリストは中野実『東京大学物語―まだ君が若かったころ―』（吉川弘文館、1999）178-182 頁に掲載. なお、鉛市太郎は後に南満州鉄道中央試験所電気化学課長を経て大阪帝国大学工学部教授となった. 伊藤道次「鉛市太郎先生を憶う―斯の人を―」『経済人』第 14 巻、第 12 号（1960）：1202-1204 参照.

14)　「工学博士　田中芳雄」、井関編『大日本博士録　第 5 巻　工学博士之部』（注 4）、107-109 頁.

15)　中澤良夫「友人喜多を語る」『浪速大學學報　故総長追悼號』（注 5）6‐7 頁、引用箇所は 7 頁.

16)　Yoshiyuki Kikuchi, "Analysis, Fieldwork and Engineering: Accumulated Practices and the Formation of Applied Chemistry Teaching at Tokyo University, 1874-1900,"

を擁護する理科大学化学科の櫻井錠二と教育観の違いから激しい論争をしたこともある[17]。いずれにせよ、こうした応用化学科のカリキュラムにあって、教官は基礎的な化学を教えることには積極的ではなかった。喜多の弟子の兒玉信次郎は次のように書いている。

　　当時東京大学応用化学の学生が理学部の講義を聴講したいと申し出たところ、教授から自分のところで技術者として必要なことは皆教えてあるからそんなものは聞きに行く必要はないといってしかられたということを筆者は喜多先生から直接聞いたことがある[18]。

　また、喜多の7年後輩にあたる亀山直人は、大学院生の時、物理化学の研究に熱心だったということで、応用化学科の教官たちの反感を買い、講師のポストを得るのに大変苦労したという話が伝わっている[19]。
　こうした風潮に対して喜多は、応用をやるには基礎が必須であること、応用化学者であっても基礎化学者としても一人前に研究ができる人材を養成すべきであると考えた。そして、応用化学教室においても学問的水準の高い独創的研究をするものでなければならないと考えていた。
　喜多がこうした考えを東京帝大時代から抱いていたことは、1914（大正3）年に『工業化學雑誌』に掲載された彼の論説「工業化學者の教育」から窺い知ることができる。この論説はオットー・ウィット（Otto Nikolaus Witt）が『化学者新聞』（*Chemiker-Zeitung*）に寄稿した、ドイツの工科大学の教育のあり方に関する記事の紹介文の形をとっている。ウィットはロシア生まれのドイツ人の染料化学者で、産業界で活躍した後、ベルリン工科大学教授になった人物である[20]。

Historia Scientiarum, Vol. 18, No. 2 (2008): 100-120.

17)　櫻井錠二「中澤教授ニ答ヘ且ツ質シ兼テ化學教育上ノ意見ヲ詳述ス」『東洋學芸雑誌』第7巻、第109号（1890）：553-565.

18)　兒玉「日本化学工業の学問的水準の向上に尽くされた喜多先生」（注5）、653頁.また、『京都大学工学部燃料化学・石油化学教室五十年史』（注5）18頁参照.

19)　牧島象二「亀山直人先生」『化学』第19巻、第1号（1964）：60-64、とくに61頁参照.

20)　喜多源逸「工業化學者の教育」『工業化學雑誌』第17編（1914）：918-924; Otto N.

20 | 第1章 京都学派の形成

　喜多がウィットの意見を「本邦現制度改良上有力なる一議論」として紹介しているところからも、喜多自身の思いが反映されているといえる。それはまた、当時の教育のあり方に対する批判が含意されている。この中で、「化學工業發達の根本は研究にある」として、有効な工業化学教育は、特化した事柄の技能を伝授することに終始するのではなく、化学研究の方法や「如何に科學原理が實際工業の進歩を圖らんが爲め應用せらる可きかを學生に示す」べきことが説かれている[21]。例えば、空中窒素の固定によるアンモニアの合成法の確立において、実際工業化に重要な役割を果たしたカール・ボッシュ（Carl Bosch）は、学生時代にその特化した技能を教育されたかというと、そうでなくて、基本的な研究の方法を熱心に勉強したがゆえに、それが彼にその能力を与えたのだと述べている。さらに工科大学と専門学校との違いをこう書いている。

　　工科大學の目的たるや専門學校と全く異にして科學の全般を知悉せしめ將来職を得たる後曾て習得したる廣大にして且つ根本的基礎の上に作業し得せしむべきなり　更に工科大學及び専門學校の差異を一言にして言へば専門學校にては陶業、染職業［ママ］、鞣皮業等の専門家の養成を目的とするも工科大學にありては専門に就いては缺くる所あるも科學を諸種の工業に應用し且つ有益なる作業をなし得る能力あるものを養成すべきなり[22]

　当時、河喜多能達は工業化学会（1898年創立）の会長であった。彼は1916（大正5）年の同会年会で行った「化學工業と化學工業教育」と題する演説で、日本が欧米の化学工業を模倣してきたことについて、「我邦の化學工業は外國工業の模倣なり、然れども模倣も亦不可なるにあらず」「模倣も亦容易の業にあらず、相當の知能を有せざれば之を爲す能はず、我工業界に於て欧米諸國の工業を模倣し来れるは之を爲すに足る學識技能を有せるに因れり」として模倣を肯定している。また、「翻て化學工業教育を觀れば其開始亦四十餘年前にあり、爾来時

　　Witt, "Über die Ausbildung der Chemiker für die Technik," *Chemiker-Zeitung*, No. 48（April 1914）: 509-510.
21)　喜多「工業化學者の教育」（注20）920、923頁.
22)　前掲書、919頁.

勢に随伴して其程度は高められ其内容は整理せられたり、而して此教育法も亦元來外國の模倣なりと雖多年の經驗に依て幾多の創意を加へられ本邦独特の學制となれり」と教育の現状を肯定的に述べているのが、批判的な喜多と対照的である[23]。

工業化学会会長として、表向きには大学と産業界との協力を訴えた河喜多ではあったが、奇妙なことに本人は産業界との接触にほとんど意欲を示さなかった[24]。後述のように、この点も喜多と対照的であった。このように、喜多の考えと河喜多の、そして当時の東京帝大応用化学科の教育方針とは齟齬があったのである。こうしたことが、喜多が 1916（大正 5）年に東京帝大を辞して京都帝大に移る背景にあった。

3 京都帝国大学と澤柳事件

喜多の転任に先立って、京都帝大の側にあった人事上の事情についても述べておかなければならない。京都帝大は 1897（明治 30）年の創立当初に理工科大学が設置された。その中に化学系学科として純正化学科と製造化学科があった。製造化学科には 3 つの講座が置かれ、それらを大築千里、吉川亀次郎、吉田彦六郎の各教授が担任していた。

1913（大正 2）年 5 月、東北帝国大学初代総長であった澤柳政太郎が京都帝大の総長として就任した。澤柳は自由主義的な気鋭の教育家であり、前任大学では慣例を破り帝国大学に初めて女子学生の入学を許可したことなどでも知られていた。就任 2 ヶ月後、澤柳は京都帝大の刷新を図るべく 7 人の教授に突然辞表提出（「勇退」）を要求し、8 月 5 日付で依願免本官が発令された。免官の理由は、学問上、あるいは品性行動上、帝国大学の教授として不適任ということであった。ただし、各人についての辞職勧告の具体的な理由は公にされなかった。以後、法科大学は、この人事決定は教授会の意志を無視した総長の暴挙であるとして、抗議運動を展開する。結局、文部大臣が法科大学の主張を受け入れて、教授会に教

---

23) 河喜多能達「化學工業と化學工業教育（年会演説概要）」『工業化學雑誌』第 19 編（1916）：557-559、引用箇所は 558、559 頁．ただし、本講演でも言っているように、河喜多も化学工業における独創的研究の必要性は認識していたことを追記しておく．

24) 田中芳雄「河喜多能達先生」（注 10）1071 頁．

22 ｜ 第1章　京都学派の形成

授の任免権を認め、澤柳はこの事件で総長の地位を辞任する。これが、いわゆる
「澤柳事件」である[25]。

　辞表を提出させられた7名の辞任は撤回されなかった。そのうち5名は理工科
大学教授であり、2名が製造化学科の吉田彦六郎、吉川亀次郎であった[26]。吉田
は漆や樟脳油の研究で高い評価を受けており[27]、また電気化学の分野で活躍して
いた吉川にもとくに学問業績上の問題はなかった。では、澤柳はなぜ彼らを「不
適格教授」と見なしたのか。澤柳事件に関するこれまでの研究は、吉田と吉川へ
の辞職勧告の理由を明らかにしていない。

　処分の対象とされた教授の人選には、先々代の総長、菊池大麓の意見が入って
いたことは明らかである。菊池が澤柳に宛てた同年7月15日付の書簡が成城学
園教育研究所の「澤柳政太郎私家文書」の中に保存されている。そこには「吉田、
吉川両人に対しては他の五人とは少しく意味の違ひたる事と存じ」という一節が
ある[28]。「少しく意味の違ひたる事」とは何か。その手掛かりは、当時製造化学
科の助教授であった松本均の長男、誠（京大教授、数学）が後年『京大史記』の
中で書いた短い記事の中にあった。そこには「京都ガス会社に関する京大教授の
収賄事件」が絡んでいたとだけ簡潔に言及されている[29]。筆者が行った関係者の

---

25)　澤柳事件については次の文献がある．福西信幸「沢柳事件と大学自治」、「講座日本
　　教育史」編集委員会編『講座日本教育史　3 近代II／近代III』（第一法規、1984）
　　284-307頁；松尾尊兌「沢柳事件始末」『京都橘女子大学研究紀要』第21号（1994）：
　　1-34；京都大学百年史編集委員会編『京都大学百年史　総説編』（京都大学後援会、
　　1998）、212-233頁；谷脇由季子「京大沢柳事件とその背景—大正初期の学制改革と
　　大学教授の資質—」『大学史研究』第15号（2000）：79-93；松尾尊兌『滝川事件』
　　（岩波現代文庫、2005）I；新田義之『澤柳政太郎—随時随所楽シマザルナシ—』（ミ
　　ネルヴァ書房、2006）第4章.

26)　他は、理工科大学の三輪恒一郎、村岡範為馳、横堀治三郎、医科大学の天谷千松、
　　文科大学の谷本富である.

27)　吉田彦六郎については、木下圭三・後藤良造「吉田彦六郎と彼の研究」『化学史研
　　究』31（1985）：86-94；芝哲夫「化学大家391 吉田彦六郎」『和光純薬時報』70
　　（3）（2002）：2-4；上山明博『ニッポン天才伝—知られざる発明・発見の父たち
　　—』朝日選書、2007、41-52頁参照.

28)　菊池大麓より澤柳政太郎宛書簡、1913年7月13日付、成城学園教育研究所「澤柳
　　政太郎私家文書」所蔵.

29)　松本誠「京大のガス監督松本均」、京都大学創立九十周年記念協力出版委員会編『京

インタビューから得た情報を含めて総合すると、吉田、吉川両教授への退職勧告の理由は、両教授が京都瓦斯株式会社からの申し出で自宅にガスを無料で引いていたことが発覚し、これが「収賄」とされたためであったという[30]。松本均はたまたま海外留学中（1910-1913）であったため、この事件に巻き込まれずに済んだ。石炭ガス工業を専門にしていた松本は大学構内のガス監督を任じられており、この一件により、彼は以後生涯自宅にガスを引くことをしなかったという。

　いずれにせよ、澤柳事件により製造化学科の3講座のうち2つの教授職が一度に空席となったのである。翌1914（大正3）年、もう一つの受難が続いた。同年7月、理工科大学は理科大学と工科大学に分離された。分離後、純正化学科は理科大学に属し「化学科」となり、製造化学科は「工業化学科」と名称を変更して工科大学に所属することになる。分離は以前からの学内の要望でもあり、澤柳総長の賛意を得て正式に決定されたものであった[31]。旧製造化学科でただ一人の教授であった大築千里は、澤柳事件による教授退職の残務処理と来るべき理工分離の準備に忙殺されていたが、恐らくはその無理がたたって体調を崩し、7月7日に41歳の若さで急逝してしまったのである[32]。

　そこで、まず九州帝大工科大学で教授に昇格したばかりの中澤良夫が同年8月に急遽教授として招聘され、電気化学の第二講座を担任、大築の無機製造化学の第一講座を分担することになった[33]。一方、旧製造化学科の助教授であった福島

　　大史記』（京都大学創立九十周年記念協力出版委員会、1988）632頁.

30)　小野木重治との筆者インタビュー、2006年8月3日（京都）. 小野木は1944年京都帝大工学部繊維化学科を卒業し、後に京都大学教授、松江高等工業専門学校校長を歴任した. 松本均の娘婿の田中隆吉（コロイド化学者、京都工芸繊維大学教授）の娘婿にあたり、澤柳事件に関する情報は田中から聞いた話によるという.

31)　理工科大学の分離については、『學友會誌』（京都帝国大學）、第10号（1914年12月）：117-130参照.

32)　前掲書、26-48頁に大築千里の追悼記事特集が掲載されており、激務で無理がたたった状況が述べられている.

33)　「工業化学科」という名称を付けたのは中澤良夫といわれる. 当時、東京帝大工科大学、九州帝大工科大学、東京高等工業学校、大阪高等工業学校、米沢高等工業学校、明治専門学校が応用化学科を設置していた. 工業化学は工業に資する化学という意味で付けられたもので、化学を応用したものという意味の応用化学より具体的な用語であった. 中澤良夫については井関編『大日本博士録　第5巻　工学博士之部』（注4）

24 | 第 1 章　京都学派の形成

郁三が吉田の有機製造化学の第三講座を引き継いで分担し、染料化学、繊維化学、製紙化学などの研究・教育を行うことになった[34]。さらに理工分離とともに工業化学科に第四講座が増設されたため、それを松本均が担任し一部吉田の分野も受け継いで、石炭ガス工業と発酵を主体とする研究・教育を行った。こうした教官の急補充にもかかわらず、工業化学科はしばらく教育上の困難が続いた。福島はこの年 9 月にヨーロッパへの留学が決定していたが、第一次世界大戦勃発のため延期し、1916（大正 5）年にアメリカに渡ることになる[35]。

　この過程において、中澤良夫は上京した折に悶々としていた喜多の様子を見て余りに気の毒に思い、京都に来ないかと奨めてみた。すると「直ぐにも行く」と即答した。この即答ぶりに、中澤は喜多が東京で「余程苦しんで居た事が想像される」と後年書いている[36]。こうして喜多は 1916（大正 5）年 6 月、留学中の福島の第三講座の補充という名目で採用された。同い歳の中澤が教授であったにも拘わらず、喜多は助教授の地位に甘んじて京都に移ったのである。

　このように、澤柳事件、組織変更の結果生じた空席、さらに畏友中澤の存在が、喜多の京都招聘に繋がったのである。そして、東京帝大の応用化学科に比べてまだ伝統もなく、混沌とした中から生まれたばかりの京都帝大の工業化学科であったからこそ、喜多がそこで自己の教育理念に基づく学風を植え付けることが可能になったといえる。こうして彼は、新天地で水を得た魚のように独自の教育と研究を展開していくことになる。喜多が京都に移った際、上述のような背景ゆえに東京帝大に対する強い対抗意識があったことは確かである。その意識はその後の研究者人生においても褪せることはなかった。

　110-111 頁参照．なお、中澤良夫は中澤岩太の長男である．岩太は東京帝大教授を経て、1897（明治 30）年京都帝大理工科大学教授となり、理工科大学学長を務めたが、1902（明治 35）年に京都帝大を辞し京都高等工芸学校（後の京都工芸繊維大学）校長になった．中沢良夫「中沢岩太先生」『化学』第 18 巻、第 6 号（1963）：492-495参照．

34)　福島郁三については井関編『大日本博士録　第 5 巻　工学博士之部』（注 4）200 頁参照．

35)　『京都帝國大學史』（注 5）、531-550 頁．

36)　中澤「友人喜多を語る」（注 15）7 頁．

図 1-3　京都帝大に移った頃の喜多源逸
1917（大正 6）年頃。喜多家所蔵。

4　欧米留学

　京都帝大に移って 2 年後、喜多は文部省より工業化学研究のため 2 年間の欧米留学を命じられた。当時、2 年の欧米留学は助教授が教授への昇進を約束される際の慣例であった。第一次世界大戦以前は日本人化学者の多くはドイツに留学したが、戦争が始まるとアメリカ、イギリス、スイスが主要な留学国となった。喜多もおそらくはドイツへ行きたかったと思われるが、状況がそれを許さなかった。1918（大正 7）年は、ドイツが敗北しヴェルサイユ条約が結ばれた年である。結局、留学先はアメリカとフランスになった[37]。日本を発ったのは同年 11 月 15 日

---

37)　1918（大正 7）年 7 月 27 日付の文部省辞令では「工業化學研究ノ爲萬二ケ年間英國米國瑞西國ヘ留學ヲ命ス」となっているが、実際にはイギリス、スイスには留学しなかった．フランスを留学国に追加が認められたのは滞米中の 1919（大正 8）年 6 月であった．喜多源逸履歴書（手書き）、京都大学工学部所蔵．

のことであった。

　この留学には妻の襄を同伴した。旧姓前田襄は奈良県に生まれ、1898（明治31）年、大阪の中之島にあった大阪市立高等女学校（現在の大阪府立大手門高等学校）を卒業して東京音楽学校（現在の東京藝術大学）に入学した[38]。文豪幸田露伴の妹でバイオリニストの幸田延に師事し、1901（明治34）年に同校専修部を首席で卒業した。卒業時には皇后行啓演奏会でバイオリンを独奏するほどの腕前であった。研究科（現在の大学院）に進んだ後、1907（明治40）年に同校の助教授となり、バイオリニストとして活躍した。同郷の源逸とは同い歳で、東京で知り合い、1908（明治41）年5月26日に結婚した。小柄で温厚だが、はっきりものを言う女性だったという。襄は源逸の京都への転任とともに東京音楽学校を辞し、のち1936（昭和11）年に同志社女子専門学校の器楽教授に就任した[39]。

　当時の日本人は夫人同伴の在外研究は非常に珍しく、周囲からとやかく言われたであろうことは想像に難くないが、喜多はかまわず実行した。ここにも彼のリベラルな一面が表れているといえよう。

　夫妻はまずアメリカに渡り、最初の約1年間をボストンで過ごした。源逸はマサチューセッツ工科大学（Massachusetts Institute of Technology, 略 MIT）でアーサー・ノイズ（Arthur Amos Noyes）に師事した。ノイズは、若き日にドイツのライプチヒ大学のヴィルヘルム・オストヴァルト（Friedrich Wilhelm Ostwald）のもとに留学し博士号を取得し、帰国後アメリカに新興の物理化学を導入した人物である。MIT で彼は物理化学研究所（1903年設立）の所長を務めており、喜多の滞在1年後の1919（大正8）年11月にロサンゼルスのカリフォルニア工科大学（California Institute of Technology）に移った[40]。

38）　当時、大阪市立高等女学校では、3年生、4年生の音楽の授業でオルガンとバイオリンを教え、約10本のバイオリンが備えられていた．襄はこの時期にバイオリンに親しんだとみられる．この時の音楽教師は、東京音楽学校の師範科を1889（明治22）年に卒業した宮崎タマで、襄は宮崎の薦めで東京音楽学校に進んだものと考えられる．大阪府立大手前高等学校百年史編集委員会編『大手前百年史』（金蘭会、1987）．

39）　東京藝術大学大学史史料室および同志社女子大学史料センターには襄の履歴書（手書き）が保管されている．演奏会については、東京芸術大学百年史刊行委員会編『東京芸術大学百年史　演奏会編』第1巻（音楽之友社、1990）；東京音樂學校編『東京音樂學校一覧』；『同志社女學校期報』（同志社女學校同窓会）を参照．

図1-4　東京音楽学校オーケストラの前田襄
1907（明治40）年頃。襄は最前列左。襄の右手前が「わが国オーケストラの父」と呼ばれるドイツ人指揮者アウグスト・ユンケル（August Junker、1899-1912在任）。バイオリンの最前列の2人は、幸田露伴の妹の幸田延（左）と幸田（安藤）幸。東京藝術大学大学史史料室所蔵。

図1-5　喜多夫妻
喜多家所蔵。

図1-6　留学時代の夫妻写真
1919（大正8）年頃、ボストンにて。喜多家所蔵。

図1-7　MITのノイズの物理化学研究所で
1919年頃。前列中央がノイズ、2列目左から3人目が喜多。California Institute of Technology Archives所蔵。

ボストン滞在中、妻の裏はニューイングランド音楽院（New England Conservatory of Music）に、学生として在籍した。ニューイングランド音楽院は1867年に創立されたアメリカ東部における音楽の名門校である。東京音楽学校の師の幸田延もかつて第一回文部省音楽留学生としてここで1年間学んでいた[41]。同院の史料室には、裏がここで一学期間（1919年1月～6月）、作曲家フレックス・ウィンターニッツ（Flex Winternitz）にバイオリンを師事したことを示す記録が残っている[42]。

後半の1年間は、源逸はパリのパスツール研究所（Institut Pasteur）で生化学者ガブリエル・ベルトラン（Gabriel Bertrand）のもとで研究した。ベルトランは当時フランス化学会の会長で、漆の化学的研究に関する論文も出しており、その関係で指導を仰いだと考えられる。漆も発酵によってできるが、喜多自身もそれまでリパーゼ、清酒、醤油などの発酵に関わる研究をしていた。そこで行った喜多の研究も酵素に関するもので、その成果の一部はフランス生化学会の会報に掲載された[43]。

喜多がこの留学で学んだ最も重要なことは研究そのものよりも、教育や研究の姿勢にかかわる部分ではなかったかと考えられる。とくにMITは工科大学であ

---

40) ノイズについては例えば、Linus Pauling, "Arthur Amos Noyes, 1866-1936," *National Academy of Sciences Biographical Memoirs*, Vol. XXXI（1958）: 322-346; John W. Servos, *Physical Chemistry from Ostwald to Pauling: The Making of a Science in America*（Princeton: Princeton University Press, 1990）, Chapter 3 参照．日本人としては、喜多よりずっと以前に加藤与五郎がノイズの下に留学している．加藤は1903（明治36）年7月に京都帝大理工科大学純正化学科を卒業し、同年9月から2年間MITのノイズの下で電気化学の研究をした．帰国後、東京高等工業学校（後の東京工業大学）教授となった．喜多のMIT留学に加藤の薦めがあったかどうかは不明である．松尾博志『武井武と独創の群像―生誕百年・フェライト発明七十年の光芒―』（工業調査会、2000）第2章；"Life Sketch of ARTHUR A. NOYES," unpublished manuscript, California Institute of Technology Archives, Arthur Amos Noyes Papers.

41) 幸田延については、萩谷由喜子『幸田姉妹―洋楽黎明期を支えた幸田延と安藤幸一』（ショパン、2003）参照．

42) "Kita, Mrs. Jo," class card, 2nd 1919, Archives, New England Conservatory.

43) Gen-itsu Kita, "Action du ferment sur le maltose et le saccharose," *Bulletin de la Societe de Chemie Biologique*, Tome II, No. 3（1920）: 140-142. これは喜多が1920年5月15日に同会で行った発表に基づく報文．

30 | 第1章 京都学派の形成

りながら化学科（Department of Chemistry）があり、応用化学の各論的科目も
配備されてはいたが、ノイズの教育理念を反映して「数学」「物理学」「定性分
析」「定量分析」「化学原理」（物理化学を含む）「無機化学」「有機化学」といっ
た基礎科目がしっかりと講じられていたことが当時の講義要目から分かる[44]。そ
の教育法は、応用技術の教育においても基礎的な学問を教えることが重要である
という喜多の工学教育観に強い確信を抱かせたものと思われる。加えて、喜多が
これからの化学には物理学や数学が必要であるという当時としては斬新な考えを
物理化学者ノイズから直接学んだことも十分考えられる。

　MIT 化学科では、基礎科学教育を重視するノイズ派と実践的技術教育を重視
するウィリアム・ウォーカー（William H. Walker）派との対立があったことも
述べておかなければならない。ウォーカーらは単位操作を中心とする化学工学の
カリキュラムを立ち上げ、喜多が MIT を去った翌年に化学工学科（Department
of Chemical Engineering）を独立させた。喜多が滞在していた時は、ウォーカー
派の勢力が上昇していた時期であり、彼はそうした状況を冷静に観察しつつ、そ
こでの新しい教育実践も柔軟に取り入れたことも考えられる。ウォーカーの最も
革新的な教育実践と評価される化学工学実習所（School of Chemical Engineering
Practice、エンジニア教育のため MIT の外のいくつかの化学工場に設けられた
サテライト教育センター）も喜多は目にしたはずである[45]。喜多は MIT の単位
操作の教育資料を京都帝大に持ち帰っており、後に京都帝大に化学機械学科（後
の化学工学科）を設立するうえでも重要な役割を果たしている[46]。

---

44)　Massachusetts Institute of Technology, *The Courses of Study Including Transition
　　 Schedules*（The Technology Press, October 1919）, pp. 22-23.

45)　当時の MIT の状況については次の文献を参照. Christophe Lécuyer, "MIT, Pro-
　　 gressive Reform, and 'Industrial Service,' 1890-1920," *Historical Studies in the
　　 Physical and Biological Sciences* 26（1995）: 1-54; *idem.*, "Academic Science and
　　 Technology in the Service of Industry: MIT Creates a 'Permeable' Engineering
　　 School," *American Economic Review* 88（1998）: 28-33; *idem.*, "Patrons and a Plan,"
　　 in *Becoming MIT: Moments of Decision*, ed. by David Kaiser（MIT Press: Cambridge,
　　 Massachusetts, 2012）, pp. 50-80; John W. Servos, "The Industrial Relations of Science:
　　 Chemical Engineering at MIT 1900-1939," *Isis*（1980）: 531-549 参照.

46)　化学工学教室四十年史編纂委員会編『京都大学工学部化学工学教室四十年史』（京都
　　 大学工学部化学工学教室洛窓会、1983）10 頁；本書第 4 章参照.

喜多は留学中に京都帝大に提出した「リパーゼに関する研究」を主論文とする学位請求論文が認められ、留学中の1919（大正8）年6月、36歳にして工学博士号を与えられた[47]。トウゴマの種子である蓖麻子から取れる酵素リパーゼの作用を検討し、かつその工業的応用（例えばリパーゼにより油脂を加水分解して石鹸の原料を作る方法）を視野に入れた研究である。この学位論文の中でも、またその後の論文でも、喜多は同様のテーマを研究していた、東京帝大のかつての同僚でライバルの田中芳雄の論文を手厳しく批判し続けた。例えば、「油脂化學及び油脂工業最近の進歩」と題する論説の中で、喜多は次のように書いている。

> 田中芳雄氏が蓖麻子實に對する酸の作用に就て論文を發表されてゐるが、其重要なる點は既に前人が記述した處のものである。但氏の論文を見ると前人の論文の主旨を反對に記述されて居て（故意か偶然か知らぬが）一見氏の發見の様に見えるは遺憾な次第である。又氏はリパーゼ粉末製法といふ方法を記述して居るが、之れは不溶性の粕を全部集め用いる方法で何等濃縮の意義が無い[48]。

このように喜多は、田中のこの分野での仕事をほぼ無価値なものとして退けた。

喜多はパリでの研究を終えた後、ヨーロッパ各地の工業を視察して1921（大正10）年1月19日に帰国する。そして帰朝直後の同月31日に教授に昇格した。

5 理研精神——大河内正敏と喜多源逸——

喜多が京都にもたらした学風は、いわゆる「理研精神」と大いに共通点があっ

---

47) 喜多が1919（大正8）年4月28日付で提出した学位請求論文（京都大学附属図書館所蔵）は主論文「リパーゼに関する研究」のほか、「麹菌の性質に関する私見及びオイヂウム・ルブリーの工業的応用の意義」（本文ドイツ語）、「醤油酵母」（本文ドイツ語）、「混濁性味醂の生成及び其救済法」『工業化學雑誌』28編、204号（1915）、「数種本邦産糸状菌」（本文ドイツ語）からなる．主論文の末尾に「大正七年十一月三日」の日付が入っていることから、渡航直前に準備したものとみられる．主論文の主要部分は、喜多源逸・大角實「リパーゼに関する研究」『東京化學會誌』第39帙（1918）：387-422にも発表された．

48) 喜多源逸「油脂化學及び油脂工業最近の進歩」、中瀬古六郎編『現代化學大觀』（カニヤ書店、1926）、487-498頁、引用箇所は494-495頁．

32 │ 第1章　京都学派の形成

た。京都帝大に移った翌年の1917（大正6）年に財団法人理化学研究所（以下、理研と略）が設立されたが、喜多は最初から「研究員補」として採用された[49]。理研は、「獨創的研究ヲ盛ナラシメ先ズ百般工業の根本ヲ啓沃シ以テ其ノ健全ナル發達ヲ促進スルト共ニ我邦ノ自ラ發明シタル所ヲ以テ久シク外國ニ負ヒ來リシ智能上ノ我債務ヲ償却シ進ムデ世界ノ文運ニ貢献スルコトヲ期セザルベカラズ」という趣旨をもって設立された[50]。創設に貢献した東京帝大の櫻井錠二は、研究員の採用について、1916（大正5）年に東京化学会で行った演説「理化學研究所の設立に就て」の中で次のように述べている。

　　　余が研究所に對し特に希望したきは研究員の銓衡宜しきを得ること是れなり　言ふまでもなく事業の成否は人を得ると得ざるとに因ることなれば所謂情實なるものの如き絶對的に此を排除し一に人物と研究能力とを標準として採否の決せられんことを切望す　而かも學校在學中の成績は研究能力と平行せざること往往之れあるを以て特待生若くは優等卒業生可なりと言ふべからず　研究に對する趣味精神及實力を考慮して人の採否を決定すべきものなりと信ずればなり……〈中略〉……人爵を悦ぶべき人は研究所には不用なるべし[51]

　このように櫻井は、採用に際しては情実や縁故を排し、人物と研究能力のみによるべきことを訴えた。また学生時代の優等卒業生などは必ずしも研究能力の高さを保証するものではないことを強調していた。当時無名に近かったにもかかわらず、理研の数少ない若手研究員補の一人に喜多が選ばれたことは、彼が櫻井のこうした人選基準に適っていたことを示しているといえる。
　理事会の議事録によれば、喜多の研究員補への任用は1917（大正6）年9月1日に開催された第13回理事会で決定された。当日の理事会出席者11名のうち

---

49)　理研人事記録、理研記念史料室.

50)　櫻井錠二・高松豊吉ほか「理化学研究所設立ニ關スル草案」『東洋學藝雑誌』第32巻、第406号（1915）：435-587、436頁.

51)　櫻井錠二「理化學研究所の設立に就て」（大正五年四月六日東京化學會第三十八年会演説）、同『思出の数々―男爵櫻井錠二遺稿―』（九和會、1940）、92-99頁所収、引用は97頁.

化学者は櫻井のみであったことから、喜多を推薦したのは櫻井自身とみられる[52]。櫻井は純正化学の主唱者であり、学術においても産業においてもその自立には純正理化学が必須であることを主張していた。したがって、同様の化学観をもつ喜多の抜擢は偶然とはいえない[53]。

第三代所長の大河内正敏が1922（大正11）年1月、主任研究員制度を発足させると、喜多は14人の主任研究員のうちの1人に任命された。帰朝して1年後のことであった。ちなみに、他の主任研究員は、長岡半太郎、池田菊苗、本多光太郎、和田猪三郎、鈴木梅太郎、眞島利行、片山正夫、大河内正敏、田丸節郎、鯨井恒太郎、西川正治、高嶺俊夫、飯盛里安であった。主任研究員制度は、主任研究員が人事、給与、研究費などについての裁量権を持って各自の研究室を運営するシステムである。研究室は東京駒込の本所以外の各帝国大学にも置くことが認められた[54]。

こうして京都帝大の中に理研喜多研究室が発足した。喜多は、自分の弟子たちを理研の研究生、助手、あるいは嘱託として採用し、理研の資金で給与を支給し、京都での研究活動を展開した。喜多は理研主任研究員の身分を京都帝大退官後の1952（昭和27）年まで維持した。喜多門下で業績をあげた桜田一郎、兒玉信次郎、小田良平、宍戸圭一、新宮春男はいずれも若き日に理研の研究生ないし嘱託を経験している[55]。

桜田は1926（大正15）年、卒業後直ちに理研喜多研究室の研究生になった。彼はある座談会で、「あの時、理研がなければ、僕達も學校へ置いてもらえな

---

52) 議事録は渋沢青淵記念財団竜門社編『渋澤栄一傳記資料』第47巻（渋沢栄一伝記資料刊行会、1963）、138-139頁に所収．桜井が喜多を推薦したことは、兒玉「喜多源逸先生」（注1）578頁にも書かれているが、これは喜多自身から聞いた話をもとにしていると思われる．

53) 桜井の純正理学、純正化学の理念については、Yoshiyuki Kikuchi, *The English Model of Chemical Education in Meiji Japan: Transfer and Acculturation*, Ph. D. dissertation, The Open University, 2006; *idem., Anglo-American Connections in Japanese Chemistry: The Lab as Contact Zone*（New York: Palgrave Macmillan, 2013）参照．

54) 発足した14研究室のうち喜多を含む4名が自分の大学に理研研究室を置いた．「職員名簿」『理化學研究所彙報』第一輯、第一号（1922）：98-101.

55) 理化学研究所『理化學研究所案内』大正14年から昭和18年までの各版参照．

34 | 第1章　京都学派の形成

かった。理研の大きな功績だね」と当時を回顧している[56]。第3章で見るように、桜田はその後、喜多の計らいで理研在外研究員としてドイツに2年半留学し、その留学体験から、高分子化学のわが国への導入に重要な役割を果たすことになる[57]。

　兒玉は世界的な恐慌のため大学を出ても就職することが困難であった1928年、喜多の計らいで卒業した翌日から理研から給料をもらう幸運に恵まれた。1年後には助手となり、理研の禄を食みながら、自由に研究をさせてもらった。若い兒玉にとって理研はそれだけではなく、感動を与えてくれる研究機関であった。年2回、東京の理研本所で開かれる研究発表講演会では錚々たる第一線の科学者たちを目の当たりにして感激した。彼は次のように書いている。

　　　私が在職した当時、昭和初年の理化学研究所は、実にすばらしい研究所であり、物理学、化学の最高の研究所であるという名声が高かった。長岡半太郎、西川正治、本多光太郎、高嶺俊夫、鈴木梅太郎、眞島利行、池田菊苗、片山正夫というような学界の精鋭が綺羅星のようにならんでおられた。年二回の研究発表会のあとには、必ず全員参加の晩餐会が開かれたが、当時二三、四歳の私はこの席上にでて、このような大先生が大河内所長を中心にならんで座っておられるのをみて、感激に身が震える思いがしたものである[58]。

　兒玉もまた理研の在外研究員としてドイツ留学し、その体験が後の京大教授時代に大きな役割を果たすのであった（第4章参照）。

　大河内は科学に基づき工業を興すという「科学主義工業」を唱えたことで知られている。そして、研究者の自由な発想に基づく基礎科学研究を促し、その成果が様々な産業技術に繋がることで有為な研究者を多数生みだし、かつ学問的成果をあげるという土壌を創りあげた。理研でなされた発明を工業化し、製品を製造するために63社（121工場）におよぶ産業集団、いわゆる「理研コンツェルン」をつくり上げた[59]。

---

56)　小竹ほか「座談會：喜多先生を偲ぶ」（注5）435頁.
57)　桜田一郎『高分子化学とともに』（紀伊国屋書店、1969）第1章.
58)　兒玉信次郎『研究開発への道』（注1）245頁.

図1-8　大河内正敏
公益財団法人大河内記念会所蔵。

　大河内は理研喜多研究室開設の際に京都帝大の喜多を訪問しているし、毎年開催された理研の研究発表会でも両者は顔を合わせていた[60]。喜多は、大河内の考えに深く共鳴し、自己のスタンスに揺るぎない確信をもったと思われる。喜多が京都に植え付ける自由な気風、基礎研究の重視、その産業化という学風は、大河内のもたらした「理研精神」と合致していたのである[61]。

---

59) 大河内正敏および理研の歴史については次の文献を参照．栗林敏郎『科學の巨人　大河内正敏』（東海出版社、1939）；鎌谷親善『技術大国百年の計―日本の近代化と国立研究機関―』（平凡社、1988）；斎藤憲『新興コンツェルン理研の研究―大河内正敏と理研産業団―』（時潮社、1987）；宮田親平『「科学者の楽園」をつくった男―大河内正敏と理化学研究所―』（日本経済新聞社、2001）；理化学研究所史編集委員会編『理研精神八十八年』本編・資料編全2巻（理化学研究所、2005）；斎藤憲『大河内正敏―科学・技術に生涯をかけた男―』（日本経済評論社、2009）．
60) 小竹ほか「座談會：喜多先生を偲ぶ」（注5）435頁．
61) 野依良治、筆者とのインタビュー、2009年1月8日；米澤貞次郎、筆者とのインタビュー、2007年8月19日（大阪）．

36 | 第1章 京都学派の形成

「日本を持てる國にするものは日本の科學である。科學は資源を創造し、代用品を得る。資源ならざるものを資源化するのも亦科學である」として国防資源論を説いた大河内の考えも、後述のように喜多の「アウタルキー（自給自足経済）のための化学」の考えと軌を一にしている[62]。理研を介して生まれた異分野の研究者（例えば仁科芳雄や湯川秀樹）との交流も、喜多の人脈と学際的視野を広げることになった。喜多は 1930（昭和 5）年、京都帝大附置化学研究所（以下、化研と略、本部は高槻）の第二代所長（1930-1942）になると、理研に倣って「研究室制度」を採用し、理研の主任研究員にあたる「主宰所員」に研究室運営に関わる予算や人事などの権限を与えて運営している[63]。

6 喜多イズムの浸透

喜多が京都でどのように自己の学風を浸透させていったかを具体的に見ることにしよう。兒玉信次郎はこう書いている。

喜多門下に共通の点といえば何か。それは何れも研究者が基礎的研究を重視するということである。喜多先生は応用をやるものも化学者の実力としては常に純粋化学の研究者に負けないものを備えていなければならない、ということを口ぐせのようにいっておられた。そして門下生に基礎的な勉強をし、基礎的な研究をするようやかましく言われた。そのことは、それ以前の応用化学が、単に製造に直接関係のある研究のみをやっておったために、学問的水準では純粋化学者に劣っていたのを、一挙に純粋化学のそれに等しからしめたのであった[64]。

工学部（1919 年に工科大学から改称）工業化学科における基礎重視の教育は、理学部化学科との連携にも支えられた。喜多は、工業化学科の学生に化学科の基礎科目、すなわち物理化学、無機化学、有機化学などの講義を共通で聴講させ単

---

62) 大河内正敏『持てる國日本』（科学主義工業社、1939）、序 1 頁. 同『科學宗信徒の進軍』（科学主義工業社、1939）も参照.

63) 鎌谷親善「京都帝国大学附置化学研究所—戦時期—」『化学史研究』21（1994）: 109-151.

64) 兒玉「喜多源逸先生」（注 1）579 頁.

図1-9 工業化学科の建物(右側)と化学科の建物(左側)の模型写真
両建物の中間に講義室があった。京都大学本館1階展示室の展示。著者撮影。

位を取得できる制度を促進させた。同様に、化学科の学生も工業化学科の科目をとることができた。工学部応用化学科と理学部化学科の建物が地理的にかなり離れていた東京帝大とは対照的に、京都帝大では工業化学科と化学科の建物が隣接していたという地理的・空間的条件も幸いしていた。各々2階建ての赤煉瓦の建物で平行に隣接し、研究室、教室、図書室をもっていた。各図書室は相互利用できた。両学科の教官同士の交流が密であったばかりでなく、工業化学科の学生も卒業までに化学科の学生や教官と顔見知りになっていたという[65]。

　1918(大正7)年6月に喜多のために第五講座が新設されると、彼はその担任として油脂、石油、繊維素に関する研究を進めた。また、それまでの工業化学科において有機合成化学の基盤が弱いことを憂えて、プラハ・ドイツ工科大学(Deutschen Technische Hochshule in Prag)講師であった有機化学者カール・ラウエル(Karl Lauer)を1934(昭和9)年9月、専任講師として招聘した。保土谷化学の社長磯村乙巳が懇意であったラウエルを喜多に紹介し、ラウエルの約3年間の京都帝大在任中は、保土谷化学が旅費と俸給を支給した。見返りとして

---

65) 近土隆、筆者とのインタビュー、2006年8月3日(京都);鶴田禎二、筆者とのインタビュー、2006年8月12日(横浜).

喜多は保土谷化学に技術指導を約束した[66]。明治初期とは異なり外国人に講座を担任させることはあまり行われなかった時代に、喜多の努力で実現したのであった。小田良平はその助手として薫陶を受け、後に第三講座の担当教授となり、工学部に有機合成化学の伝統をつくった（エピローグ参照）。

喜多は理学部出身者も採用した。例えば、京都帝大理学部物理学科出身の淵野桂六（1931年卒業）は、理研喜多研究室の助手として採用され、桜田一郎とともに行ったX線による繊維構造の研究で大きな役割を果たした（第3章参照）。彼は後に化研助教授を経て群馬大学教授となった。また、化研で光学顕微鏡の写真撮影を担当した平林清、電子顕微鏡を担当した小林恵之助はともに理学部動物学科の出身（前者は1934年、後者は1935年卒業）であった。後に平林は化研助教授、小林は化研教授となった。

喜多は、これからの工業化学にはとくに数学や物理学が必要だということを感じていた。大阪高等学校在学中の福井謙一が、「数学が得意なら化学をやりなさい」という喜多の当時としては一風変わったアドバイスに応じて京都帝大工業化学科に入学した話はよく知られている。数理系への進学を考えていた福井がこの一言に感応して進路を変えたのは、そこに喜多の化学の将来への先見性を感じ取ったためであったという。福井は入学後、喜多のもとで工業化学の学生としては異色なほど数学や基礎物理学を心ゆくまで勉強した。後に燃料化学科の教官として1981（昭和56）年のノーベル化学賞受賞に繋がるフロンティア軌道理論の研究に邁進し、また同学科で量子化学の分野における優秀な研究者を育てた。福井は喜多を「終生の師」と仰ぎ、喜多が京大に育んだこうした学問的風土を「類い稀な自由な学風」と呼んでいる（第4章参照）。

大学院生時代の福井を直接指導したのは教授の兒玉信次郎であった。兒玉は喜多イズムの忠実な継承者である。若き日に2年間ドイツに留学する機会を与えられた。留学中はできるだけ基礎の勉強をしたいと考え、カイザー・ヴィルヘルム物理化学電気化学研究所のミハエル・ポラニー（Michael Polanyi、英語読み「マイケル・ポラニー」）に師事し、彼の影響でヨーロッパで勃興したばかりの量子力学を身につけて帰国した。後に兒玉が喜多に工業化学科へ量子力学者を招聘することを提案したのもこうした体験からきたものであった。喜多は賛同し、荒木

---

66) 小竹ほか「座談會：喜多先生を偲ぶ」（注5）434頁.

源太郎を新設の工業化学第九講座に専任教官として招聘することにした。工業化学科に理論物理学の講座を設けたということであり、当時の学界を驚かせた。荒木は数学と応用物理学の講義科目を担当した（第4章参照）。

　兒玉は京都帝大で喜多の教え通り、基礎研究を重視するスタンスを徹底させ、かつ自由闊達な学風を植え付けた。彼は実験とともに理論も重視し、「理論的にわかることはなるべく理論で解決し、理論でわからないこと、わからない数値は、必ず実測で求める」という研究方針を貫いた[67]。兒玉の研究生活の前半を貫いた人造石油には、石炭液化にどの触媒をどう使うかが重要な決め手であったが、彼のグループは、触媒とは何か、触媒作用はいかに起きるかを根本原理の探求から始め、理論化を試みた。その結果は一連の研究論文となった（第2章参照）。

　喜多は、普段の授業でも学生たちに基礎を勉強しておくように繰り返し言った。喜多自身は有機工業化学大要や石炭化学のような応用的科目を講じていたが、講義の開口一番、「こんな話は、何の役にも立たん。専門の事は、会社に入ったら、いくらでも出来る。今は基礎になる物理化学や有機化学をしっかり勉強しとくんやな」と諭すように言ったという[68]。応用にもまず基礎が大事であるという喜多の教えが有益だったとは、後に企業で活躍した多くの卒業生も指摘する点である。

　身だしなみに気を遣わない喜多は普段はよれよれの背広を纏っていた。夏には下着の半袖シャツとステテコ姿で実験室に出入りした。研究室が暑いと言って、講義室の最前列で原稿を書いたり論文を読んだ。夏休みには酒屋に電話して、ビールを半ダースほど持ってこさせ、「それを冷蔵庫に入れておいて、歸りに1本を自分で飲まれて後に皆に飲ますようにいわれた。一週間に一、二回はそんなことがあった。研究室もあの頃は楽しかったよ」と桜田一郎は回想する[69]。真夏になると喜多の部屋の窓下の雑草が茂って虫がよく鳴いた。机の上には、「夏草のしげれる庭やキリギリス」という俳句が喜多の字で書かれていたという。「何処かにある文句を三つくっつけるとこんな句が出來るかもしれん」と陰で学生たちは笑い合った[70]。

---

67)　米澤貞次郎・永田親義『ノーベル賞の周辺―福井謙一博士と京都大学の自由な学風―』（化学同人、1999）．85-86頁より引用.

68)　燃料化学・石油化学教室五十年史編纂委員会編『京都大学工学部燃料化学・石油化学教室五十年史』（注5）160頁.

69)　小竹ほか「座談會：喜多先生を偲ぶ」（注5）438頁.

70)　同前、439頁.

図1-10　喜多源逸
1930年頃。喜多家所蔵。

図1-11　ステテコ姿で新聞社の取材に応える喜多
『大阪毎日新聞』1938（昭和13）年8月12日付。

図1-12　喜多と学生たち

1927（昭和2）年頃。黒服が喜多。その左が兒玉信次郎、その左が富久力松。最後列右端が桜田一郎。
『喜多源逸先生への便りと写真　岡村誠三先生傘壽記念』第15回谷口コンファレンス実行委員会（1994）所収。

　「学者というよりはむしろ鄙に生まれ育った野人の感じがあった」と福井謙一は言う[71]。外出時は、表皮がすっかりひび割れて剥げ落ちた黒の革製のカバンを持ち、色褪せて下の色が想像できないような繻子の蝙蝠傘をいつも持ち歩いていた。「先生はその蝙蝠傘を私の祖父の葬式まで持ってこられたこともあった。蝙蝠傘は剥げたカバンとともに先生の体の一部と化していた感がある。」と福井は書いている[72]。喜多は休みの日には北白川の自宅の庭で野菜を作っていた。京都帝大を訪れたある人が訪問先の教授に、「京都には金時計をぶらさげている百姓がいる」と驚いた様子で言ったので、よく聞いてみるとそれは喜多であったというエピソードも残っている[73]。

---

71)　福井謙一『学問の創造』（朝日文庫、1987）、111頁.
72)　前掲書、112頁.
73)　兒玉『研究開発への道』（注1）7頁；武上久代、筆者とのインタビュー、2010年

図1-13　北白川の自宅前の喜多夫妻
1928（昭和3）年頃。左京区北白川伊織町の新居は京都帝大建築学科教授の藤井厚二による設計で1926（大正15）年秋に完成した。喜多家所蔵。

　喜多の講義や講演を聞いた人々は口を揃えて、話し方が上手いとはお世辞にもいえないと言う[74]。朴訥でありながら、しかし喜多は指導者としてのカリスマ性を備えていた。学生や若い助手たちから好好爺のように見られたが、講座の助教授たちは喜多の前では直立不動で緊張していたという[75]。兒玉は次のように書いている。

　　9月6日（京都）．281坪の敷地に建てられた北白川の新居（延床面積68坪）は、「喜多博士の家」『新建築』3巻、10号（1927）：2-9にも紹介された．現在も残されており、登録有形文化財に指定されている．
74）　例えば、鶴田、筆者とのインタビュー、2006年8月12日（注65）；小竹ほか「座談會：喜多先生を偲ぶ」（注5）38-439頁．
75）　稲垣博、筆者とのインタビュー、2006年11月25日（京都）；植村榮、筆者とのインタビュー、2010年8月3日（東京）．

先生は極めて口数の少ない人であった。まして心にもないお世辞をいったり、人の機嫌を取るというようなことは一さいされなかった。しかし必要な場合は自分の正しいと思うことを直言してはばかられなかった。そして人を説く必要のある時は自分の信念を何の飾り気もなくとつとつと話された。であるから人は皆喜多先生の言われることを信用した[76]。

　喜多は教え子を大事にし、自然な形でリベラルな気風を植え込んだ。喜多研究室では毎週金曜日に夕食後雑誌会があった。「その後で茶菓を前にしての雑談はこの上もなく楽しいものであった。」と兒玉は回想する[77]。桜田は次のように述べている。

私が先生から習った一番いいことというと、自由主義的な考え方をするということ、一應物事をとらわれずに考えてみようというそういう態度を教わったことです。雑誌會などで、さつま汁を食べながら人の悪口などもいったりして、のんきにやっていたあの雰圍氣から、物事にとらわれない考え方を一番學んだし、身につけたように思う[78]。

　若い教官は研究に専念し、講義や雑用などは教授に任せておけ、というのが喜多の方針であった。したがって、工学部化学系では助教授は講義の担当を免除された[79]。
　喜多が工業専門学校の優秀な卒業生を雇いとして採用し育成したことも喜多イズムの一つといえる。彼らはきわめて立派な研究成果を出し、トップの仕事を支えた。例えば、桜田と李升基（日本読み「りしょうき」）のビニロンの開発は川上博の協力なしには語れないし、兒玉の鉄触媒の研究は村田義夫、堀尾正雄の名を国際的に有名にした羊毛の捲縮についての研究の成果は近土隆、同じく堀尾の広葉樹のパルプ化の研究は福田祐作なしには考えられないのである。この人たち

76）　兒玉「喜多源逸先生」（注 5 ）580 頁.
77）　兒玉「日本化学工業の学問的水準の向上に尽くされた喜多先生」（注 5 ）654 頁.
78）　小竹ほか「座談會：喜多先生を偲ぶ」（注 5 ）436 頁.
79）　鶴田、筆者とのインタビュー、2006 年 8 月 12 日（注 65）.

図1-14　工業化学科の喜多のグループ
1937（昭和12）年3月。卒業する3回生とともに工業化学教室建物前で撮影。着席者左から木村和三郎、桜田一郎、喜多源逸、小田良平。木村の左に立つのが李升基。李の左後が淵野桂六。桜田の後が常岡俊三。最後列左端が小林恵之助。その左前が近土隆。喜多の左後の学生が舟坂渡。舟坂の左後が古川淳二。1列目右端に立つのが岡村誠三。近土家所蔵。

はすべて学士号を持たなかった工専卒であり、喜多研究室の雇いから出発し、その研究業績により京都帝大より学位を得た。村田は後に大阪府立大学教授、川上はユニチカ株式会社理事、近土は山形大学教授、福田は王子製紙株式会社専務になっている[80]。

　喜多は東京帝大時代および京都帝大時代の初期まで、麹菌、酵母、醤油醸造などに関する研究を行い、この分野で40編近くの論文を発表している。また、喜多のこの方面の研究はアカデミズムの外にも継承されている。奈良県大和郡山の

80）　稲垣博・平見松夫・山本雅英編『昭和繊維化学史の一断面―化学者堀尾正雄生誕100周年に因む―』2005、106頁；近土、筆者とのインタビュー、2006年8月3日（注65）。

彼の実家が1930（昭和5）年に醤油会社を創業したのも喜多の発酵への関心が影響している。喜多家は大地主で、とくに家業をもたなかったが、兄の源治郎は自分の息子たちのために何か事業を興そうと思案した。相談を受けた源逸は醤油業の起業を勧めた。源治郎の孫の喜多一男によれば、喜多は源治郎に、「酒はほっとけば腐るが、醤油は17％の塩分が含まれているから腐らん。だから醤油はお前らのような馬鹿でもできる」と冗談まじりに言ったという[81]。源逸は、高田亮平に工場の設計と醸造法の指導を依頼した。高田は1922（大正11）年京都帝大工業化学科を卒業後、内務省の栄養化学研究所所員を経て大阪工業大学（1933年に大阪帝国大学工学部となる）醸造学科に移ったばかりであった。後に、源治郎の息子の義逸は大阪帝大に入学し、高田の下で醸造学を学んだ。高田から将来を嘱望されながら、大学院在学中の1935（昭和10）年に惜しくも結核に倒れ夭折した[82]。

喜多醤油株式会社は現在、源治郎の孫である一男が継ぎ、天然醸造で造られた「ヤマトイチ」という銘柄の濃口醤油などを生産している。個々の装置は新式のものに取り替えられたが、工場の建物、レイアウト（U字型のライン）、醸造法、配合は現在も創業当時のままである。喜多の初期の発酵への関心が、このような形で残っているのは興味深い。高田は1943（昭和18）年に喜多の招きで京大工

---

81)　喜多一男・時生、筆者とのインタビュー、2008年1月25日；2010年3月16日（大和郡山）.

82)　前掲インタビュー；喜多洋子、筆者とのインタビュー、2010年3月16日（大和郡山）. 義逸の死の直後、高田の計らいで彼の卒業論文が大阪醸造學会の雑誌に発表された. 喜多義逸「アミノ酸調味料製造に關する研究（第7報）大豆粕を原料とするグルタミン酸の製造」『醸造學雑誌』第14巻、第2号（1936）：123-129. 論文の冒頭で高田は次のように加筆している.「昭和11年1月5日喜多義逸君は醫学部附属醫院の1室で長逝された. 同君は昨春業を本学に卒へた後大学院に入学し将來を期してゐたのであるが6月病を得て床に臥す事半歳終に再び起つ事が出來なかつた. 本篇は同君の卒業論文であつて大学院にあつて引き續き研究してゐたもので同君に病床に於て死の直前迄この研究を口にしてゐたものであり今本文を草するに當り哀惜の念に堪へず近く我が研究室員に依つて本研究の完結を約し茲に未完の儘、若くして逝つた青年学徒の短かつた生涯を記念する爲發表する事とした.」大阪大学の醸造学科の歴史については、大阪大学工学部醸造・発酵・応用生物工学科百周年事業会編『百年誌―大阪大学工学部醸造・発酵・応用生物工学科―』（1996）参照.

図1-15　醬油工場写真
現在の喜多醬油株式会社の工場（奈良県大和郡山市筒井町）。手前が喜多一男。筆者撮影。

学部工業化学科第四講座の教授になり、この講座から福井三郎や清水祥一らの著名な発酵学者が輩出した[83]。しかし、喜多自身は、1930（昭和5）年にタカジアスターゼに関する論文を投稿したのを最後に、研究者としての出発点であった生化学の領域から離れ、国家の需要に応じた物資の研究に転じていった。

7　「国策科学」と学派の拡大

　喜多は欧米の研究書や雑誌論文を熱心に読み、最新の学問の動向を常に察知していた。大局的見地をもち、研究テーマや学問の方向性に目利きのよい学者であった。したがって、喜多が最も本領を発揮したのは「研究者」としてよりも「研究のオーガナイザー」としてであった。喜多は何かしようとする時、果たしてそれが学問上または産業上本当に必要かどうか、そして必要ならば実現方法をどうするか、それらについて徹底的に考え抜き、考えが定まると、すべてを投げ

---

83)　高田は1961（昭和36）年に京大を定年退官した．福井三郎は1942（昭和17）年に宍戸圭一の研究室を卒業し、高田の第四講座で助教授を務めた．清水祥一は1948（昭和23）年に小田良平の研究室を卒業し、福井が第四講座の教授の時に助教授を務め、後に名古屋大学農学部に転出した．清水祥一、筆者とのインタビュー、2010年2月23日（京都）．

打ってその実現にあらゆる努力を傾けた、と兒玉は言う[84]。

　喜多は、当時のわが国の状況を鑑みて、アウタルキー（自給自足経済）のための研究を促進するのが工業化学者としての使命と考えるようになった。こうして、繊維（化学繊維と合成繊維）、人造石油、合成ゴムへと研究の重心を移していった。彼が手掛けたこれらの研究プロジェクトは、戦前・戦中を通じて、国防上重要な物資であり、当時言われていた「国策科学」の路線に沿ったものであった。

　それらの研究は基礎からパイロットプラントまで発展し、多くの弟子、学生たちをそれらのプロジェクトに動員した。そして、その分野を担う高級技術者養成のためとして、喜多は工学部長在任中（1939-1941）、燃料化学科（1939）と繊維化学科（1941）の新設を政府に認めさせた。喜多の赴任時には工業化学科4講座のみであった工学部の化学系は終戦までには、喜多と亀井三郎の尽力によって創設された化学機械学科（1940）4講座を加えて、工業化学科9講座、燃料化学科5講座、繊維化学科4講座の計4学科22講座へと拡大していた。喜多自身は、工業化学科から燃料化学科に移り第一講座を担当した。開設から1945（昭和20）年までに、京都帝大工学部の化学系学科の卒業生は1,159人にのぼった[85]。

　京都帝大で実行した研究開発事業には多額の資金を要したが、喜多自らが調達の労を執った。理研喜多研究室は1941（昭和16）年には研究員3名、嘱託10名、研究生9名、雇1名の計23名を擁し、人造繊維製造、高分子物質、酢酸繊維素製造、人造石油、合成樹脂、合成ゴムなどの研究を推進した[86]。理研からの資金だけでなく、関西の財界・実業界と深い関わりを持っていた喜多は、彼らの資金援助をもとに研究活動を拡大した。例えば、1936（昭和11）年に伊藤萬助の寄付金20万円をもとに京都帝大内に財団法人日本化学繊維研究所を、1941（昭和

---

84)　兒玉「喜多源逸先生」（注1）580頁.

85)　『京都帝國大學一覧』および『工化会会員氏名録』（工化会、1960）による. ちなみに、東京帝大工学部の応用化学科は終戦時7講座あり、創立から1945（昭和20年）までの同学科の卒業生は1,202人であった. 1942（昭和17）年に石油工学科、1944（昭和19）年に第二工学部に応用化学科が開設されたので、両学科の卒業生を加えると1,288人であった. 卒業生の数においては、東京帝大が少し多かったことが分かる. 東京大学百年史編集委員会編『東京大學百年史　部局史3　工学部』（東京大学、1987）495頁.

86)　理化學研究所『理化學研究所案内』昭和16年版、76-78頁.

16）年には東洋紡績からの寄付金をもとに有機合成化学研究所を創設し、その実質的な指導者として活躍した（第 3 章参照）[87]。

　繊維化学科の創設においては、喜多が産業界から施設・設備・図書を調達するに十分な 35 万円以上の寄付金を集めて実現させたという経緯がある[88]。また、化研所長として、住友化学を始めとする企業から莫大な寄付金を得て、大型の開発研究プロジェクトを推進した。1941（昭和 16）年には化研の研究室数は 15 あったが、喜多の研究室にはレーヨン・スフ、合成繊維、人造石油、合成ゴムの 4 部門が併存し、その 1 部門だけでも人員で他の 1 研究室に相当するほどの大きさであった。鎌谷親善の調査によれば、同年の化研の全職員 284 人中 118 人（所員 12 名、研究嘱託 4 名、講師 2 名、助手 5 名、嘱託 47 名、雇 38 名）が喜多研究室の職員であったから、4 割を超えていたことになる[89]。一方、アメリカにおける合成繊維ナイロンの出現の結果、1941（昭和 16）年に産官学を挙げて誕生した日本合成繊維研究協会では副理事長を務め、桜田と李らによる合成一号（後のビニロン）の研究を促進させた（第 3 章参照）。合成繊維、人造石油、合成ゴムの中間工業試験に企業の技術者も多数参加している。喜多は基礎研究を重視するだけでなく、それらの研究を工業化研究に繋げることに最大の努力を払った。それは産業界の財政的・人的支援なしにはなし得なかったことである。中間工業試験の遂行を可能にした機関が、化研であった。化研の所員は多くの場合、学部の教授が兼任していたが、基礎研究は学部で行い、中間工業試験研究は化研で行うという役割分担があった。

　喜多が国策科学の趣旨に沿ったテーマを選んだ理由は、自己の学問観やイデオロギーによるだけでなく、化研という制度的構造とも深い関係があった。前述のように、化研は理研に倣って研究室制度を採用し、主宰所員が研究室の予算や人事を決定する権限をもっていた。こうして研究室の自主性は保証されたものの、

87）　日本化学繊維研究所については、桜田『高分子化学とともに』（注 57）75-77 頁および本書第 3 章を参照．喜多と繊維会社との関係については、平野恭平「戦前日本の化学繊維工業と化学技術者―応用化学科卒業生の分析を中心として―」『技術と文明』第 18 号、第 1 号（2013）：47-60 参照．

88）　堀尾「喜多源逸先生と繊維化学」（注 5）179 頁；京都大学工学部高分子化学科編『繊維化学教室・高分子化学教室創設史』（京都大学工学部高分子化学科、n. d.）．

89）　鎌谷「京都帝国大学附置化学研究所―戦時期―」（注 63）125-127 頁、137 頁．

国立大学の附置研究所であるため、文部省による制約があった。当然のことながら、認可される研究項目は当時の国際情勢を反映した、国策として重要な研究課題に重点が置かれた。例えば、オーストラリア産羊毛の不買政策（1936）に絡んで人造羊毛の研究、また商工省の「人造石油事業振興計画」（1937）による大規模な人造石油の国家的製造計画の文脈の中で液体燃料の研究が重点研究として選ばれた。さらに、商工省が代用品開発振興策を打ち上げると（1939）、合成ゴム、合成皮革、合成樹脂が、化研の新規研究項目に採用された。これらはいずれも化研喜多研究室のテーマとなったため、それに応じて政府からも巨額の資金が与えられ、化研喜多研が飛躍的に拡大した。

　喜多のグループはこうした研究の成果を『工業化學雜誌』、『纖維素工業』、『理化學研究所彙報』、『日本化學纖維研究所講演集』、『化學研究所講演集』、『合成纖維研究』などに発表した。1935（昭和10）年には、喜多は自らの資金で『化學評論』を創刊し、原著論文よりも総説や最近の研究紹介に重きを置いた記事を発表した。同誌は教官と研究室の学生には無料で配布され、京都学派の活字メディアとして1949（昭和24）年まで刊行された[90]。

　喜多は生涯において自分の名前入りの論文を140編、総説を32編発表した。論文のうちの約半数は人造繊維（セルロース繊維）に関するものである。一方、弟子の研究は、極力喜多の名を入れずに自分たちの名前だけで発表するよう奨めた[91]。しかし、師を気遣う一部の弟子たちは、論文の題名の前に「喜多源逸及び共同研究者のビスコースに関する研究」といったシリーズ名を入れたり、論文タイトルの前に「喜多研究室」と所属を記して発表した。それらを合わせると、終戦までに刊行された論文総数は600編を超すものとみられる。

　喜多は91件の特許を取得した。うち半数の46件が理研、27件が有機合成化学研究所の名義となっている。内容的には合成ゴムに関する特許が半数近くを占めている。こうして彼は研究資金を受ける見返りに、特許の使用権を理研や有機

---

90)　『化學評論』（化學評論社発行）は、第1巻（1935）が全3号、第2巻（1936）が全6号であったが、第3巻（1937）以降は全12号が発刊された．執筆者のほとんどは京都帝大工学部化学系の関係者であったが、外部の研究者も一部投稿している．無料配布されたことについては、鶴田、筆者とのインタビュー、2006年8月12日（注65）.

91)　近土、筆者とのインタビュー、2006年8月3日（注65）.

表 1-1 喜多源逸の論文・総説・特許数

分　野	論　文	総　説	特　許
発　酵	36	2	1
油　脂	22	2	8
人造繊維	72	13	15
人造石油	10	10	18
合成ゴム	0	2	44
その他	0	3	5
計	140	32	91

SciFinder および『日本化學總覧』(1877-1940)(1941-1955) により作成.

合成化学研究所の出資企業に与えたのである。

8　巨星墜つ

　喜多源逸は1943（昭和18）年4月に満60歳で京都帝大を停年退官した。弟子の児玉と堀尾は師に内緒で記念館の設立と『工業化學雜誌』の退官記念号の出版を企て、企業からその資金を募ることを画策した。しかし、その話を漏れ聞いた喜多は彼らを咎めて中止させた。戦時下でもあり、彼自身もそのような派手な記念事業をされることは望まなかった[92]。結局、退官の会は簡素な形で催された（図1-16）。

　1948（昭和23）年4月、喜多は立命館専門学校工学科部長の任に就き、新制大学の立命館大学に昇格に際し、理と工を合わせた理工学部の新設に力を尽くした[93]。翌年4月、乞われて新設の浪速大学（現在の大阪府立大学）の初代総長に就任した。大学新設に伴う学内の諸問題を解決するため多忙な日々を送った[94]。

---

92)　堀尾正雄「畏友兒玉信次郎さん」、兒玉先生をしのぶ会編『兒玉先生をしのぶ文集』（兒玉先生をしのぶ会、1996）37-39頁所収.

93)　立命館大学理工学部65年小史編纂委員会編『立命館大学理工学部65年小史』（立命館大学理工学部、1980）、70-77頁；「座談会　理工学部を中心とした立命館史に関する座談会」『立命館百年史紀要』第4号（1996）、167頁.

94)　斎藤省三「追悼の辞」『浪速大學學報　故総長追悼號』（注5）3-4頁所収；大阪府立大学10年史編集委員会編『大阪府立大学十年史』（大阪府立大学、1961）第1章、

図 1-16　退官の挨拶をする喜多源逸
1943（昭和 18）年 4 月。近土家所蔵。

　1950（昭和 25）年に日本化学会会長に就任した際、喜多は、終戦後の財政困難な状況に鑑み、民間企業に働きかけて維持会員の制度を確立させた。その際、「自ら卵とバターをつけたパンとリンゴ一つの弁当をさげて」化学工業会社を説いて回ったという[95]。維持会員（後の名称は法人会員）制度は日本化学会のその後の財政を支えてきた。

　兄源治郎の孫、喜多一男（前出）はこの頃、北白川にある喜多の家に下宿して、京都市の鴨沂高等学校に通っていた。源逸は浪速大学勤務のため大阪に泊まることが多かったので、あまり顔を合わせることはなかった。一男によれば、源逸は当時不眠症気味で、毎日睡眠剤のグロブリンを服用しており、家にグロブリンの瓶が沢山転がっていたという。こうしたことも身体を悪くしたことに繋がったのではないかと推測する[96]。

　　　第 1 節参照.
95）　兒玉「喜多源逸先生」扉（注 1）.

図 1-17　晩年の喜多夫妻
北白川の自宅前で。喜多家所蔵。

図 1-18　晩年の喜多
喜多家所蔵。

　1951（昭和26）年夏頃から喜多の体調は急に悪化していった。本人には肥厚性胃炎と告げられたが、実際には胃がんと診断された。京都大学医学部附属病院に入院したのは年が明けた1月7日であった。一男の幼なじみで同郷の奥田賢子は、堀尾正雄の下にいた鯨井忠五の研究室で実験手伝いをしていた。奥田は喜多の妻の襄に頼まれ週に1～2回、襄が病院を留守にする間に喜多の看病に行った。病室は病院に1つしかない特別室で、台所、応接室、トイレ、サンルームまで付いていた。病床の喜多にせがまれ、時々本や『文藝春秋』などの雑誌を読み聞かせた[97]。

---

96) 喜多一男・時生、筆者とのインタビュー、2008年1月25日（注81）．子供のいない喜多源逸夫妻は一男を養子にすることを望んだが、実現しなかった．一男の父、三郎も幼い頃に養子として喜多家で育てられたが、源逸夫妻が欧米留学することが決まったため、縁組みは実現しなかった．

97) 小辻義男・賢子、筆者とのインタビュー、2008年4月28日（東京）．（旧姓奥田）賢子は1953（昭和28）年に小辻義男（1951年京大工学部繊維化学科卒業、日東紡に

図 1-19　喜多源逸の葬儀
1952（昭和 27）年 5 月 26 日、法然院にて。近土家所蔵。

　東京帝大の先輩であった田中芳雄が見舞いに訪れた時は、思いの外に元気で、昔一緒に執筆した有機工業化学の著書のことなどを親しげに話したという[98]。かつてあったあの強いライバル意識は喜多の中にはもう消えていたのかもしれない。死を前にして喜多はある知人に、「考えてみると、わしは人生がうまく行き過ぎた。仕事も万事うまく行き、いい弟子たちに恵まれ、幸せな人生だった」と語ったという。[99]

　4 月 30 日に危篤状態に陥り、5 月 21 日午前 8 時 32 分、喜多は 69 年の生涯を閉じた。23 日に自宅で身内だけで密葬を済ませた後、26 日に洛東の法然院で浪速大学の大学葬という形で本葬が盛大に取り行われた[100]。遺骨は法然院の墓に納められたほか、郷里の大和郡山市の融通寺にある喜多家の実家の墓所にも分骨さ

　　　勤務）と結婚した．
98)　田中「喜多源逸」（注 5）216 頁．
99)　武上、筆者とのインタビュー、2010 年、9 月 6 日（注 73）
100)　『浪速大學學報　故總長追悼號』（注 5）2 頁．葬儀の手伝いをした梶山茂（1947 年燃料化学科卒業、後に松下電工勤務）は葬儀前後の状況を詳しく日記に記録している．梶山茂、筆者とのインタビュー、2007 年 8 月 20 日（大阪）．

図1-20　喜多源逸の一周忌に集まった関係者
1953（昭和28）年5月、法然院の山門にて。最前列中央が妻の喜多襄、その左が中澤良夫。最前列左から2人目が古川淳二。中澤の斜め左上が桜田一郎。古川の斜め左上が小田良平。前から4列目最左端が福井謙一。近土家所蔵。

れた。7月27日、日本学士院総会で田中芳雄は、「我国に於て立派な指導者を要すること極めて切実なる今日に於て、学究的情熱と高潔な人格の指導者たる喜多博士を失つたことは、国家の為、誠に痛切にたえない」と追悼の辞を述べた[101]。

　これまで見てきたように、喜多が京都に育んだ学風は、基礎研究重視の工業化研究、物理学などの他分野を摂取する柔軟で自由な気風、産業界との積極的な連携などの特徴をもっていた。本章では、純粋化学を重視する応用化学のヴィジョンは喜多の東京帝大助教授時代にすでに萌芽していたこと、それはドイツの工科大学の研究と教育を範としていたこと、彼の教育観と東京帝大応用化学科に支配的であった教育スタンスには齟齬があったこと、京都帝大で発生した澤柳事件の余波が喜多の京都への転任人事に絡んでいたこと、欧米留学の体験や理研精神も

---

101)　田中「喜多源逸」（注5）216頁．源逸の妻の襄は1980（昭和55）年に96歳で永眠した．姪の前田貞子が晩年の襄の身の回りの世話をした．その関係で、貞子の娘の真由美が養子縁組して北白川の喜多家を継ぎ今日に至っている．前田一郎、筆者とのインタビュー、2016年3月16日（奈良）．

彼の学風形成に大きな役割を果たしたことなどを明らかにした。そして、その学風は喜多が京都帝大で展開した教育・研究活動に様々な形で具現化されたこと、教育者・組織者としての才能を遺憾なく発揮するとともに、戦時体制下において国策科学の時流に乗った研究事業を次々に立ち上げることにより学派を急速に拡大させていったことを示した。

　喜多が率いた京都学派は、産業界の支援と政府の指導を受けて合成繊維、人造石油、合成ゴムなどの工業化研究を大規模に展開した。けれども、それらはいずれも本格的な工業生産に入る前に終戦を迎えた。莫大な資金、人材、労力を注いだにもかかわらず、結局、喜多のグループは喜多自身が望んでいたような形、すなわち戦時物資の自給体制の確立という点では、戦争にはほとんど寄与することなく終わった。しかし、わけても工業化学において基礎研究を重視するスタンスは、戦後、喜多亡き後も京都大学工学部の伝統として受け継がれた。そして京都学派は、結果的に高分子化学、触媒化学、量子化学、有機合成化学といった関連基礎分野の開拓とその人材の育成に主導的な役割を果たすことになったのである。次章以降で、喜多源逸とその弟子たちによる研究活動の展開をより詳細にたどっていく。

第2章

◆

実験室から工場へ

——戦時下の人造石油開発——

　科学に国境はなくても、祖国が戦争に巻き込まれていけば、否応なく科学者たちは軍事目的のためにかり出され、愛国心を強いられることになるのです。

——益川敏英『科学者は戦争で何をしたか』（2015 年）[1]

　戦略的には、日本の人造石油産業は戦争に貢献しなかった。そのために莫大な労働力と資材が費やされたので、人造石油は戦争を助けたというよりは、むしろ国家の戦争努力を妨げたことは確実であった。

——米国戦略爆撃調査団報告書（1946 年）[2]

1) 益川敏英『科学者は戦争で何をしたか』（集英社新書、2015）45-46 頁.
2) アメリカ合衆国戦略爆撃調査団・石油・化学部編（奥田英雄・橋本啓子・訳編）『日本における戦争と石油』（石油評論社、1986）42 頁. 調査は 1945 年 9 月〜12 月に行われ、日本の関係者から提出された資料と尋問により収集した情報をもとに、1946年に原書となる報告書が作成された.

はじめに

　喜多源逸の下で長年働いた近土隆は、「喜多先生は平和論者であり、戦争は好まなかった」と断言して憚らない[3]。喜多の愛弟子の一人、富久力松（後に東洋ゴム工業社長）も、「先生はつねに馬鹿な戦争だといって、戦争には嫌悪の情をもっておられたが、祖国に捧げる忠誠心は人一倍であったようである」という[4]。日本が軍国主義の道を突き進み、日中戦争、太平洋戦争へと突入していく時代、戦争を嫌いながらも喜多は当時のほとんどの同僚がそうであったように、科学者として自分が国のために何ができるかを真剣に考えた。その結果、アウタルキー（自給自足経済）思想に共鳴し、物資の供給で国に奉仕することが工業化学者の使命と考えた。こうして、彼は初期の発酵や醸造などの生化学的研究に終止符を打ち、徐々に国の政策に直接沿う科学、すなわち「国策科学」の推進者へと変貌していった。弟子の一人、岡村誠三（後に京大教授）の言葉を借りれば、「何といっても喜多先生の毎日は国中心であって、国策が万事に優先していた。」[5]

　1939（昭和 14）年初め、『工業化學雜誌』の巻頭言で喜多は次のように書いている。

　　　化學工業が平時及び戦時の産業に如何に重大な役目を演ずるかは識者間には十分知られて居た。然し一般の認識は不充分であつたが今度の事變［日中戦争］によつて高められたことは事實である。斯る工業に携はる工業化學者としては其の専攻する部門によつて幾分の差はあるが何れも精神的及び肉體的勞苦を厭はず國家に貢献して居る有様を見て吾々は同僚各位に對し感謝に堪へぬ。……〈中略〉……將来物資の欠乏につれ吾々化學者は一層努力しなければならぬ事は勿論である。

　そして、彼は人材養成機関の拡充、研究機関の拡張整備、研究統制と共同研究

---

3)　近土隆、筆者とのインタビュー、2006 年 8 月 3 日（京都）.

4)　富久力松『蝸牛随想 1』（東洋ゴム工業、1954）261 頁.

5)　岡村誠三「新旧の境目に会って」『高分子加工』第 50 巻（2001）: 258-259、引用は258 頁.

の推進の緊要性を訴えた[6]。翌年の工業化学会の会長演説ではこうも述べている。「戦争は悲惨な破壊をする一方學術及工業の進歩を促進いたします。今回の事變も亦此の意味に於て工業特に化學工業の進歩を齎す事は確實であります。」[7]

　喜多は、戦争において科学技術の果たすべき役割が益々重要になってきていることを学生たちにも諭した。1943（昭和 18）年、卒業生に贈る言葉として次のように記している。

　　　今日の戦争に於て科学技術は直接間接に最重要な位置を占めて居る。我々は国家の為其躍進を計らねばならぬ。それには多数の智識を綜合する必要があるが、各人の努力が根本問題である。各人の努力を最有効に綜合するには一定の指導方針の下で協力する必要がある。そのためには道義の念が高揚されなければならぬ[8]。

　喜多と京都帝国大学の彼のグループが手がけた国策科学の研究分野は半合成繊維（レーヨン）、合成繊維、合成ゴム、人造石油など多岐にわたる。いずれも彼自身の学問的関心から始められた分野ではあったが、時代が研究の追い風となった。理化学研究所主任研究員（1922-1946）、京都帝国大学化学研究所所長（1930-1942）、京都帝国大学工学部長（1939-1941）、工業化学会会長（1939-1940）、科学技術審議会委員（1942）、学術研究会議会員（1943）、戦時研究員（1944）といった役職に就き、国策科学のリーダーの一人として豊富な研究資金と人材を手にした彼は、戦時期までに京都学派を強固な研究者集団に作り上げることに成功した。

　本章ではこの時期の彼の活動の中でも自ら最も心血を注いだ人造石油の研究に焦点を当て、戦前・戦中の時代状況の中でこの研究がいかに工業化に展開していったかを詳らかにする。繊維の研究については、次章で論ずることにする。

　「人造石油」や「合成石油」という言葉は戦前・戦中期の日本で一般に広く使

6)　喜多源逸「時評　時局と工業化學者」『工業化學雜誌』第 42 編、第 1 冊（1939）：1.
7)　喜多源逸「會長演説　時局と工業化學者」『工業化學雜誌』第 43 編、第 5 冊（1940）：306-308、引用は 306 頁．ルビは筆者.
8)　喜多源逸、手記、昭和 18 年 7 月 3 日（写真、野崎一所蔵）：野崎一、筆者とのインタビュー、2008 年 8 月 28 日（高槻）.

はじめに | 61

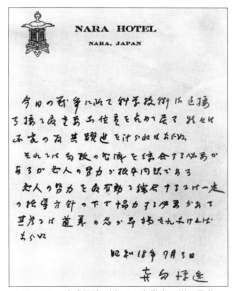

図 2-1　喜多源逸が書いた卒業生に贈る言葉
1943（昭和 18）年 7 月 3 日付。野崎一氏写真所蔵。

われたが、戦後この技術が衰退したこともあり、現在ではほとんど使われなくなった。固体の石炭を出発原料として液体の石油に変換するところから、人造石油の製造は「石炭液化」と呼ばれた。

　日本における人造石油は、化学技術者たちの懸命な努力にもかかわらず、総じて望ましい生産実績をあげることなく終わった。アメリカの科学史家アンソニー・ストレンジズ（Anthony N. Stranges）は「戦前および第二次世界大戦中の日本における合成石油生産：技術的失敗の事例研究」と題する論文で、日本は実験室の研究では成果を収めたが、工業化を急ぐ余り、パイロットプラントによる中間試験を回避（bypass）したため、成功しなかったと論じている[9]。けれども、喜多のグループに関する限り、中間工業試験にかけたエネルギーと時間は大きく、その成果も顕著なものがあった。決してスケールアップのプロセスを疎か

---

9) Anthony N. Stranges, "Synthetic Fuel Production in Prewar and World War II Japan: A Case Study in Technological Failure," *Annals of Science* 50 (1993): 229–65.

にしたわけではなかったことを以下に論じたい。

　上述のように、喜多が石炭液化の研究を始めた当初の動機は主として学術的関心からであったが、同時に国がこの分野の研究に対して何の策も講じていない現状に気づき危惧した。1925（大正14）年に著した『石油代用液體燃料』は、彼の最初期の人造石油に関する出版物である。その序文にはこう書かれている。

　　　液體燃料は國家の重大問題である。啻に一朝有事の時のみならず平時に於ても考慮すべき問題であることは今更言ふ迄もない。天惠の乏しき我國に於ては徒らに資源の豊富な外國を羨むのみでは何の役にも立たぬ。吾々は努力によりて此難問題を解決せねばならぬ。實に我國に適切な策を見出さねばならぬ。此為には各方面よりこれを研究するを要する。而して其第一歩として現今如何なる方面の研究があるかを知ることが必要である[10]。

　8年後の1933（昭和8）年に『燃料協會誌』に寄稿した総説の中で、ドイツやフランスにおける国家に支援された研究の動向を紹介したうえで、彼は次のように結んでいる。

　　　我國に於ても國防的見地より液體燃料問題に就ては深き考慮を拂ひ油田開發等に努力を致すと共に、一方人造石油及石油代用燃料の問題に關しても欧洲諸國と同様一時の不利を忍んでも國家的保護の下に其研究を出來得る限り進展せしめ、國家百年の計を立てる事の必要を痛切に感ずる次第である[11]。

　喜多は、とりわけわが国に豊富な石炭を活用した人造石油事業は、たとえ経済的採算の見込みが立たなくとも、国家的支援の下に工業化の研究を進めておくべきであると訴えた。政府が本格的な人造石油製造事業政策を打ち出す数年前のことである。

　政府が日本の液体燃料自給体制確立のため国策としての人造石油事業振興の政

---

10)　喜多源逸『石油代用液體燃料』（カニヤ書店、1925）序（1）．ルビは筆者．

11)　喜多源逸「獨逸及佛蘭西に於ける人造石油及石油代用燃料」『燃料協會誌』第12巻、第5号（1933）：587-593、引用は593頁．

策を明確化したのは、日中戦争勃発（1937）前後の時期であった。すなわち、1936（昭和11）年に人造石油振興7ケ年計画（1937-1943）が策定され、1937（昭和12）年に人造石油製造事業法および帝国燃料興業株式会社法が制定された。帝国燃料興業株式会社は、人造石油事業への投資を業務とする半官半民の特殊法人である。7ケ年計画の最終年の1943（昭和18）年には、87工場で年200万klの人造石油を生産することが目論まれた。日本の石油需要の約半分を人造石油で補うという壮大な構想である。当時欧米で開発された人造石油の製法には、大別して直接液化法、フィッシャー法、低温乾留法と呼ばれる3つの方法があった。上記の計画目標の年産200万klのうち、直接液化法による生産が10工場・100万kl、フィッシャー法が11工場・55万kl、低温乾留法が66工場・45万klが割り当てられた[12]。低温乾留法は、石炭を低温（500〜600℃）で乾留してタールを回収し、それに水素添加して重油状のものを得る方法で、収率は低いが比較的確実に生産できる方法とされた。直接液化法とフィッシャー法については、それぞれ第1節、第2節で詳しく見ることにする。

1 小松茂と海軍の石炭液化研究

　海軍燃料廠はわが国で最も早くから人造石油の研究に着手した機関の一つであった。1928（昭和3）年、南満州鉄道株式会社（以下、満鉄と略す）の社長（後に総裁）山本条太郎は30万円の研究費を提供して海軍に石炭液化の技術開発を委託した[13]。海軍では山口県徳山の海軍燃料廠がこの研究を担当し、京都帝大理学部化学科教授の小松茂が海軍省嘱託として研究を指導した。

　小松は京都帝大理工科大学で久原躬弦に有機化学を学び、生物化学や有機化合物の接触反応を手掛けていた。ヨーロッパで戦火が収まったばかりの1918（大正7）年にフランスのポール・サバティエ（Paul Sabatier）の下に留学し金属触媒を用いた有機化学研究に従事した。サバティエは、彼の名を冠したサバティエ反応（ニッケル触媒を使って水素と二酸化炭素からメタンと水を生成させる反応）の発見者として知られている。この時の経験から小松は、石炭タールによるドイツの合成化学はやがて衰退し、石油化学やフランスに始まる金属触媒の研究

12）　人造石油事業史編纂委員会編『本邦人造石油事業史概要』（非売品、1962）5頁.

13）　満史会編『満州開発四十年史　下巻』（満州開発四十年史刊行会、1964）、618頁.

64 | 第2章 実験室から工場へ

がこれからの有機化学の主流になるであろうと考えていた。彼が海軍燃料廠研究部から依嘱を受けたのも、触媒研究の実績を買われたためとみられる[14]。

　石炭も石油も類似した化学組成を持っており、主成分は炭化水素である。すなわち、構成元素のほとんどが炭素と水素で、他に若干の酸素、窒素、硫黄などからなる。石炭は石油よりも水素が少ないという違いがあるので、原理的には石炭を石油に変えるためには、石炭を構成する炭化水素に水素を添加して化合（水素添加、略して水添）させることになる。小松が指揮を執ったのはドイツで開発された直接液化法の研究であった。この方法はフリードリヒ・ベルギウス（Friedrich Karl Rudolf Bergius）が1913（大正2）年に開発したもので、石炭を微粉末にし、タールを混ぜてペースト状にして高温高圧下（約450℃、200気圧）で水添し石油化する方法である。開発者の名を冠してベルギウス法とも呼ばれる。また、石炭を直接石油に変えるので、直接液化法もしくは直接法とも呼ばれた。単に水添法と言うこともある。海軍燃料廠では小松が嘱託になる少し前から小規模ながらこの方法の研究を開始していた。

　ドイツではIGファルベン社（I. G. Farbenindustrie Aküengesellschaft）がベルギウスの特許を譲り受け、1927（昭和2）年にようやく工業化に成功して操業を開始したとされる。同社はその後、アメリカの最大手石油会社のスタンダードオイル社（Standard Oil Company）に、ドイツを除く全世界の直接法に関する特許権を譲渡し、見返りに莫大な利益を得た。スタンダードオイル社は、結局、人造石油は製造せず、この技術を自社の石油精製の改良に活用したのみであった。結果的に、この独占的特許契約はアメリカにとって、やがて敵国となる日本への直接法の特許導入を阻止する役割を演じたことになる[15]。直接法に関しては、日本

---

14) 小松については、田中正三「小松茂先生」『化学』第19巻、第6号（1964）：556-559；京大理学部化学・日本の基礎化学研究会編『日本の基礎化学の歴史的背景―関西における基礎化学の発展を中心にして―』（京大理学部化学・日本の基礎化学研究会、1984）89-96頁；脇英夫・大西昭生・兼重宗和・冨吉繁貴『徳山海軍燃料廠史』（徳山大学総合経済研究所、1989）147-151頁；島尾永康『人物化学史―パラケルススからポーリングまで―』（朝倉書店、2002）165-175頁参照. また小松茂「欧米に於ける化学研究の現状」『工業化學雑誌』第34編、第3冊（1931）：336-342を参照.

15) William Beaver, "The U. S. Failure to Develop Synthetic Fuels in the 1920s," *The Historian*, vol. 53（1991）：241-254；ジョーゼフ・ボーキン（佐藤正弥訳）『巨悪の同

は独自の技術開発を進めるしかなかった。

海軍燃料廠で小松のグループが原料として使ったのはドイツの褐炭よりも水素添加が難しいとみられた満州の撫順炭であった。苦労の末、独自の触媒（塩化亜鉛）を開発し、適当な反応条件を見出した。反応筒は企業の協力を得て砲身廃材を加工して製作した。こうして1934（昭和9）年末までに、一週間の連続試験運転に漕ぎ着け、工業化に確信をもつようになった[16]。

1936（昭和11）年2月、海軍は内外の専門家を招集してその技術を公開したうえで、この海軍法の工業化の賛否を問うた。いわゆる「石炭液化徳山会議」である。会議に招かれた大学関係者は、京都帝大の小松と喜多、東京帝大の田中芳雄と大島義清、九州帝大の安藤一雄と君島武男、大阪帝大の鉛市太郎であった。田中、大島は当時、小松、喜多と並んでアカデミズムにおける人造石油の権威と目されていた。このほか、海軍省、陸軍省、大蔵省、商工省、内閣資源局、内閣対満事務局など関係省庁から代表者が参加した。

賛否の採決は、全出席者50名中、海軍側関係者を除いた25名により投票で行われた。その結果、24対1で工業化が可決された。ただ一人反対票を投じたのが喜多であった。工業化には時期尚早というのがその理由であったが、それは教え子である満鉄中央試験所の阿部良之助の海軍方式に対する批判的見解を代弁したものとみられる[17]。

阿部は1923（大正12）年に京都帝大の工業化学科を卒業後、喜多研究室で石油の熱化学的研究をした[18]。喜多が1927（昭和2）年6月に満州に出張した際、満鉄から石炭と石油の専門家を一人欲しいとの依頼を受けて阿部を推薦したもの

　　盟―ヒトラーとドイツ巨大企業の罪と罰―』（原書房、2011）79頁；石田亮一『石
　　炭液化物語』（中央出版印刷、1990）78-82頁.

16)　海軍燃料廠の石炭液化研究の内容については、横田俊雄「海軍に於ける石炭液化研
　　究実験―昭和十二年三月二十七日人造石油講演會講演録―」『燃料協會誌』第176號
　　（1937年5月）469-480；三輪宗弘「海軍燃料廠の石炭液化研究―戦前日本の技術開
　　発―」『化学史研究』第4号（1987）：164-175参照.

17)　石炭液化徳山会議については、脇ほか『徳山海軍燃料廠史』（注14）169-170頁；市
　　川新『人造石油政策の破綻と大島義清』（私家本、2013）96頁参照. 当時の新聞記事
　　は「わが燃料國策愈々確立　海軍、満鉄と協力 "石炭液化" を工業化す 斯界の権威
　　總動員・徳山で協議 科學日本の一大飛躍」『大阪毎日新聞』1936年2月8日参照.

18)　喜多源逸・阿部良之助「石油の熱化学研究」『工業化學雑誌』第28巻（1925）：

66 | 第2章　実験室から工場へ

図2-2　石炭液化徳山会議の出席者の集合写真
1936（昭和11）年2月撮影．最前列左から5人目が喜多源逸，右に向かって，田中芳雄（東京帝大），山中政之（燃料廠長），大島義清（東京帝大），安藤一雄（九州帝大），小松茂（京都帝大），鉛市太郎（大阪帝大），君島武男（九州帝大）．燃料懇話会（編）『日本海軍燃料史　上』（原書房，1972）所収．

図2-3　喜多研究室にて
1924（大正13）年撮影．手前黒服が喜多源逸．喜多の右が富久力松，喜多から第1列左に向かって阿部良之助，岩崎振一郎，生明康介，馬詰哲郎．第二列右から，紀喜一郎，一人おいて端一郎，中西佐七郎，最後列下村孝兒．『喜多源逸先生への便りと写真　岡村誠三先生傘壽記念』第15回谷口コンファレンス実行委員会（1994）所収．

とみられる。1928（昭和3）年6月、満鉄に入社した阿部は、海軍燃料廠で始められた石炭液化研究に対応するための満鉄側の技術者としての職務を命じられた。以後、彼は海軍の研究のフォローだけでなく、自分たちで独自に直接液化法の研究を進めていたので、技術の詳細を熟知していた[19]。

阿部が海軍の技術に対して不信感を抱くようになったのには伏線があった。『満州開発四十年史』には次のように記されている。

　　　徳山では「塩化亜鉛によって石炭を浮遊選鉱し、石炭粉に付着する塩化亜鉛を触媒として連続運転に成功した」との通報で、昭和七年秋阿部氏は燃料廠の実験に立会ったが、しかしこの運転は全部骸炭〔コークス〕化した爆発直前の非常に危険なる運転に終わった。徳山の人々が液化性〔油〕と思ったのは単にタールの熱分解生成油にすぎなかったのである。これが「海軍の石炭液化成功せり」と誤り伝えられたことは、日本にとっては不幸な出来事であった。……〈中略〉……また当時の中試〔満鉄中央試験所〕所長栗原艦司博士は、燃料課長を兼務し自ら徳山に滞在し海軍法の成否を確かめようとしたが、「私のいる間はうまく行かないが、私が徳山を去るとうまく行くらしい」という状況であった[20]。

栗原は1934（昭和9）年8月に急逝し、阿部がその後を継いで満鉄中央試験所の燃料課長に就任した。徳山会議の開催時、阿部はドイツに出張中だったため出席できなかったが、帰国後、海軍方式の触媒や撹拌法には欠陥があることを指摘して小松の率いる海軍側技術陣と鋭く対立した[21]。

しかし結局、満鉄は海軍の力に押し切られた形で徳山会議の決定通り、海軍方式に基づく工場の建設を満州の撫順で開始した。また、朝鮮の阿吾地にある日本窒素肥料系列の朝鮮人造石油会社でも海軍方式が採用された。しかし、両工場と

956-951.

19)　杉田望『満鉄中央試験所』（徳間文庫、1995）100頁；草柳大蔵『実録満鉄調査部　下』（朝日新聞社、1979）324-329頁.

20)　満史会編『満州開発四十年史　下巻』（注12）618頁.

21)　海軍燃料廠の触媒、撹拌法に関する技術的問題については三輪「海軍燃料廠の石炭液化研究」（注16）167-172頁参照.

も現場での難題が山積し、異論も出たためこの方式による建設は頓挫し、結局、阿部を始めとする満鉄研究者や現地の工場技術者らが、触媒、ペースト製造法、反応筒や撹拌装置の設計などほとんどをやり直すことになった[22]。元満鉄中央試験所員の廣田鋼藏（後に大阪大学教授、日本触媒学会会長）は、この顛末について、満鉄が「軍の命令通りに動かなかった事実の一例である」と書いている[23]。

阿吾地工場では、東京帝大応用化学科を卒業した宗像英二らの技師の努力により、1941（昭和 16）年初めから水酸化鉄・硫黄触媒に切り替えられ、海軍の塩化亜鉛触媒は放棄された。海軍触媒では反応塔内でコークス化が起きてしまうからである。小松は、水素添加に硫黄分を含んだ触媒を用いるのは不適切であるという師のサバティエの教えを頭から信じていた。宗像は、小松と海軍技術者の一行が工場の視察に訪れた時のことをこう回想している。

　　阿吾地駅に大学教授［小松］を出迎えた私に対し、触媒化学に素人な者が勝手なことをしてといわんばかりに見下した素振りを示していたのが忘れられない。しかし、非伝導性の新触媒を使用し始めて、［海軍触媒の使用時のような］液化反応塔内の電気短絡によるコークス化の故障がなくなった事実を見て、教授はじめ海軍技術陣はなんら批判がましいことをいうこともせず阿吾地駅を去って行ったので、海軍技術陣は水酸化鉄・硫黄触媒を黙認したということになったのである[24]。

技術史家の飯島孝が行った阿部良之助からの聞き書きからの次の引用は宗像の記述を裏付けている。「［小松］教授は石炭液化はタールの水添によると考え、硫化物の触媒は不適当とした。阿吾地を訪ねた小松教授は硫化物を触媒にしようとする宗像に『君は化学を知っているのか』という。満鉄でも同教授の説とはちがってタールなしの石炭液化の実験を見て、顔を真っ赤にしたのをありありと思い出す。」[25] これらのことは、小松が理論面で間違った解釈をしていたことを示唆

22）　満史会編『満州開発四十年史　下巻』（注 13）620 頁.

23）　廣田鋼藏『満鉄の終焉とその後―ある中央試験所員の報告―』（青玄社、1990）、163 頁.

24）　宗像英二『道は歩いたあとにある―研究を工業化した体験―』（東京化学同人、1986）46-47 頁.

している。

「熱狂的な愛国精神」の持ち主であった小松は強い使命感をもって若い海軍の技術者たちを指導した[26]。月のうち 10 日くらいは徳山に泊まり込み、厳格に研究の指導にあたった。その際、彼らに化学の基礎的研究を重視せよと説いてまわり、その成果を学位論文にすることを奨励した。その結果、小松の指導で京都帝大理学部に学位請求論文を提出して博士号を授与された者は 15 名にも及んだ。論文作成ができない者に対しては、極めて冷淡に接したという。一方において、小松のやり方は大学の研究のようで、実際には役立たないのではないかという批判もあり、彼に対して「博士製造屋」という陰口も囁かれた[27]。宗像は、海軍燃料廠では小松の教えに従って「ある型にはまった実験を数多く行って学位を得ている者などが多かった」と酷評している[28]。

基礎的研究を重視する小松の姿勢は喜多と共通している。しかし、その指導は理学部のアカデミックな研究の域を出ることはなかったものとみられる。上記15 名の博士論文も純理学的な内容で、工業化に関するものはない。スケールアップのための化学工学的センスや現場の技術的問題の認識の欠如を指摘する者もいる[29]。この点、基礎的研究の重視とともに、それを実験室のベンチスケールから工業化することに最大限の努力を払った工学部の喜多とは対照的であった。喜多と親しかった有機化学者の小竹無二雄（大阪帝国大学教授）の表現を借りれば、喜多のスタンスは「應用を觀念の中にいれておいて基礎をやるという」ことであり、「理科の方では同じ基礎をやっても、應用の方を餘り考えの中に入れていない。そういう意味で、工科の方で基礎をやるという意味とはちょっと匂いが違う」[30]。小松が海軍の料廠に属していたのに対し、喜多は陸軍との関係が深く、弟子の福井謙一や武上善信らを東京の陸軍燃料廠に送った。同じ京都帝大に

---

25)　飯島孝『日本の化学技術—企業史にみるその構造—』（工業調査会、1981）125 頁.

26)　田中「小松茂先生」（注 14）559 頁.

27)　脇ほか『徳山海軍燃料廠』（注 14）149-150 頁；石井正紀『陸軍燃料廠』（光文社NF 文庫、2003）239-240 頁.

28)　宗像『道は歩いたあとにある』（注 24）43 頁.

29)　石井『陸軍燃料廠』（注 27）239-240 頁.

30)　小竹無二雄・櫻田一郎・兒玉信次郎・小田良平・古川淳二「座談會：喜多先生を偲ぶ」『化学』1952 年 8 月号：434-441、引用は 440 頁.

ありながら、同年齢の小松と喜多はその後も人造石油の研究において協力することはなかった。両者の間にライバル意識があったとしても不思議ではない[31]。

小松は太平洋戦争が始まると1942（昭和17）年7月、定年を待たずに京都帝大を辞し、海軍の専任嘱託、海軍中将、最高技術顧問となって敗戦まで活動を続けた。撫順工場と阿吾地工場はその後、人造石油の生産に入る前に海軍の指令によりメタノール合成工場に切り替えられた。メタノールを航空燃料として使うことが決定されたためである。こうして、両工場はほとんど人造石油の生産実績のないまま終戦を迎えることになる[32]。

2　喜多源逸と京都帝大のフィッシャー法──実験室から中間工業試験へ──

喜多は、多くの技術的困難を伴う直接液化法を、「化學工業中至難のもの」と評している[33]。既存の石炭液化法のうち彼が最も有望視したのは直接法ではなく、間接法であった。この方法はドイツのカイザー・ヴィルヘルム石炭研究所（所在地はルール地方のミュールハイム）のフランツ・フィッシャー（Franz Fischer）とハンス・トロプシュ（Hans Tropsch, 1889-1935）により開発され、フィッシャー・トロプシュ法（Fischer-Tropsch Process）あるいはフィッシャー法（Fischer Process）と呼ばれた。石炭を高温で乾留して一酸化炭素と水素の混合ガスを得て、それを1：2の容積比として触媒上で反応させ石油を合成する方法である。直接法に対して間接法とも呼ばれる。いったんガスにするので、直接法と比べて原料炭の炭質に左右されにくいという長所があった。また、反応は200℃〜300℃、常圧もしくは10気圧程度の中圧で行われるので、直接法のような高度な高温高圧技術を必要としないということも利点であった。

フィッシャーらの成果がドイツの雑誌に論文として最初に発表されたのは、ベルギウスの直接法の発表から13年後の1926（大正15）年のことである[34]。一酸

---

31)　杉田望によれば、「同じ京都帝国大学に籍を置きながら、小松教授と喜多教授の間に確執があったとの指摘もある」．杉田『満鉄中央試験所』（注19）105頁．

32)　阿吾地工場の人造石油技術の展開については、宗像英二「石炭直接液化の工業技術（朝鮮人造石油会社阿吾地工場の実績）」『燃料協会誌』第55巻、第594号（1976）：820-830参照．

33)　喜多源逸「會長演説　時局と工業化學者」『工業化學雑誌』第43編、第5冊（1940）：306-308、引用は306頁．

化炭素と水素から液状炭化水素の合成が可能なことを初めて示した彼らの論文は、各国の研究者の注目を集めた。しかし、当初は触媒の組成や実験条件が明確に記載されていなかったため、イギリス、アメリカ、日本などでこの方法による合成反応の追試が試みられた。その結果、追試研究をしたほとんどのグループは、フィッシャー法はガソリンの収率が極めて低く、経済的見地から工業として成立する可能性は少ないと判断して、研究を打ち切った[35]。唯一の例外が京都帝大の喜多研究室であった。

1937（昭和12）年に行った講演で、喜多は次のように当時を振り返っている。

　　當時我國に於きましては液體燃料自給の問題は一般には今日程重要視されず、又今日程やかましく論議されて居らなかつたのでありますが、私は此のフィッシャー氏の研究が我國の將來に甚だ重要なる役目を演ずるものでは無いかと考へ、直ちに研究に着手致し今日まで約一〇年間聊（いささ）か實驗を重ねて來た者であります。

　　フィッシャー法を工業化致しますに就ては、原料ガスを安價に製造するとか適當な觸媒爐を設計するとか色々の問題がある譯でありますが、最も根本となるのは使用する觸媒でありまして、之が適當なものが無い限り工業的發展を望む事は出來ないのであります[36]。

---

34)　Franz Fischer und Hans Tropsch, "Die Erdölsynthese bei gewöhnlichem Druck aus den Vergasubgsprodukten der Kohlen," *Brennstoff Chemie*, 7 (1926): 97-104; *idem.*, "Über die Reduktion und Hydrierung des Kohlenoxyds," *Brennstoff Chemie*, 7 (1926): 299-300; *idem.*, "Über die direkte Synthese von Erdöl-Kohlenwasserstoffen bei gewöhnlichem Druck (Erste Mitteilung)," *Berichte der deutechen chemischen Gesellschaft*, 59 (1926): 830-831; *idem.*, "Über die direkte Synthese von Erdöl-Kohlen wasserstoffen bei gewöhnlichem Druck (Tweite Mitteilung)," *ibid.*, 832-836; *idem.*, "Über einige Eigenschaften der aus Kohlenoxyd bei gewöhlichem Durck hergestellten synthetischen Erdöl-Kohlenwasserstoffe," *ibid.*, 923-925.

35)　常岡俊三『合成液體燃料―特に Fischer 法に就て―』（共立社、1938）31-35 頁.
　　フィッシャーらが、彼らの方法を改善し、より詳細な実験結果を報告するのは、1930年以降である. Franz Fischer, "Über die Entwicklung unserer Benzinsynthese aus Kohlenoxyd und Wasserstoff bei gewöhnlichem Druck," *Brennstoff Chemie*, 11 (1930): 489-500.

72 | 第2章 実験室から工場へ

　このような見地から、喜多はまず研究の重点を触媒の選択と改良に置いた。1927（昭和5）年、喜多は工業化学科の三回生だった兒玉信次郎の卒業研究にこのテーマを与えた。フィッシャー論文では最適の触媒はコバルトであったが、兒玉は合成時の発熱反応を利用した熱解析などにより、コバルトに添加する助触媒として二酸化トリウム（トリア）が、次いで銅が優れていることを見出した。わけてもコバルトに二酸化トリウムを加えると、コバルトの分解が抑制されるだけでなく、触媒活性が著しく向上した。コバルト単独の触媒では291℃で最大活性が得られるのに対し、二酸化トリウムを添加すると70℃も最適温度を下げることができた。こうした新知見を卒業論文にまとめ、その後『工業化學雜誌』に論文として発表した[37]。

　兒玉は1928（昭和3）年3月に卒業すると、理化学研究所の研究生としてそのまま喜多研究室に残り、鉄触媒の可能性を検討する基礎的研究も行った。1930（昭和5）年に発表した論文の中で、「鐵も亦コバルト同様に使用し得るのみならず反應状況がコバルトと根本的に異なることを知つた」と書いている[38]。しかし、この研究は彼のドイツ留学（1930-1932）のため続行されなかった。帰国後、彼は住友肥料（1934年に住友化学工業に社名変更）の新居浜工場に勤務した。

　以後、喜多の下では常岡俊三と村田義夫が中心となって触媒の実験を継続した。常岡は1932（昭和7）年に工業化学科を卒業し、講師として喜多研究室に残った。村田は1934（昭和9）年に岡山県立工業学校を卒業して喜多研に雇として採用された。後に「触媒の神様」と呼ばれるほど、「精密にしてかつ驚くべき記憶力と実行力」を備えた人物と称えられた[39]。両者は石油合成用触媒に関する研

36）　喜多源逸「フィッシャー法ベンジン合成用觸媒に關する研究」『燃料協會誌』第176号（1937）：497-511、引用は497頁．ルビは筆者．1937（昭和12）年3月27日に開催された人造石油講演會の講演録．

37）　学会論文として発表したのは卒業研究の2年後であった．兒玉信次郎「一酸化炭素の常壓接觸的還元の研究（第三報）―コバルト、銅、トリヤ觸媒による液状炭化水素の生成―」『工業化學雜誌』第32編（1929）：959-965．特許申請はしなかったため、その後同じ発見をしたフィッシャーが先にこの助触媒の特許を取得した．

38）　兒玉信次郎「一酸化炭素の常壓接觸的還元の研究（第六報）―鐵觸媒の炭化水素生成作用―」『工業化學雜誌』第33編（1930）：1150-1156、引用は1150頁；兒玉信次郎・藤村健次「一酸化炭素の常壓接觸的還元の研究（第七報）―鐵銅觸媒に對するアルカリの影響―」『工業化學雜誌』第34編（1931）：32-38．

図 2-4　喜多研究室のメンバー

1930（昭和 5）年 3 月撮影。喜多源逸（中央）の右上が兒玉信次郎、喜多の左後方が宍戸圭一。喜多の右下は小田良平。後列左端が北野登志雄。『喜多源逸先生への便りと写真　岡村誠三先生傘壽記念』第 15 回谷口コンファレンス実行委員会（1994）所収。

究で工学博士の学位を取得した[40]。彼らは、コバルト・銅・マグネシウム触媒、コバルト・銅・トリウム・ウラン触媒、ニッケル触媒、ニッケル・マンガン触媒、ニッケル・コバルト触媒、合金触媒など一連の触媒系を用いてフィッシャー法による合成実験を系統的に行い、得られたガソリンの収量を測定していった。

　その後、兒玉は鉄系触媒の可能性を再度検討するよう喜多に進言した。兒玉は後年、ある座談会で、「いつだったか喜多先生のところへ、新居浜から出張して

39）　乾智行「石油合成の歴史を築いた人々：第 I 部「人造石油」と呼ばれた草創期」『Petrotech』、第 23 巻、第 5 号（2000）：377-381、引用は 380 頁.

40）　常岡俊三、*Untersuchngen über die Katalysatoren für die Benzinsynthese*（「ガソリン合成用觸媒ニ關スル研究」）博士論文、京都帝國大學、1939 年 11 月 14 日学位授与；村田義夫「石油合成用鐵觸媒に關する研究」博士論文、京都帝國大學、1943 年 2 月 8 日学位授与.

74 | 第2章 実験室から工場へ

きまして、自分も［触媒として］ニッケルは考えていたけれども、やっていなかったんですが、鉄は喜多先生のところでおやりになったらどうですかと言った。それがきっかけになって常岡さんや村田さんが手掛けられた」と回想している[41]。上記の喜多の講演録には次のように書かれている。

　　鐵を主成分とする觸媒に關しましてはフィッシャー氏が石油合成に使用し得る旨發表致しましたが、その報告には實驗數字の記載も無く又中には鐵を以つては石油ができないと云ふ人も有りましたので、私共は二、三の實驗を試み鐵も亦石油を生成する能力が有る事を確認致しました[42]。

　この講演が行われた 1937（昭和 12）年 3 月の時点では、鉄触媒による実験では収量が少ないのでまだ工業用に使用できないと断ったうえで、それでも「今後の研究に依り鐵觸媒の作用を大ならしめる意外な方法が發見されないとも限らないと思ふのであります」と抱負を述べている[43]。コバルトは日本では産出しない希少資源で高価だが、国内で入手が容易で安価な鉄触媒で代用できれば、喜多が共鳴するアウタルキー思想にも合致する。フィッシャーらも鉄触媒の研究はしていたが、触媒活性が劣るため工業化には向かないだろうと判断し、その後は放棄している。したがって、触媒成分とその製造法の確立、反応炉（合成炉）などの装置の設計と製造、最適反応条件の探索など、独自の研究を必要とした。
　実験室レベルの研究では、鉄系触媒は硝酸塩溶液から沈殿法によって作れること、担体として珪藻土を使うこと、少量のアルカリを添加し、硼酸を添加すると効果的なことなどが次々と明らかになった。1940（昭和 15）年初頭までに、鉄を主体として、銅・マンガン・珪藻土・硼酸・炭酸カリの触媒組成で、原料ガス 1 m^3 当たり 133 cm^3 の合成石油が得られるようになった。初期の実験の倍近くの収量である。かくして、「我々は鐵を使こふてコバルトに劣らない活性の、寿命

41）「五十周年記念座談会　第 1 部　兒玉名誉教授を囲んで創設期を語る」、燃料化学・石油化学教室五十年史編纂委員会編『京都大学工学部燃料化学・石油化学教室五十年史』（京都大学工学部燃料化学・石油化学教室同窓会準備会、1991）所収、223-237 頁、引用は 224 頁.

42）　喜多「フィッシャー法ベンジン合成用觸媒に關する研究」（注 36）499 頁.

43）　前掲論文、500 頁.

2 喜多源逸と京都帝大のフィッシャー法──実験室から中間工業試験へ──　|　75

の長い觸媒を製し得るに至つた」と喜多は報告している[44]。

　試験管やフラスコレベルの実験だけでは工業用装置のレベルのことは分からない。喜多は、日本の化学工業における最大の欠陥は実験室のこうした基礎的研究に対し企業化の適否を検討すべき機関が欠如していることと考えていた[45]。彼は、そうした橋渡し的な機能をもつ「中間工業試験」（パイロットプラントによるスケールアップ試験）を、企業には依存できないとして、自ら学内で行うことを企てた。当時、このような試みは大学として希有のことである。

　中間工業試験には莫大な資金が必要である。好機は、政府の人造石油振興政策が本格的に始まる 1937（昭和 12）年に訪れた。政府から大口の資金援助が得られることになったのである。こうして、京都帝大吉田構内東部に化研の中間試験プラントが建設され、5 カ年計画で中間工業試験の実施が始まった。同年 6 月 19 日付の『大阪毎日新聞』には、次の喜多の談話が掲載されている。

　　やつと研究の目鼻がつきいよいよ工業化の第一歩として今秋から中間實驗を開始する運びになりましたので本日發表いたしました。世界でガソリンの合成に力を入れてゐるのはドイツとわが國の二國ですがわが國の方がドイツを凌ぐ情勢です。石炭さへあれば石油はなくともガソリンに不自由はなくなりさうです。中間實驗室は最初國庫から十五萬円の支出を仰ぎ約三百坪ほどの建物を建て年々五萬円づゝの經常費で研究を開始することになつてをりその第一回の報告は明年初頭になりませう。早くも種々企業家が工業化の話で參りますがまだまだ自重して研究を進めてゆきたいと思つてゐます[46]。

　国庫の 15 万円のほか、住友から 1 万 5 千円の寄付を受けた。新聞はこれを「京大喜多博士の輝く研究、陰に美しい民間協力」という見出しで報道した[47]。

───────────

44)　喜多源逸「鐵觸媒による水性ガスより石油の合成」『化學評論』第 7 巻、第 4 號（1941）: 203-206、引用は 205 頁.

45)　「生産的拡充と技術的問題　如何にして立遅れを克服するか」『讀賣新聞』1937 年 6 月 21 日.

46)　「ガソリン新合成法に凱歌　京大喜多研究室で見事成功　愈よ工業化の運び」『大阪毎日新聞』1937 年 6 月 19 日.

47)　「燃料国策に新道　コークスを液化　合成石油に成功　京大喜多博士の輝く研究　陰

76　│　第 2 章　実験室から工場へ

中間工業試験が始まると、住友化学でプラント現場の勤務経験をもつ兒玉が京都帝大に呼び戻され、喜多の下で合成石油開発の実質的なリーダーとなった。産業界からは、兒玉の下で研究員として働く人材も多数提供された。

　中間工業試験の主目的は、石油合成に使用する工業的装置の研究にあった。とりわけ重要なのは適切な反応炉の設計であった[48]。5 年間で完了する計画を立て、最終段階において工場規模の 10 分の 1、すなわち毎時 100m^3 の原料ガスを処理しうる装置を作ることを目標とした。「化學機械の設計の理論そのものが未だ充分な發達を遂げて居ない」手探りの状態で行う中間工業試験の研究方針として、兒玉は次の三つを掲げた。「1．出來る限り設計に關し理論的の計算を行ふこと。2．不明の數値は成可く實驗室的な實驗によつて確定すること。3．以上の結果を小さな装置によつて檢討して行き乍ら順次規模を擴大して行くこと[49]。」反応炉設計の難しさについては、こう書いている。

　　　反応爐の設計に就いて如何なる點に困難があるかと云ふと石油合成の反應が非常な發熱反應であるにも拘らず、全觸媒層を極めて狹い範圍の一定の溫度に保たなければならないと云ふ點に存在するのである。我々の計算に依ると純粹の一酸化炭素と水素を用ひた場合に、1 m^3 の原料ガスから石油が生成する時の發熱量は 450 kcal に達し、此の反應を斷熱的に行はしめると其溫度は 1000℃ を越える計算となる。然るに石油合成に用ひる觸媒は極めて溫度に敏感なものであつて、觸媒に正常の作用を營ましめる爲めには觸媒の溫度を ± 2℃ に保つことを必要とするものである。卽ち石油合成の觸媒には夫々最適の溫度があつて、此より僅か反應溫度が下ると、もう反應速度が減つて石油の收率が惡くなる。又此より僅か溫度が上るとメタン等が多量に生じて、目的とする液狀生成物の收率が惡くなる。故に反應爐を設計するに際しては如何にして此の反應熱を除去して、觸媒層の溫度を要求せられる範圍内に保つかと云ふことを先ず考える必要があるのであつて、問題は結局熱傳

───────────────

　　　に美しい民間協力」『大阪毎日新聞』1938 年 5 月 5 日．

48)　喜多「鐵觸媒による水性ガスより石油の合成」（注 44）、205 頁．

49)　兒玉信次郎「合成石油中間工業試驗報告」『化學機械協會年報』第 5 巻（1941）：20-46、引用は 20 頁．

達の問題となる譯である[50]。

　原料ガス処理量毎時100 L および10 m^3 の触媒内置熱油冷却装置（反応管内に触媒を充填して、管の外側に熱油を通して冷却する装置）、3 m^3 と10 m^3 の触媒外置熱油冷却装置（管の外側に触媒を充填して管内に熱油を通して触媒層を冷却する装置）、6 m^3 の触媒外置熱水冷却装置（管の外側に触媒を充填して管内に熱水を通して触媒層を冷却する装置）を設計・製作し、それぞれの装置で石油合成試験を開始した[51]。コバルトやニッケル触媒を使用した場合、一酸化炭素と水素の混成比は１：２が最適であったが、鉄触媒の場合は、１：１にすると収率に差はないものの、オレフィン含量の多い良好なガソリンを得ることができることも明らかにされた。中間工業試験では、装置の設計・製造・運転のほか、触媒の工業的製法の研究も含め、多数の研究者が分担して行った。その成果は逐次、化学研究所講演会で報告された[52]。

　教育面にも新たな展開が見られた。1939（昭和14）年３月、喜多の努力により京都帝大工学部に燃料化学科が創設され、工業化学科から独立した。京都帝大の官制改正関係書類には、燃料化学科の設置理由として次のように書かれている。

　　燃料ニ關スル事項中液体燃料合成ノ工業ガ特ニ重要ナルハ今更多言ヲ要セサル處ニシテ我國ニ於テモ目下國策トシテ之ガ大工業化ニ着手サレツツアル現狀ナリ、翻テ其ノ實施上ノ狀態ヲ考フルニ材料ソノ他ノ問題ハアルナランモ技術上ノ點ニ就キ實ニ不安ニ堪ヘサルモノアリ即チコノ對策トシテ至急適

---

50)　前掲論文、21頁.

51)　前掲論文、22-37頁.

52)　「ガソリン合成中間工業試験　第一回〜第十回報告」『化學研究所講演集』第8輯（1938）、第9輯（1939）、第10輯（1939）、第11輯（1941）参照. 例えば、「第十回報告」第11輯（1941）45-62、62頁に記載されている研究者の分担は以下の通りである. 装置の設計・建設：兒玉信次郎、河東準、橋本義一郎、平尾説市；触媒の製造：村田義夫；水性ガスの発生：舟阪渡、橋本義一郎、電解水素の製造：湯淺幸雄、白石博；ガスの精製：多羅間公雄；合成：松村彰一、田原秀一、河東準、平尾設市；工場運転の各部の連絡：兒玉信次郎、舟阪渡.

図 2−5　京都帝大の中間工業試験を報じる記事
『日の出新聞』1939（昭和14）年1月14日）。

図 2−6　化研のフィッシャー法合成反応装置
傍に立つのが村田義夫。京都大学化学研究所人造石油関係資料。

當ナル人物ノ養成ヲ行ヒ以テ國家百年の計ヲ樹ツルヲ要ス、（中略）幸ニ我
京都帝國大學ニ於テハ多年此ノ方面ノ研究ニ従事シ其ノ業績ハ已ニ政府ノ認
ムル所トナリテ昭和十二年度政府支出金ヲ以テ小規模ノ合成石油試驗工場ヲ
建設サルルニ至レリ、之ヲ以テ見ルモ本學ハ燃料化學専攻ノ技術者養成ニハ
實ニ適當ナル場所ナリト信ズ……〈後略〉……[53]

　このように、京都帝大における人造石油の中間試験の進捗に合わせて、この方
面の技術者を養成するための学科として設置が認可されたのである。
　燃料化学科には初年度に二つの講座が設けられ、第一講座（燃料の組成・性
質・分析試験等）を喜多源逸が工業化学科第五講座から移って担当し、第二講座
（石炭の液化・合成ガソリン・潤滑油の製造に関する化学反応の理論と応用）は
澤井郁太郎が工業化学科第一講座と兼任した。第二講座は、翌 1940（昭和 15）
年に兒玉が教授に任ぜられてこれを引き継ぎ、澤井は新設の第三講座（工業用
炉・耐火材料等高温工学）に移った。さらにその 2 年後に第四講座（石炭の液化
その他の高圧による化学工業用装置の設計及び材料等）が増設され、京都帝大機
械工学科出身の中川有三が旅順工科大学の応用力学教室から移って担任した。
1945（昭和 20）年の終戦直前に第五講座（合成内燃機燃料・炭化水素化学等）
が設置され、後に舟阪渡、武上善信が担任した[54]。かくして、京都帝大工学部に
は、人造石油事業を核とする教育および研究両面の体制が確立されたのである。

3　京都から北海道へ

　ドイツでは、フィッシャー法による工業生産は 1935（昭和 10）年にルーア・
ヘミー（Ruhr Chemie）社で開始されていた。日本への技術導入に強い関心を示
したのが三井物産であった。この時相談を受けた喜多は「京大ですでに鉄触媒に
より石油合成はパイロットプラントに入っており、今さらドイツに数百万円の金
を支払うよりも、その金があれば優に工場はできる」と不満を洩らしたという[55]。

---

53)　京都帝國大學『官制改正関係書類　昭和 14 年』22-23 頁、京都大学大学文書館所蔵.
54)　『京都大学工学部燃料化学・石油化学教室五十年史』（注 41）25-36 頁.
55)　竹井政夫「フィッシャー式油合成工業の日本導入裏話―昭和十二年七月十日第百五
　　　十四回例會講演―」『燃料協会誌』第 44 巻、461 号（1965）：644-645、引用は 644 頁.

80 | 第2章 実験室から工場へ

しかし、同社はアメリカなどのメジャー石油資本に先に特許を押さえられることを怖れ、急遽日本での特許使用権を確保することに踏み切った。1936（昭和11）年、ルーア・ヘミー社からの技術導入のオプション契約に調印、翌年には日本内地と満州、北支5省における他の企業にも同法の使用を許可するという本契約を結んだ[56]。交渉に当たった三井物産石炭部長の渡邊四郎は後に北海道人造石油株式会社（以下、北人と略す）の第2代社長となる。

1938（昭和13）年12月、帝国燃料興業の半額出資と、北海道炭礦汽船（三井系）、三井鉱山、三井物産、三菱鉱業、住友鉱業、安田銀行などの民間企業の共同出資により、人造石油の製造を目的とする北人が設立された。資本金は7千万円で、北海道炭礦汽船社長の高洲鐵一郎が初代社長を務めた。北人の「設立趣意書」には、「この國策に順應し本邦液體燃料自給の一端に資せんがため埋藏量豊富なる北海道産石炭を原料とし人造石油製造を目的として北海道人造石油株式會社を設立せんとす」と、同社が国策会社であることがはっきり謳われている。その後に続く「事業内容概説」には、フィッシャー法により合成油を製造することが明記されている。当初の計画では3つの工場を建設し、第1工場と第2工場は合成油生産工場で、第3工場は合成油精製加工工場であった。第1工場、第2工場は年産計10万kLの製造をするものとされた[57]。フィッシャー法を採用した日本の人造石油会社には、ほかに九州大牟田の三井鉱山（1941年に三井化学工業、1943年に三池石油合成に改称）、兵庫尼崎の尼崎人造石油があったが、渡邉は北海道の石炭こそがフィッシャー法に最も適していると考えていた[58]。

第1工場として、炭産地（夕張、砂川、神威、芦別）に囲まれた交通の要衝である滝川の地が選ばれ、北海道長官より滝川町に設置指令が出された。計117町歩（約117ha、約35万坪）もの民有地が緊急に買収された。1939（昭和14）年

---

56) 三井の特許導入の経緯に関しては、石田『石炭液化物語』（注15）27-42頁に詳しい.

57) 「北海道人造石油株式會社設立趣意書、起業目論見書、収支豫算書、事業内容概説」1938年、滝川郷土館所蔵.

58) 「歳月流れて　北海道の60年　北海道人造石油株式会社④渡辺四郎」『毎日新聞　空知版』1985年8月2日.　三井鉱山の石油合成については、竹井政夫「フィッシャー式石油合成工場に就て」『燃料協會誌』第180號（1937）：931-940；中込闇「フィッシャー法の思い出」『化学工業』第28巻、第8号（1977）：96-111；石田『石炭液化物語』（注15）を参照.

6 月に地鎮祭が行われ、突貫工事で「東洋一の化学工場」といわれる大規模な工場が建設された。土地買収費、工場建設費は合わせて 6330 万円、現価にして 1 兆円を超えるといわれる[59]。第 2 工場と第 3 工場の建設地として留萌が選ばれたが、資材の入手が難航したこと、留萌の地盤に工場建設上の問題があることが判明したことなどから、結局実現しなかった。

北人は従来型のコバルト触媒による製造技術を導入する一方で、希少資源であるコバルトが不足することを見越して最初から京都帝大との共同研究による鉄系触媒の開発を進めることにした。実際、日本向けのコバルトの産地はほとんどがベルギー領コンゴで輸入先がベルギーであったため、ヨーロッパで第二次世界大戦が勃発するとその輸入は途絶することになる。1939（昭和 14）年 12 月 8 日、京大ホールで帝国燃料主催により燃料研究協議会が開催され、北人の渡邉社長はじめ、帝国燃料、三井鉱山、住友化学などの関係者が化研の中間試験工場を見学した。『京都日日新聞』には、「化學京大の誇り、工業界への飛躍、京大の純日本式石油人造法　愈よ北海道に大工場」という見出しで報じられた[60]。

1940（昭和 15）年 3 月 30 日付で商工大臣名で、帝国燃料および北人に対し、喜多式鉄触媒を用いるガス合成式人造石油の実用化研究を行うべき旨の科学動員研究命令が発令された。喜多を主任担当者とし、これに北人の工務部長、帝国燃料の技術部長、京都帝大の児玉、常岡の 4 名を共同担当者とし、まず第一期計画として、京都帝大において 1 時間処理ガス量 100 m^3 の試験を実施し、第二期計画として、北人において鉄触媒用合成炉 4 基（1 基 1 時間処理ガス量 1000 m^3）を使用する試験を行うことになった[61]。

中間工業試験が始まるなか、1940（昭和 15）年 6 月には、京都御所で人造石油のサンプル 6 点が天覧に付され、喜多が軍服姿の昭和天皇にその説明を行っている。京都帝大の国策科学の成果一色に染まったこの行幸では、他に化研の人造

---

59)　北人滝川工場については丹治輝一・青木隆夫「昭和 10 年代の北海道における人造石油工場と戦後民需生産への転換—北海道人造石油滝川工場と滝川化学工業—」『北海道開拓記念館紀要』第 25 号（1997）：171-192；『そうらっぷち　冬の巻—五周年記念、人石特集号—』滝川市郷土研究会、第 19 号（1971）参照.

60)　「化學京大の誇り、工業界への飛躍、京大の純日本式石油人造法、愈よ北海道に大工場」『京都日日新聞』1939 年 12 月 12 日.

61)　常岡俊三『人造石油講話』（科學主義工業社、1942）138 頁.

82 | 第2章　実験室から工場へ

繊維、ガラス繊維、オルガノゾル製品、理学部小松研究室からの高オクタン価航空燃料などが展示された[62]。

　京都帝大での人造石油第一期計画では、触媒の寿命判定のため長期運転による試験が行われた。喜多グループの研究に最も拍車がかかった時期であった。喜多は職員に朝7時までに出勤するよう指示し、工学部長と化研所長とを兼務しながら自ら2時間おきには見回りに来たという。夜も遅くまで運転し、児玉も泊まり込みの日が続いた[63]。100 m³の触媒外置熱水冷却装置が製作され、1940（昭和15）年7月から8月にかけて18日間の安定した連続運転に成功した。同年10月上旬から1ヶ月近くにわたって行った鉄系触媒によるテストでは、コバルト系触媒以上の収量の合成油を得ることが確認された。こうして、当初5年の予定で始めた仕事は3年半で完了することができた。

　常岡はその成功の最大要因は喜多の研究組織能力にあると、次のように書いている。

　　一體大學と云つた機關の中にあつて、この様な大規模の試験を實施すると云ふ事は、本來ならば殆ど不可能事に屬するものと云つて差支ない。……〈中略〉……特に今回の試験はその規模が大掛かりなものであつたがため、試験に從事した人數は八十數名の多きに上り、從つて大學直屬の人員だけでは不足を生じ、陸軍燃料廠、北海道人造石油會社等より相當多數の人間が應援に參加したのであるが、かかる寄合所帶を統合して終始和氣藹々裡に石油合成の如き複雜且つ微妙な試験を無事進め得たのは、一に喜多先生のご人德の然らしむ所であり、筆者はこの點に今回の試験の最も大きい意義を発見し得

62）「國策科學振興に御垂範の思召　京大の研究業績・ご熱心に天覧」『日出新聞』1940年6月13日．天覧は1940（昭和15）年6月11日午後5時から約1時間行われた．展示品は13部門89品目で、説明者は喜多のほかに、京都帝大総長羽田亨、理学部長堀場信吉、農学部附属演習林長沼田大学であった．槇田盤「1940年京都帝国大学国策科学の天覧」『京都大学大学文書館だより』第26巻（2015）：4-5．出品されたサンプル瓶は現在、京都大学化学研究所に保管されており、2013（平成25）年に他の人造石油関係一次史料とともに日本化学会により「化学遺産」に認定された．

63）梶山茂、筆者とのインタビュー、2007年8月20日（大阪）：『燃料化学・石油化学教室五十年史』（注41）232、236頁．

図2-7　1ヶ月連続運転試験終了後の記念写真
1940（昭和15）年11月8日撮影。京都帝大本館2階食堂。椅子の列の中央に喜多源逸、その右が兒玉信次郎、1人おいて田原秀一、さらに1人おいて村田義夫。喜多の左1人おいて常岡俊三、舟阪渡。『喜多源逸先生への便りと写真　岡村誠三先生傘壽記念』第15回谷口コンファレンス実行委員会（1994）所収。

た様な氣がするのである[64]。

　常岡はその後いったん帝国燃料に籍を置いた後、北人に正式に入社して、北人と京大の研究の橋渡し的な役割を果たした[65]。鉄触媒によるフィッシャー法の一

---

64)　常岡「京大に於ける鐵觸媒中間試験の成功」『人造石油講話』（注61）140-142頁所収、引用は141頁.
65)　常岡はある時、喜多の指示と異なる条件で実験をしたため喜多の逆鱗に触れ、外に出されたという噂が当時仲間内で流れたようである．谷口五十二（燃料化学科1943（昭和18）年卒業）の手記、2007年8月18日；梶山茂、筆者とのインタビュー、2007年8月20日（大阪）．しかし、喜多が常岡を北人に送り出したのは、京大の成果を工業化するうえで重要な役割を任せるためであり、彼に対する信頼は厚かったと考えられる．常岡も喜多を終生の恩師として慕っていた．したがって、上記の噂の信

84 | 第2章 実験室から工場へ

連の研究で、彼は村田義夫、牧野正三とともに1940（昭和15）年、工業化学会から進歩賞を授与されている[66]。著述家としても知られ、フィッシャー法を詳しく紹介した研究書『合成液體燃料』（1938）や、一般読者向けの人造石油の啓蒙書『人造石油講話』（1942）を著した[67]。

　当時、遅々として進まないわが国の人造石油工業の状況に対して世間から批判の声もあがっていた。人造石油事業推進のスポークスマンとしての常岡は1941（昭和16）年に『科學ペン』に寄稿した記事で、こう書いている。

　　現在のわが國人造石油工業は、局外者より觀れば確に非難されるべき状態に在ることを肯定せざるを得ない。既に設立を見た人造石油會社は約二〇社に達し、莫大なる資金、資材、人材を消費しつゝあるにも拘らず、未だにその産油状態は極めて不調である。然しこの現状は、率直に申せば生まれ出づる者の悩なのである。人造石油の工業的生産の確實性は現在既にドイツに於て實證濟であり、わが國はたゞその工業的發足に於て時間的に一籌を輸し、それが折悪しく今次事變〔日中戦争〕の勃發と期を同じうしたため、資材並に工作力の甚しい缺乏に遭遇し、今日の状態を釀し出したのである。……〈中略〉……

　　人造石油工業は最高級の且つ大規模の精密化學工業である。その確立には時日を要するは寧ろ當然であり、世人は今少し、より寛大なる心を以て焦慮らずにその成功を待望し、必要なる支援を與ふべきであらうと思う[68]。

　このように、技術自体の困難性と資材不足によるわが国の工業化の遅滞を認めつつも、ドイツにおける工業生産の成功の報が、常岡のみならず当時の日本の人

　　憑性は薄い．送別会の後に常岡が化研の同僚たちに書いた礼状（昭和13年6月18日付）が、化研の人造石油関係資料（日本化学会化学遺産認定、京都大学化学研究所所蔵）の中に残っている．

66)　「進歩賞受賞候補者報文審査報告」『工業化學雜誌』第43編・第5冊（1940）：304-305.

67)　常岡『合成液體燃料』（注35）：常岡『人造石油講話』（注61）.

68)　常岡俊三「人造石油製造事業法等の改正」『科學ペン』第6巻・第5号（1941）、常岡『人造石油講話』（注61）147-150所収、引用は149頁．『科學ペン』は三省堂の発行した雑誌で、1936（昭和11）年の創刊号から1941（昭和16）年第6巻・第12号まで続いた．

造石油技術者の拠り所になっていたことは間違いない。ドイツで成功しているのだから、できないはずはないという確信である。

工場現場での製造技術は化学工学上の未確定な問題をまだ多く抱えていた。そのため北人には最初から研究所が併設され、生産に先立って昼夜兼行で試験研究を進める体制がとられた。工場建設が行われなかった留萌には研究所のみ作られた。留萌研究所は工業化試験の設備を備えたメインの研究所で、滝川研究所は現場の試験のみを行うサブの研究所であった。1940（昭和15）年7月から江口孝が北人の研究部長として就任し、両研究所の所長を兼務した。江口は徳山の海軍燃料廠でメタノール合成の研究を行った経験があり、海軍を辞した後に北人に雇用された[69]。研究所の落成式で渡邉四郎は「将來、十年後、二十年後に於ては彼等独逸科学者をして我々の成果を羨望せしめる時代を必ず招來して見せる」と豪語した[70]。

工場のフローは、まず石炭をコークス炉に入れて高温乾留しガスとコークスを得る。このガスの成分は水素が約50％、メタンが30％、残りの20％は一酸化炭素、エチレンなどである。このうちメタンは、分解装置で水素と一酸化炭素を主成分とするガスにする。一方、コークスは水性ガス発生炉に送り赤熱した状態で水蒸気を吹き付け、水素と一酸化炭素を主成分とする水性ガスにする。これらを合わせて、不純物の硫黄分を取り除き、合成炉で高温で触媒に通して化学反応させて石油（合成粗油）にする。それを蒸留塔で沸点に応じて分留し、揮発油（ガソリン）、灯油、ディーゼル油（軽油）などを得るという流れであった。このほか、副生成物のタールから潤滑油やガソリン添加剤も製造することが計画された。

ガス合成炉のみはドイツの技術を使い、その設計図は潜水艦でドイツから運ばれた。北人より先に工場建設を行った大牟田の三井鉱山はドイツのプラントをそのままそっくり移設して操業したのに対して、滝川はプラントのすべてを国内技術と国内の資材でまかなおうとした。合成炉を実際に製作したのは三井造船であった。コークス炉の据え付けにはドイツ人技師4名が滝川に来て指導した[71]。

---

69)　「江口孝回想録」編集委員会編『江口孝回想録』（私家版、1986）.

70)　渡邉四郎『北人油小話　第3號、北人油社の研究所の使命』（北海道人造石油株式会社、非売品、1943）29頁；「歳月流れて　北海道の60年　北海道人造石油株式会社⑤留萌研究所」『毎日新聞　空知版』1985年8月3日.

71)　ドイツのオットー社から派遣され滝川でコークス炉の建設に従事したルートヴィ

コークス炉に火が入れられたのは 1941（昭和 16）年 6 月のことであった[72]。

　その時までに国際情勢はますます厳しくなっていた。1939（昭和 14）年 7 月、米国は日米通商航海条約破棄を通告し、12 月にモラル・エンバーゴ（道義的輸出禁止）として航空機用燃料（高オクタン価ガソリン）の製造設備、製造権の対日輸出を禁止した。こうした中、1940（昭和 15）年 12 月に政府は人造石油第 2 次振興計画を閣議決定したが、それには 1945（昭和 20）年度に第 1 次計画の倍の 400 万 kL という生産目標が掲げられた。わが国の石油需要のすべてを人造石油で賄うという無謀ともいえる計画であった[73]。

　モラル・エンバーゴに追い打ちをかけるように、1941（昭和 16）年 8 月、アメリカは日本に対し石油の全面禁輸を断行した。当時の石油の海外依存度は 9 割であり、うちアメリカからの輸入は 8 割だったので、わが国は決定的な痛手を受けた。そして、その年の 12 月 8 日に太平洋戦争に突入する。翌年 4 月、常岡俊三は『帝國大學新聞』に寄稿した記事で、「我々はたゞ石油を持たざるが故にのみ、只耐え難きを忍び、隠忍に隠忍を重ね來つたのである。然し堪忍袋の緒は遂に切れた。我々は英米の不埒なる石油封鎖に對し、斷乎劍を執つて起ち上がらざるを得なかつたのである」として、人造石油工業の即時確立を鼓舞した[74]。

　京大の中間工業試験に用いた触媒、触媒製造装置、関係資材も北海道に運ばれた[75]。北人留萌研究所では第二期計画に基づき、鉄触媒による本格的な工業試験が行われた。新しい成果として、これまでのように常圧ではなく、中圧（10～20 気圧）による合成が行われ、それに相応しい優れた鉄系触媒が作られた。この方法では反応温度がそれまでの 240℃ 以上から 210℃ ですむことも判明した。1942

　　ヒ・ウィルシング（Ludwig Wilsing）と地元の日本人女性との間に生まれた松本詔子の手記がある．松本詔子「父は人造石油のドイツ人技師だった」『新潮 45』2013 年 8 月号、150-157.

72）「歳月流れて　北海道の 60 年　北海道人造石油株式会社③鉄の塊」『毎日新聞　空知版』1985 年 8 月 1 日.

73）　人造石油事業史編纂委員会編『本邦人造石油事業史概要』（注 12）10 頁.

74）　常岡俊三「南方石油と人造石油」『帝國大學新聞』1942 年 4 月、常岡『人造石油講話』（注 61）171-181 頁所収、引用は 171 頁.

75）　乾「石油合成の歴史を築いた人々」（注 39）381 頁；乾智行「秘話　人造石油─鉄からゼオライトへ─」『化学と教育』第 37 巻（1989）：282-285；乾智行、筆者とのインタビュー、2007 年 3 月 2 日（京都）.

図2-8　建設中の滝川工場
滝川市郷土館所蔵。

図2-9　建設中のコークス炉
ドイツ人技師の姿も見える。松本平氏所蔵。

（昭和17）年夏の試験では、成績は予想を上回り、収率、活性、耐久性いずれもコバルト系触媒に劣らないことが確認された。同年9月4日の『大阪毎日新聞』は「鐵を觸媒に無敵の合成石油」という見出しで、次のように報じている。

　　昨年十二月末つひに京大の反應爐で完璧の成果を収めこのほど北海道人造石油會社の希望で同社留萌研究所の工場で六十五日間にわたる工業試験を行つた結果連日百九十三立方米の水素と一酸化炭素の混合氣體より十七瓩前後の優秀品合成に成功、工業的價値の絶大なることが確かめられ同時に人造石油製造工業組合を通じて各會社からこの觸媒鐵供給方の申込みあり同研究室では資材と勞力を京大に送れば指導を與えていくらでも觸媒を供給することになつた……〈後略〉……

　この時兒玉は、この日本独自の技術が「ドイツの合成法よりはるかに秀れてゐると斷言出來る」という談話を発表した[76]。
　政府は北人に対し、開戦1周年の1942（昭和17）年12月までに人造石油を出荷するよう命令を発した。稼働に向けて急ピッチで努力がなされ、1942（昭和17）年12月21日に初出荷に漕ぎ着けた。従来型のコバルト触媒の合成炉による製品であった。
　鉄触媒の炉による試運転が始まったのは終戦一年前の1944（昭和19）年8月のことであった。1944（昭和19）年10月、国策により北人は三池石油合成（旧三井鉱山）および尼崎人造石油と合併し、日本人造石油会社に再編された。滝川工場は順次コバルトから鉄触媒に切り替えていく予定であったが、鉄触媒炉を8基整備（第1期計画では30基）したところで終戦を迎えた。その頃までには鉄触媒を製造する際に必要な鉄溶解用の硝酸すら入手困難になっていた[77]。

---

76)　「鐵を觸媒に無敵の合成石油」『大阪毎日新聞』1942年9月4日.
77)　日本人造石油株式會社瀧川事業所「工場概況説明書」1945年9月、滝川郷土館所蔵；英訳版は The Takikawa Factory of the Nihon Jinzo Sekiyu Company Ltd., "Explanation on the outlook of the factory," September 1945 滝川郷土館所蔵.

4　人造石油の遺産

　滝川工場で初出荷から終戦までに生産された人造石油の総量は資料により異なる。軍事機密になっていたこと、どこまでの成分を人造石油と見なすかの基準が不明確なこと、また報告書や回想には当事者の思惑も入っていることなどが、原因と思われる。最も妥当と考えられるのは、1945（昭和20）年9月に、おそらくGHQに提出する書類の原資料として作成したと思われる日本人造石油会社滝川事業所の「工場概況説明書」にある数字であろう。それによれば、合成原油の総生産量（昭和18年〜20年）は8,840 kLとなっている[78]。当初の計画であった年産10万kLとは程遠い実績であり、大規模な設備投資に全く見合わない実績に終わった。用途は、航空機用ガソリンの生産は皆無で、戦車などの車両用ガソリンが主で、他は軽油、重油などであった。終戦前年の日本における人造石油の全年産量も、第一期目標量の1割程度の達成率に過ぎなかったとみられる[79]。

　滝川工場は空襲を免れ、1945（昭和20）年8月の敗戦を迎えたが[80]、GHQによる操業停止命令により人造石油工場としての存続は不可能になった。1946（昭和21）年9月、北人は滝川化学工業株式会社として再出発し硫安の原料ガスなどを製造したが、1年後に倒産し操業停止した。北人の元工務課長、白山隆起は次のように書いている。「天空の一角に、瞬時映じてあとかたもなく消えてゆく壮大な美しい風景を蜃気楼というなら、人造石油滝川工場は、まさしく滝川の原野に架かった蜃気楼であったに違いない[81]。」

　終戦時に滝川工場の企画課長・触媒課長を兼務していた常岡は、人造石油の責を問われ戦犯としてGHQに連行されるのではないかと恐れる余り精神を患い、1948（昭和23）年に昂じて心臓発作で他界したといわれている[82]。

---

78)　前掲資料.

79)　榎本隆一郎「終戦前後に於ける人造石油事業に就て」『燃料協會誌』第25巻、第269號（1946）：68-73、68-69頁；東洋経済新報社編『昭和産業史　第2巻』（東洋経済新報社、1950）、91-92頁.

80)　「人石滝川工場　なぜ爆撃されなかった」『北海道新聞』1984年10月8日.

81)　白山隆起「人石を顧みる」『我らが人石　人石会の集い』（私家版、1984）56頁.

82)　山田洋「留萌に於ける研究と思い出」、村田武雄編『北海道人造石油株式会社留萌研究所における石炭液化の技術開発─北海道人造石油株式会社小史　II』（私家版、

90 | 第2章　実験室から工場へ

　喜多があれほど熱意をもって進めた京大式鉄触媒による人造石油製造のプロジェクトも、結果的に戦争には全く貢献しなかった。1947（昭和22）年春、GHQの命令で研究も禁止され、化研の中間試験プラントは撤去された[83]。喜多は「今になると何したかわからんなあ」と周囲に洩らしたという[84]。

　米国戦略爆撃調査団（United States Strategic Bombing Survey）が1945（昭和20）年11月に来日して作成した調査報告書は、次のように記している。「戦略的には、日本の人造石油産業は戦争に貢献しなかった。そのために莫大な労働力と資材が費やされたので、人造石油は戦争を助けたというよりは、むしろ国家の戦争努力を妨げたことは確実であった[85]。」人造石油産業は戦争に貢献しなかったどころか、皮肉なことに、逆に日本の敗戦に寄与したという評価を下したのである。

　この人造石油の事業に、戦時下の極限状態で日本の化学技術者が必死の思いで取り組んだテクノロジーのポテンシャルの大きさと限界の両面を見ることができる。北人技術者の東海林浩太は次のように語る。「その時代の大規模技術の導入がいかに困難であったか、私共関係者一同は身にしみて感じているのであります。人造石油については技術的総合力が不充分であり、各技術者ならびに当時の我が国全体のこの方面の力が及ばなかったと考えています[86]。」

　1946（昭和21）年1月、米海軍訪日技術使節団（U. S. Naval Technical Mission to Japan）が京大を訪れ、喜多、児玉らに人造石油研究についての聞き取り調査を行った。翌月発行された報告書は、「京都大学の研究は疑いなくフィッシャー・トロプシュ法への日本の最も重要な貢献である」と評価し、その研究内容および刊行論文・特許のリストを記載している[87]。

　　1985）、57-58頁；小坂茂「聞き語り2」『留萌市海のふるさと紀要』第6号39頁.

83)　城戸剛一郎「児玉信次郎先生から始まる私の戦後」、児玉先生をしのぶ会編『児玉先生をしのぶ文集』（児玉先生をしのぶ会、1996）84-85頁所収、85頁参照.

84)　『燃料化学・石油化学教室五十年史』（注41）232頁.

85)　アメリカ合衆国戦略爆撃調査団・石油・化学部編『日本における戦争と石油』（注2）42頁.

86)　東海林浩太「北海道人造石油への回想—現場技術者として—」第7回北人会講演要旨（1960年3月11日）、『そうらつぷち』第30号（1984）：98-113所収、引用は101頁.

87)　U. S. Naval Technical Mission to Japan, "Japanese Fuels and Lubricants-Article 7:

1929（昭和 4 ）年から 1949（昭和 25）年までに、兒玉が『工業化學雑誌』に発表した人造石油に関する論文は 59 編にのぼっていた[88]。1948（昭和 23）年 1 月、工業化学会が日本化学会と合併して新しい日本化学会となった際、日本化学会賞が新設された。1950（昭和 25）年の第 3 回日本化学会賞は、兒玉の人造石油の業績に対して授与された。それは、工業的成果というよりも、一酸化炭素と水素により炭化水素を合成する反応の機構を物理化学的に説明する理論を提示したという学術的な業績に対して与えられたものであった。

　人造石油産業は戦後、わが国では実質的に再興することはなかった。原油の輸入が容易になり、大規模な装置と精密な技術システムを要する石炭液化は全く採算が合わなかった。人造石油は「理論上の計算からいっても、1 t の石炭から僅か 7 ％しか油がとれないので今思えば実に高価な油でした。」と振り返る関係者もいる[89]。

　しかし結果的に、人造石油は技術的にも産業的にも 1960 年代から勃興する石油化学工業につながるテクノロジーになったことは確かであろう。海軍中将で軍需省燃料局長を務めた榎本隆一郎（戦後日本瓦斯化学工業社長）は戦後、次のように回顧している。

　　人造石油という言葉は現在死語化したので、若干の説明が必要と思われる。この言葉は大正の末期に開花した絢爛たる花で、太平洋戦争の敗戦と共に散り去ったものである。その名称に関する限り僅かに二十年の命であった。但しこの事業に力を入れたことに依って、日本の化学技術と工作力とが育てあげられ、これを戦後に伝えることが出来た。戦後発達した石油化学の技術的素地は、この当時人造石油事業へ注いだ努力で培われた処が大きい。今日これを語ることは、価値あるものを世に遺して、夭折した一人の青年を回顧するにも似た気がする[90]。

　　Progress in the Synthesis of Liquid Fuels from Coal, X-38（N）-7," February 1946, p. 17; http://www.fischer-tropsch.org/primary_documents/gvt_reports/USNAVY
88）　兒玉の論文題目の一覧表は、兒玉先生をしのぶ会編『兒玉先生をしのぶ文集』（注 83）8 -14 頁参照.
89）　山田「留萌に於ける研究と思い出」（注 82）58 頁.
90）　榎本隆一郎『回想八十年—石油を追って歩んだ人生記録—』（原書房、1976）、196 頁.

京都帝大では人造石油産業を担う技術者養成のため燃料化学科が設立されたが、1964年に石油化学科に名を変更し、戦後の石油化学業界に多数の有意な人材を送り出した。基礎化学においても予期せぬ驚くべき展開が見られた。第4章で見るように、1981（昭和56）年に日本人として初めてノーベル化学賞を受賞する福井謙一は、喜多、児玉の燃料化学教室から巣立ち、彼を中心に京大工学部に日本の量子化学の一大センターが築かれるのである。

第3章

◆

繊維化学から高分子化学へ

——桜田一郎のたどった道——

　高分子の科学は繊維の研究から生まれ、逆に現在の繊維に関する研究は
高分子科学によって育てられた。

　　　　　　　——桜田一郎「素描　繊維と高分子の科学」（1952 年）[1]

1) 櫻田一郎「素描　繊維と高分子の科学」『高分子』第 1 巻、第 3 号（1952）: 3 - 5、引用は 3 頁.

はじめに

　扉に挙げた桜田一郎の言葉は、彼自身の研究の軌跡とともに日本において高分子化学が興隆した背景の特徴をよく表している。この分野の創始者であるヘルマン・シュタウディンガー（Hermann Staudinger）がドイツの学界でゴムの研究を出発点として高分子説を提起し、そこから繊維を含む他の物質へと同説の適用範囲を広げていったのとは対照的であった[2]。実際、わが国における初期の高分子研究者は繊維化学者が多くを占めていたし、この学問の制度化も繊維分野から始まった。その中で京都帝大の果たした役割は突出していた。

　1943（昭和18）年の退官までに喜多源逸が立ち上げた研究事業には人造石油、繊維（レーヨン・合成繊維）、合成ゴムの三つの大きな柱があった。第2章で、京都学派の人造石油の研究開発の過程を精査した。本章では、京都学派のもう一つの重要な展開として、繊維研究の流れをとりあげ、とくに喜多の直弟子で日本の高分子化学の草分けとなった桜田一郎の1940年代までの研究活動に焦点を当てる。桜田の研究の重心がセルロース（繊維素）の化学から高分子化学へ、そしてそこから合成繊維へと移っていった軌跡を、彼の生い立ち、師・喜多との関係、セルロース化学との出会い、ドイツ留学、シュタウディンガーとの論争、高分子説へのシフトと高分子化学の導入、研究者・教育者としてのパーソナリティ、ナイロン出現と合成一号の研究開発、繊維化学・高分子化学の制度化、そして李升基との関係などの視点から多面的に考察する。

　桜田は極めて多作な化学者であった。その82年の生涯に、1000編近くの学術論文、約400編の総説やエッセイ、60冊の著書を著している[3]。その中には自伝

2）　シュタウディンガーの高分子説については、Yasu Furukawa, *Inventing Polymer Science: Staudinger, Carothers, and the Emergence of Macromolecular Chemistry* (Philadelphia: University of Pennsylvania Press, 1998), Chapter 2 参照.

3）　桜田一郎の業績リストは、ポバール会編『桜田一郎先生研究業績集　改訂・増補版』（ポバール会、2013）にまとめられている．なお、著作において、ほぼ1955（昭和30）年までは「櫻田」という姓の表記が使われていたが、それ以降はすべて「桜田」となっている（前掲書、編集後記参照）．本稿では、便宜上「桜田」の表記を統一して使用することにする．ただし、文献の場合は原則として原文表記のままとする．桜田の蔵書は、1991（平成3）年に「桜田文庫」として岡山理科大学図書館に寄贈された.

96 | 第3章 繊維化学から高分子化学へ

『高分子化学とともに』を始め、研究回顧に類する著作も少なからず含まれている[4]。第三者による桜田の伝記的記事や彼に言及した研究も出ている[5]。ここでは、桜田自身の書き残した刊行物（著書・論文・総説）を精査し、二次文献を再吟味するとともに、未公刊の公文書・私文書、当時の新聞、関係者とのインタビューなどから得られた新知見を加えて、本章のテーマにアプローチする。

---

4) 桜田一郎『高分子化学とともに』（紀伊国屋書店、1969）;『繊維化學教室より』（文理書院、1943）;『第三の繊維』（高分子化学刊行会、1955）;「研究回顧」『化学』27 (1972);「（1）私の卒業論文」1号、12-17;「（2）Wo. Ostwald 教授の下に学ぶ」2号、170-177;「（3）ダーレムのカイゼル・ウイルヘルム研究所」3号、284-291;「（4）高分子のX線図的研究法を習う」4号、393-398;「（5）セルロースの化学反応をX線で調べる」5号、478-483;「（6）合成繊維の先駆者ナイロン」6号、571-577;「（7）ビニロンの発明」7号、657-663;「（8）合成繊維に対する関心」8号、758-764;「（9）高分子溶液の粘度と分子量」9号、867-873;「（10）共重合」10号、974-979;「高分子科学を築いた人びと　桜田一郎」『高分子』第31巻（1982）:「第1回　高分子化学への道」72-75;「第2回　高分子化学の夜明け」138-141;「第3回　ビニロンの誕生」242-245.

5) 岡村誠三「高分子化学―ビニロンを独創開発した桜田一郎」『日本の「創造力」―近代・現代を開花させた四七〇人―14　復興と繁栄への軌跡―』（日本放送出版協会、1993）、250-259頁;桜田洋「ビニロンを開発した高分子化学の先覚者」前掲書、260-262頁;岡村誠三「櫻田一郎と日本の高分子化学―科学史の一つの見方―」『化学史研究』22（1995）:56-58;辻和一郎「繊維・高分子科学界の巨峰　桜田一郎先生」『繊維学会誌』52巻、6号（1996）:253-257;辻和一郎「繊維・高分子化学における桜田一郎先生の業績点描」『化学史研究』24（1997）:205-217;吉原賢二「挫折から再生へ:大正・昭和の化学者たち（12）ビニロンは日本が育てた繊維―桜田一郎　高分子の星」『現代化学』411（2005/6）:16-21;Yasu Furukawa, "Sakurada, Ichiro," *New Dictionary of Scientific Biography*, ed. By Noretta Koertge, Vol. 6, Tomson & Gale: Detroit, 2007, pp. 330-335.

　　次の文献にも桜田についての言及がかなりある．古林祐佳「日本における高分子化学の成立―第二次世界大戦期における日本合成繊維研究協会の業績の分析を通して」東京工業大学2003年度修士論文;北原文雄「戦前の日本人留学生と巨大分子論争:櫻田一郎、野津龍三郎、落合英二について」『化学史研究』33（2006）:161-171;井上尚之『ナイロン発明の衝撃―ナイロンが日本に与えた影響―』（関西学院大学出版会、2006）.

1 教育──セルロースの世界へ──

　桜田一郎は 1904 年（明治 37 年）正月元日に京都市に生まれた。2 歳上の姉との二人姉弟であった。父の桜田文吾は明治・大正期に活躍したジャーナリストであった。文吾は苦学して東京法学院（現在の中央大学）に学んだ後、陸羯南が経営する日本新聞社に入社し、東京や大阪の貧民街の取材をしたり、日清戦争、北清事変、日露戦争に記者として従軍した。正岡子規とは同じ社の記者仲間であった。その後京都に移り、広告会社の京華社、京都通信社を設立し、市会議員も務めた。

　桜田が化学者でありながら膨大な著作を通して披瀝した文才は、ジャーナリストであった父の影響によるところが大きかったと思われる。少年時代の一郎は文学をやりたかったようであるが、母親のまさは「物書きになると飯が食えない」と忠告した。新聞記者という夫の不安定な生活を好ましく思わなかったまさは、息子に腰を落ち着けてできる職として技術畑に進むことを強く勧めた[6]。

　1920（大正 9）年に京都府立第一中学校（現在の京都府立洛北高等学校）を卒業すると、桜田は第三高等学校（以下、三高と略）の理科甲（工科）に入学した。彼の手記によれば、在学中、化学の実験で見た「真紅の金のコロイド溶液は、特に強い印象を与えた」。当時、コロイド化学は隆盛を迎えていた時期であり、三高の教師も化学の授業にコロイドを採り入れ熱を入れて講義をしていた。その頃から、将来の分野として「化学、しかもコロイド化学をやる」と周りの友人たちに漏らしていたという。化学を選んだ消極的な理由としては、ひとつには工科の中でも苦手な製図の負担の一番少ないのが化学系だったこと、もうひとつは遠縁（又従兄）に化学者の木村健二郎がいたことであったという。木村は錯体化学者・柴田雄次の弟子であり、1922（大正 11）年に東京帝大理学部化学科の助教授になった。当時横浜に住んでいて、時々会う機会があった。彼からは、「化学は幅の広い学問です。化学を選んでも、数学が好きなら数学的なことを、物理が好きなら物理的なことを、また本来の化学が好きなら化学をやればよいわけで

---

6)　桜田「高分子化学への道」（注 4）72 頁；『高分子化学とともに』（注 4）6 頁；『化学の道草』（高分子刊行会、1979）292-293 頁；桜田洋「ビニロンを開発した高分子化学の先覚者」（注 5）260-261 頁、引用は 261 頁.

98 | 第3章　繊維化学から高分子化学へ

す」という話を聞かされていたという[7]。

　桜田は親元を離れたいがために東京帝大工学部の応用化学科への進学を考えていたが、卒業の直前に父が突然脳出血で他界したため、京都帝大の工業化学科に進むことにした。ただし、「そのころ、三高の学生としては、東大の工学部の応用化学科にどんな先生がおられて、どんな仕事をしておられるのか、また京大の工業化学科はどうかというようなことは、ほとんどわからなかった」という[8]。

　1923（大正12）年4月、桜田は京都帝大の工学部工業化学科に入学した。当時の工業化学科は、第一講座（窯業、固体燃料）を吉岡藤作、第二講座（電気化学、無機化学工業）を中澤良夫、第三講座（繊維、染料、製紙）を福島郁三、第四講座（発酵、石炭ガス）を松本均、第五講座（油脂、石油）を喜多源逸、第六講座（写真化学、工業薬品）を宮田道雄の各教官が担当していた[9]。工業化学教室には毎月1回夕方に「工化会」と呼ばれる集まりがあり、教官が研究の話をした。入学後の最初の工化会で、酢酸セルロースに関する喜多源逸の話に魅了された。欧米留学から戻ったばかりの喜多は当時40歳で、研究者として油の乗り切った時期であった。桜田は次のように述懐している。

　　　［喜多先生は］多数の大きいビラを用意され、酢酸価、銅価、粘度など、赤黒のインキで書きわけ、トットツと、しかし熱を持って話された。その口調、ジェスチャーなど今でも目に浮かんでくる。入学したての私には、その内容はほとんど理解できなかったが、研究の面白さというものにはじめて触れることができた。喜多先生の下で、繊維素（セルロース）の研究をやり、高分子の道へ入ったのもこれが動機である[10]。

　植物の細胞壁の主成分をセルロース（繊維素）と言い、工業的には木材を機械的または化学的に処理してできるパルプから得られる。セルロースを酢酸と反応させてできるものが酢酸セルロース（酢酸繊維素、アセチルセルロース、セル

---

7)　桜田『高分子化学とともに』（注4）5頁；桜田「高分子化学への道」（注4）73頁.

8)　桜田『高分子化学とともに』（注4）6頁.

9)　前掲書、7頁.

10)　前掲書、8頁.

ロース・アセテートとも言う）であり、半合成繊維のアセテートや、写真フィル
ム、ラッカー等への用途が期待されていた。

　三回生になった時、桜田は迷わず喜多研究室の門を叩いた。そして、酢酸より
ずっと高級な脂肪酸のセルロース・エステルの合成を卒業論文としてとりあげた
いと考え、喜多に相談した。喜多がそれを許可し直ちにドイツとフランスの雑誌
に掲載された二編の論文の別刷を渡したことから察すると、喜多自身にも既にそ
のテーマが視座に入っていたと思われる。セルロース分子の基本単位（$C_6H_{10}O_5$）には３個の水酸基（OH）が含まれていることが知られていたが、それらの
論文では２個、あるいは２個と３個の間までしかエステル化されていなかった。
卒業研究では、木綿を直接原料にして３個の水酸基をほぼ完全にエステル化する
ことに成功した。結果は、創刊されたばかりの雑誌『繊維素工業』に掲載され
た[11]。こうして桜田は、セルロースの化学反応およびそれによってできる誘導体
の研究を進めることになる[12]。

2　喜多研究室とセルロース化学

　桜田が卒業研究の題材としたセルロース化学の研究は、喜多研究室でどのよう
に始められたのであろうか。第１章で述べたように、喜多源逸は東京帝大時代に
は油脂や発酵の研究をしており、繊維は手掛けていなかった。彼と繊維との出会
いは、1916（大正５）年に京都帝大に移った直後、繊維や染料を扱う第三講座を
担当していた福島郁三が「色素化學及其應用研究のため」米国留学したため、喜
多が代理で彼の「繊維論」の講義を受け持ったことに始まる[13]。「これが私に繊
維化学に対する興味を引き起こさせる原因となり、［自分の］帰朝後研究事業の一

---

11)　喜多源逸・馬詰哲郎・櫻田一郎・中島正「繊維素高級脂肪酸エステルの研究　第１
　　報」『繊維素工業』１（1925）：227-232；同「繊維素高級脂肪酸エステルの研究　第
　　２報　脂肪酸塩化物とアルカリ繊維素よりエステルの生成」同、261-265.

12)　桜田『高分子化学とともに』（注４）、８-12頁；桜田「私の卒業論文」（注４）
　　12-17頁.

13)　福島は1916（大正５）年３月より1918（大正７）年３月まで留学した．留学先の詳
　　細は不明だが、東部のジョンズホプキンス大学、マサチューセッツ工科大学、ハー
　　バード大学のいずれか（あるいは複数）に滞在したと思われる．『學友會誌』20号
　　（1917.12）、70頁；井関九郎編『大日本博士録　第５巻　工学博士之部』（アテネ書
　　房、2004：1930年版の復刻版）、200頁.

つとして繊維化学をとりあげることにした」と喜多は後年述べている[14]。

喜多の繊維への関心は彼の個人的な知的好奇心によるだけでなく、当時の工業界の動きを反映していた。喜多が繊維に関心を持ち始めた 1916（大正 5）年は、東京帝大で彼の同期生であった久村清太が同じ応用化学の同窓の秦逸三とともに、東工業米沢人絹製造所でヴィスコース法により日本で初めてレーヨンを生産した年であった。レーヨン（Rayon）は人造絹糸とも呼ばれ、「人絹」の略称で一般の生活に浸透した。パルプと苛性ソーダを反応させアルカリセルロースを作り、これに二硫化炭素を作用させると、セルロースキサントゲン酸ナトリウムが生成する。それを水に溶解すると粘性のあるコロイド状のヴィスコース（Viscose）溶液となり、これから再生繊維のレーヨンが作られる。ヴィスコース法レーヨンの工業化は 1905（明治 38）年にイギリスで最初になされたが、久村らは自力で研究し苦労の末に工業化に漕ぎ着けた。同製造所は 1918（大正 7）年に東工業から独立して帝国人造絹絲株式会社（後の帝人）となる。久村と親しかった喜多はこうした新しい工業界の動きを察知していたものと思われる。彼が欧米留学を終えて帰朝したのは 1921（大正 10）年 1 月であり、本格的に繊維の研究、とりわけヴィスコース法レーヨンの化学的研究に着手したのは翌 1922（大正 11）年頃であるが[15]、それは桜田が京都帝大に入学する前年だったのである。

喜多研究室のセルロース研究がその後どのように発展したかを一覧しておこう。喜多が京都帝大を退官する前年の 1942（昭和 17）年 4 月に出された「繊維に關する研究業績」には、それまでに喜多研究室から発表された 543 編の論文がリストアップされている[16]。主要テーマは以下の四つに類別できる[17]。

第一は、酢酸セルロースに関する研究である。喜多は繊維化学研究の第一歩と

---

14)　堀尾正雄「喜多源逸先生と繊維化学」『繊維と工業』52 巻、4 号（1996）：177-180、引用は 177 頁（同記事は、高分子学会編『日本の高分子科学技術史』（高分子学会、1998）、18-21 頁にも再録）.

15)　喜多源逸編『ヴィスコース式人造絹絲』（紡績繊維社、1936）の序に、「我々が初めてヴィスコースの研究に着手したのは大正 11 年頃であり」と記されている.

16)　京都帝國大學工學部繊維化學教室「繊維に關する研究業績　第 3 版　昭和 17 年 4 月」『京都帝國大學　日本化學繊維研究所・有機合成化學研究所　講演集』7 輯（1942）：1-75.

17)　ここでの分類は、堀尾「喜多源逸先生と繊維化学」（注 14）177-179 頁を参考にした.

して酢酸セルロースの製造実験に着手した。最初の論文「醋酸纖維素製造試驗（第 1 報）」が『工業化學雜誌』に発表されたのは 1923（大正 12）年であった[18]。そして酢酸化の方法と条件、ならびに部分加水分解の条件を多様に変化させ、生成物の評価方法を学術的に検討、製造条件と生成物の品位との関係を研究した。

第二は、酢酸セルロース以外の種々のセルロース誘導体の製造と組成、性質についての研究である。セルロースの高級脂肪酸エステルの合成法、生成物の組成や性質に関する研究もその一つであり、桜田の卒業研究はこのテーマの最初の成果であった。

第三はヴィスコースに関する研究で、1925（大正 14）年にシリーズ「喜多源逸及共同研究者のヴィスコースに関する研究」の第 1 報が掲載された[19]。1936（昭和 11）年には、それまでの研究成果を著書『ヴィスコース式人造絹絲』にまとめて発表した[20]。この分野の研究内容は、キサントゲン化反応、アルカリセルロースの老成の機構、ヴィスコース熟成中の化学変化、ヴィスコースの生成から繊維形成過程にわたる各段階の化学的現象の解明、「二浴緊張紡糸法」の開発など多岐にわたる。

第四は、パルプに関する研究である。従来のパルプ製法である亜硫酸法ではなく、硫酸塩法を研究した。硫酸塩法による様々な針葉樹、広葉樹のパルプ化と多段漂白とを一貫した基礎研究、さらにパイロットプラントによる紙、レーヨンフィラメントの製造研究も行った[21]。

---

18) 喜多源逸・長瀬義治・勝村福次郎・影村拙郎「酢酸纖維素製造試驗（第一報）」『工業化學雜誌』26（1923）：854-869.

19) 第 1 報の原報は、喜多源逸・富久力松・岩崎振一郎「ヴィスコースの熟成變化と組成との關係に就て」『纖維素工業』1（1925）：129-134. このシリーズは第 110 報（1944 年）まで続いた.

20) 喜多編『ヴィスコース式人造絹絲』（注 15）.

21) この路線の研究は「喜多研究室パルプに關する研究」のシリーズとして『纖維素工業』に 1935（昭和 10）年から 1942（昭和 17）年まで 17 報発表されている. 硫酸塩法は、広葉樹からもレーヨン用パルプが有利に生産できるだけでなく、蒸解（木材チップからリグニンを取り除くために行う処理）による廃液を放出しない方式をとっているので環境の観点からも利点があり、戦後は主流になった. 稲垣博・平見松夫・山本雅英編『昭和繊維化学史の一断面―化学者堀尾正雄生誕 100 周年に因む―』（非売品、2005）30-35 頁参照.

102 | 第3章　繊維化学から高分子化学へ

　桜田が卒業した1926（大正15）年には、人絹の事業化を目的に東洋レーヨン（後の東レ）、日本レイヨン（後のユニチカ）、倉敷絹織（後のクラレ）が相次いで設立され、翌年には帝国人造絹絲の岩国工場が稼働し、東洋紡績（1914年設立）がレーヨンの生産を開始した。その後10年のうちに日本のレーヨン生産は世界第一位となる。桜田の同期生18名のうち3人がレーヨン会社に就職し、その後年々化繊関係の会社に就職する卒業生の数は増えていった[22]。このように、わが国のレーヨン工業の勃興期に、京都帝大では喜多を中心にセルロースの化学的研究が大々的に開始されたのである[23]。そして、桜田はその初期の弟子の一人としてこの研究事業に参画していたことになる。

　喜多は本来、油脂を扱う第五講座の担任であり、繊維を扱う第三講座は福島が担任していた。しかし、福島は1929（昭和4）年に二度目の海外出張から帰国後、病気がちであったため、周囲から促される形で1933（昭和8年）5月に京都帝大を早期退官した。その結果、同講座も喜多が担当することになり、制度的にも彼が工業化学科の繊維部門を掌握することになるのである[24]。

3　若き繊維化学者のドイツ——低分子派のもとに——

　喜多は若い教え子の養成に力を注いだ。新しく難しいことは歳をとってからではなかなか勉強できないからと、できるだけ若いうちに先端の学問を学ぶようにやかましく言ったという[25]。自身が30代半ばという遅い年代で海外留学したことに対する悔いの念もあったのであろうが、有能と見抜いた教え子を若い時に外国に留学させるための労を厭わなかった。桜田も喜多の眼に叶った愛弟子の一人であった。

　帝国人造絹絲の取締役だった久村清太は、しばしば喜多の研究室を訪れた。時

---

22)　桜田『高分子化学とともに』（注4）71頁.

23)　桜田「私の卒業論文」（注4）13頁.

24)　京都帝國大学『京都帝國大学史』（京都帝國大学、1943）、541-542頁；小野木重治、筆者とのインタビュー、2006年8月3日（京都）.『京都帝國大学史』には、「尚ほ［福島］教授はその後病全く癒え、京都に自適せることを附記して置きたい」（542頁）と記されている.

25)　兒玉信次郎「日本化学工業の学問的水準の向上に尽くされた喜多先生」『化学と工業』33巻、10号（1980）：652-654、654頁.

には喜多と一緒に実験室に入ってきて、桜田にもいろいろ話をしていったという。久村は桜田の才を認めたと思われ、喜多に、卒業したら桜田を帝人によこさないかという相談をもちかけた。しかし、喜多はその申し出をきっぱりと断った[26]。桜田は卒業後、喜多の研究室に残り、最初の1年間は理研研究生として、2年目からは理研助手として、セルロース誘導体の合成や溶解性についての研究を続行した。2年経った時、喜多から「そのうちに理研からドイツへ留学できそうである。心準備もし、ドイツ語の勉強をしておくように」という話があった。「うれしかったことは、いまさらいうまでもない」と桜田は回想する。当時帝国大学では、教授になる資格として助教授時代に海外へ留学することが不文律になっていたほど、留学は重要な過程であった。世界最先端の学問の場ドイツへの留学と帝国大学教官という二つの途が、24歳の青年の前に同時に開かれたのである[27]。

　理研記念史料室には、桜田一郎の留学に関連する書簡と人事記録のファイルが保管されている。その中の喜多が大河内正敏理研所長に宛てた書簡の文面から、喜多が桜田の留学を大河内に推薦し即座に受け入れられたことの経緯を窺い知ることができる[28]。留学前および留学中に桜田と理研事務官との間に交わされた一連の手紙のやり取りからは、留学前に支度金700円、旅費1600円が支給され、現地到着後は月額360円の留学費に加え、ヨーロッパの他国へ行った際には「見学旅費」がその都度支払われるなど、理研から比較的潤沢な資金が送金されていたことも分かる[29]。実質的には理研の費用で留学したのであるが、喜多の計らいで文部省留学生の名義も与えられた[30]。

　喜多は農学部の農芸化学者、武居三吉と相談した結果、ベルリン郊外のダーレムにあるカイザー・ヴィルヘルム化学研究所のクルト・ヘス（Kurt Hess）の研

---

26)　桜田『高分子化学とともに』（注4）72頁. 桜田はこの話を喜多からその1年後に聞いたという.

27)　前掲書、21-22頁.

28)　喜多源逸より大河内正敏宛書簡、1928年2月9日付. 理化学研究所記念史料室「桜田一郎留学ファイル」.

29)　留学費支給記録（「喜多研究室助手　桜田一郎」）、理化学研究所記念史料室「桜田一郎留学ファイル」.

30)　これにより、文部省からは支度金等の名目で僅か30円が支給され、船賃が1割か2割の値引きになったという. 桜田『高分子化学とともに』（注4）43頁.

104 | 第 3 章 繊維化学から高分子化学へ

究室を留学先として薦められた。武居は 1926（大正 15）年から 2 年間ハイデル
ベルク大学の有機化学者カール・フロイデンベルク（Karl Freudenberg）の研
究室に留学し帰国して間もなかった[31]。ヘスはセルロース研究者として名高く、
桜田としても異存はなかった。かくして、喜多がヘスに手紙を出し、折り返し快
諾の返事が届いた[32]。後述のように、当時ヘスがシュタウディンガーの論敵とし
て高分子説の否定に執念を燃やしていたという事情を、喜多も桜田も知っていた
かは疑わしい。

　桜田は 1928（昭和 3）年 9 月 13 日、日本郵船の諏訪丸で神戸を出航した。マ
ルセイユ経由でベルリンに到着したのは 10 月 28 日であった。途中立ち寄ったパ
リでは、野津龍三郎に迎えられた。野津は京都帝大理学部化学教室の助教授で、
京都にいる頃から桜田とは顔見知りであった。彼は 1926（大正 15）年 5 月から
翌年 10 月までフライブルク大学のシュタウディンガーの研究室に留学し、その
後イギリスの有機化学者ロバート・ロビンソン（Robert Robinson）の研究室に
13 ヶ月間滞在し、パリのコロイド化学者ジャック・デュクロー（Jacques Eu-
gène Duclaux）の下に移って間もない頃であった。野津は京都帝大の師、小松
茂から、これからの有機化学者には結晶しない物質の化学がとくに興味深いであ
ろうということを教えられ、「ゴムの研究でも教えてもらうつもり」でシュタウ
ディンガー研究室の門を叩いたのであった[33]。桜田は野津にパスツール研究所を
案内され、職員から喜多がかつてそこに留学中使っていたという机を見せてもら
い感慨にふけったという[34]。

　シュタウディンガーは一群のコロイド的性質をもつ物質（ゴム、セルロース、
澱粉、蛋白質、プラスチックなど、当時からポリマーと呼ばれていた化合物）が
巨大な分子（高分子）からなることを主張していた。第一次世界大戦下の天然ゴ
ム不足から、合成ゴムへの関心が高まった時期、シュタウディンガーが最初に関
心を寄せたポリマーはこのゴムであった。天然ゴムと合成ゴムの分子構造の違い

---

31)　前掲書、22 頁．武居三吉については松本和男「化学大家 415　武居三吉
　　（1896.10.26〜1982.6.25）」『和光純薬時報』Vol. 78, No. 3（2010）: 28-31 参照．
32)　桜田『高分子化学とともに』（注 4）22 頁．
33)　野津龍三郎「高分子化学と Staudinger」『化学の領域』5（1951）: 425-430；北原
　　「戦前の日本人留学生と巨大分子論争」（注 5）165 頁．
34)　桜田『高分子化学とともに』（注 4）23 頁．

図3-1　喜多研究室の研究員と学生たち
1927（昭和2）年3月撮影。中央が喜多源逸、右端が桜田一郎。同列左が北野登志雄、その左が阿部良之助（後に満鉄中央試験所員）、阿部の左上が中島正（後に神戸大学教授）。左から二番目に立つのが富久力松（後に東洋ゴム工業会長）。『喜多源逸先生への便りと写真　岡村誠三先生傘壽記念』第15回谷口コンファレンス実行委員会（1994）所収。

を比較検討する中から、彼はゴムが今までの化学の常識では考えられないほど巨大な分子からなり、その独特の性質（弾性やコロイド性）はその分子の巨大さと形状に由来するという考えに至った。1920年、ゴムのみならず一連のポリマーが一様に巨大な分子からなるという一般論を『ドイツ化学会誌』に発表した。当時ポリマーは、通常の小さな分子（低分子）同士が、物理的な力で会合したものであるという説（会合体説＝低分子説）が多くの化学者に支持されていたため、シュタウディンガーは、これら学界の主流を占める低分子論者たち（主として有機化学者、コロイド化学者）と激しく論争しながら、自らの高分子説を立証するためにその研究に精力を傾注していく。野津はこの論争のさなか、シュタウディンガーに師事し、ゴム溶液の粘度研究に従事したのであった[35]。桜田は、一方の

---

35)　シュタウディンガーの高分子説の起源と展開についての詳細は、Furukawa, *Invent-*

106 | 第3章 繊維化学から高分子化学へ

低分子派の牙城に留学し、この論争の中に身を投じることになる。

桜田はベルリンに着いてヘスに会ったところ、研究室がふさがっていたため、半年間ライプチヒ大学のヴォルフガング・オストヴァルト（Wolfgang Ostwald）のところへ行って研究するよう指示された。オストヴァルトは物理化学の創始者ヴィルヘルム・オストヴァルトの長子で、コロイド化学の組織者であった。コロイド学説の立場から低分子説を擁護していた彼は、シュタウディンガーの論敵でもあった。

桜田は、有機液体中における酢酸セルロースの膨潤性・溶解性を、種々の単一液体や、二成分系液体中で測定し、これを液体の極性の見地から検討する研究を与えられた。彼はこの時初めて同大学の物理学者ペーター・デバイ（Peter Joseph Wilhelm Debye）が提起した双極子モーメントの理論について学び、それを自分の研究に活用した。この研究はオストヴァルト一門の「コロイド系における誘電率、分極、双極子能率の演じる役割に関する知見」というシリーズ中の4報の論文として『コロイド学会誌』に掲載され（1929年）、さらに桜田が帰国直後に京都帝大へ提出することになる、ドイツ語の学位論文「繊維素とその誘導体に関する研究」（1931年）の主要部分を構成する[36]。

1929年春、桜田は予定通りベルリンに移り、ヘスの下で研究を開始した。ヘスは40歳を越えたばかりの、研究者として脂の乗り切った時期で、「満身研究に対するファイトであふれていた。」[37] ヘスは桜田が日本を出発する直前に大著『セルロースとその誘導体の化学』を出したが、そこにはセルロースが低分子からなることを主張する思想が貫かれていた[38]。したがって当時は、研究室の学生たちを低分子説の擁護と、シュタウディンガーの高分子説への反証のための実験研究に動員していた。

桜田が最初に与えられたテーマは、セルロースを結晶化させる研究であった。

---

    ing Polymer Science（注2）, Chapter 2 参照.

36)　桜田「Wo. Ostwald 教授の下に学ぶ」170-172 頁；Ichiro Sakurada," Ueber die Cellulose und ihre Substitutionprodukte," 学位論文、京都帝國大學、1931 年 3 月 14 日授与.

37)　桜田『高分子化学とともに』（注4）38 頁.

38)　Kurt Hess, *Die Chemie der Zellulose und ihrer Begleiter* (Leipzig: Akademische Verlaggesellschaft, 1928).

3 若き繊維化学者のドイツ——低分子派のもとに——

図3-2　カイザー・ヴィルヘルム化学研究所のクルト・ヘス
1932年撮影。Archiv zur Geschichte der Max-Planck-Gesellschaft 所蔵。

もしそれができれば、セルロースの正体は通常の結晶質の物質と同じ低分子であり、ある特定の物理的状態によってコロイド性を示すに過ぎないことになることを意味する。ヘスはこの研究にかなりの希望を持っていたようであるが、3ヶ月経っても上手くいかず、「間もなく、先生のほうから、この研究は、この辺でうち切ったらよかろうといい出された。私も喜んで、それにしたがった」と桜田は述懐している[39]。

次に与えられたテーマは、セルロースの精製度と、溶解粘度および溶解度との関係の研究であった。1年間にわたるこの研究で桜田は、精製度が進むにつれて溶解性は増大し、粘度は低下することを明らかにし、このメカニズムを、セルロースの精製に伴う不純物被膜の除去から説明した。不純物と粘度には不可分の関係があるが、シュタウディンガーはこうした不純物の存在を考慮しないで粘度を論じている。そこで桜田は、『ドイツ化学会誌』に論文を発表し、「セルロースの構造のほんとうのことを知るためには、セルロースの精製法についてもっと実験的に研究しなければならない」ことを論じた[40]。

2年間の年限の1930年9月を前にして、桜田は喜多に研究継続のため留学期

---

39)　桜田『高分子化学とともに』（注4）35頁.
40)　前掲書、46頁.

108 | 第3章　繊維化学から高分子化学へ

間延長の願いを申し入れた。ヘスからそのための依頼状も書いて貰った。喜多は
理研の大河内に事情を伝え、その結果、11月末までの延長が認められた。喜多
が大河内に宛てた書簡には、「フランクフルトの大会」に桜田が出席することが
書かれている[41]。それは1930年9月にフランクフルトで開催されたコロイド学
会の年会であった。主題は「有機化学とコロイド化学」でオストヴァルトの司会
の下に開かれた。シュタウディンガーはゴム、セルロースなどの天然物、ポリス
チレン、ポリオキシメチレンなどの合成物を材料にして、粘度と分子量の間に比
例関係が成り立つことを認め、いわゆる「シュタウディンガーの粘度則」を発表
した。「新ミセル説」の立場に立つクルト・マイヤー（Kurt Hans Meyer）、ヘル
マン・マルク（Herman Francis Mark）らの講演も高分子論に与していた。ヘス
は唯一の低分子論者として「熱を帯びた堂々たる」発表をしたが、劣勢であるこ
とは講演内容や会場の雰囲気からも感じ取ることができたという[42]。

　桜田は留学期間を再延長し1931年の春、ヘスの研究室を去ったが、その時ヘ
スは桜田に、次のように語った。

　　いま自分がこの研究を投げ打ったならば、世間ではセルロースの高分子説
　はドイツの学者によって確定せられたというであろう。しかし、事実は彼ら
　の考えるごとく簡単ではない。まだなすべき幾多の仕事が残っている。自分
　はカラー［Paul Karrer］、ベルグマン［Max Bergman］のごとくこの問題から逃
　避せず、徹底的にこの研究を今までの立場から続けようと思う[43]。

　留学期間も残り少なくなった頃、喜多は桜田に、X線の技術を習得して帰るよ
うにと指示した。当時までにドイツではレギナルド・ヘルツォーク（Reginald
O. Herzog）、マイヤー、マルクらにより、繊維の分子構造をX線によって分析す
る方法が確立しつつあり、喜多はそうした物理学的手法を用いた新潮流を論文か
ら知っていたものと思われる。そこで、桜田は帰国前の3ヵ月間、毎日、研究室

---

41)　喜多源逸より大河内正敏宛書簡、1930年9月1日付：大河内正敏より喜多源逸宛書
　　簡、1930年9月4日、理化学研究所記念史料室「桜田一郎留学ファイル」.
42)　桜田『高分子化学とともに』（注4）49頁.
43)　前掲書、51頁.

3　若き繊維化学者のドイツ——低分子派のもとに——　｜　109

の勤務時間外の2時間を研修に充て、ヘスがX線研究のために招いていたカール・トローグス（Carl Trogus）から技術を習得した。喜多に先見の明があったといえるのは、そのX線が帰国後の桜田の高分子化学研究できわめて重要なツールになったからである。喜多は桜田にX線技術の習得を指示する一方、研究室にX線装置を準備し、京都帝大理学部物理学科の吉田卯三郎研究室出身の淵野桂六を待機させ、桜田が帰国したらすぐにでもセルロース繊維の研究が開始できるよう手筈を整えていたのである[44]。

　1930年7月から倉敷絹織の友成九十九がヘスの研究室に入った。友成は、東北帝大の機械工学科を卒業した後、同社に入り、繊維化学を学ぶためにヘスの下に留学した。桜田は、この勤勉で親しみやすい人柄の同胞と意気投合した。「これから二人共同して、大いに繊維のためにやろうじゃないか、そういったふうな話を酒［を］飲みながらさかんにやったもんです」と、桜田は後年語っている[45]。実際、二人の絆は後にビニロンの開発研究と工業化において大きな役割を果たすことになる。その年の10月には喜多のもう一人の愛弟子、兒玉信次郎が、同じベルリンのダーレムにあるカイザー・ウィルヘルム物理化学電気化学研究所のポラニーの下に留学にやってきた。桜田は彼らを週末にベルリンの老舗ワインレストランに連れて行った。母国に想いを馳せながらそこで議論に花を咲かせたであろうことは、三人が喜多に宛てて書いた絵はがきから察することができる。

　桜田は1930年11月末までドイツで研究した後にアメリカ経由で帰国する予定であったが、結局その費用を充当して翌1931年3月末までドイツ滞在を延ばし、シベリア鉄道を使って4月18日に帰朝した[46]。2年4ヶ月に及ぶドイツでの鮮

---

44)　桜田『高分子化学とともに』（注4）53頁：桜田「セルロースの化学反応をX線で調べる」（注4）393-394頁.

45)　「研究対談—荒井渓吉氏と—」、桜田一郎『繊維・放射線・高分子』（高分子化学刊行会、1961）、202-231頁、引用文分は206頁. 友成九十九については、『友成九十九君を憶う』（総理府科学技術庁資源調査会繊維部会、1959）；安井昭夫「友成九十九博士—志を掲げ、ビニロン工業化に猛進した男—」高分子学会編『日本の高分子科学技術史』（注15）、34-35頁参照. なお、桜田の帰国後、大日本セルロイドの和田野基、東京帝大工学部応用化学科の祖父江寛もヘスの研究室に留学した. 和田野基「わが師、わが道（クルト・ヘッス教授について）」『繊維学会誌』16（1960）：931-934.

46)　留学費支給記録（「喜多研究室助手　桜田一郎」）、理化学研究所記念史料室「桜田一郎留学ファイル」. 桜田は帰国の翌月千代子と結婚した. 二人の間に、満里子、洋、

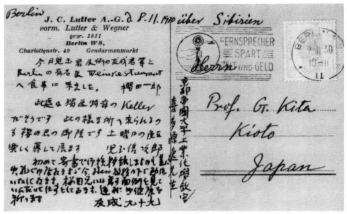

図 3-3　桜田一郎、児玉信次郎、友成九十九が喜多に寄せた絵はがき

1930（昭和5）年11月8日付。三者が留学先で親交を深めていたことを示す資料。文面は「今日児玉君及例の友成君等と Berlin の有名な Weinrestaurant へ食事に来ました。櫻田一郎／此處は独逸特有の Keller だそうです　此の様な所へ来られるのも櫻田君の御蔭です　土曜日の夜を楽しく暮して居ます　児玉信次郎／初めての寄書で御挨拶致しますのも甚だ失礼で御座居ますが今、Hess 教授の下で勉強いたしてゐます。桜田兄には萬事面倒を見ていただいて仕事をしてゐます。遙か御健康を祈ります　友成九十九」。『喜多源逸先生への便りと写真　岡村誠三先生傘壽記念』第15回谷口コンファレンス実行委員会（1994）所収。

烈な体験を経て帰国した時は27歳であった。

4　帰国後の研究とシュタウディンガーとの論争

　パリで桜田を迎えた野津は、桜田が帰国する2年前の1929（昭和4）年6月に帰朝していた。1930年初め、『我等の化學』に論説「高級分子有機化合體とスタウデンガー教授」を寄稿し、その中で旧師の高分子説を好意的に紹介した[47]。しかし、それ以上同説の普及に身を投じることはしなかった。小松茂の後任教授として有機化学の講座を担当した彼は、高分子化学に心惹かれながらも、積極的にその分野に入ることに踏み切りがつかなかったという[48]。日本における高分子

　　　紀子の3人の子をもうけた．長男の洋は京都大学工学部燃料化学科を卒業、倉敷レイヨン（後のクラレ）を経てヘモネティックスジャパンに勤務した．次女の紀子は高倉孝一（京大工学部繊維化学科卒業、倉敷レイヨンを経て岡山理科大学教授）に嫁した．
47)　野津龍三郎「高級分子有機化合體とスタウデンガー教授」『我等の化學』3（1930）：43-52.

化学の導入と普及に主要な役割を果たすのは、皮肉なことに低分子派の総帥に師事した桜田の方であった。とはいえ、帰国後しばらくの間、彼はヘスの忠実な弟子としてシュタウディンガーと論争を続け、高分子説を全面的に受け入れようとしなかった。本節では、その変化の過程を検討する。

　帰国後の桜田は理研助手として、野津のいる理学部化学教室の建物に隣接する工学部工業化学科の喜多研究室に復帰した。帰国後2か月に満たない6月9日、桜田はある談話会で「繊維素分子の大さ及構造」と題する講演を行い、その原稿は『我等の化學』の7月号に掲載された[49]。この講演の中で、「問題の中心になって居るのは、繊維素分子の大きさが例へば $C_6H_{10}O_5$ 又は $C_{12}H_{20}O_{10}$ と云ふやうな小さいものであるか、或は $C_6H_{10}O_5$ が 100 も 1000 も集まったおおきいものであるか否かであると云ふ事であります」として、既存文献の詳細なレビューを行っている[50]。彼はここで、分子量の大きい化合物を「高級分子量化合物」あるいは「高級分子體」と呼び、シュタウディンガーらの説を「高級分子説」、ヘスらの説を「低級分子説」という言葉で紹介した。前者はセルロース分子は $C_6H_{10}O_5$ が 1000 からなると考え、後者はセルロースの真の分子が $C_6H_{10}O_5$ が数個集まってできたもので、それが会合体を作っていると考えた。

　桜田は、シュタウディンガーが天然のセルロースやゴムのモデル物質として使ったポリスチロール、ポリオキシメチレンなどの合成重合物を直鎖状の分子式で示し、それらが「高級分子體」であることを認めている。しかし、シュタウディンガーは「ただ繊維素は高級分子體であると頭から考へて、合成的高級分子體と比較して居るに過ぎません。」「ここで注意すべき事は、多かれ、少かれ不純物を有して居る事の確な天然の物質に向かつて、彼が合成した物質で見つけた法則［粘度則］を其の儘適用して居る事であります。」[51] つまり、合成高級分子体をモ

---

48)　北原「戦前の日本人留学生と巨大分子論争」（注5）38頁；後藤良造・丸山和博「野津先生とシュタウディンガー教授」『高分子』32（1983）：48-51. 野津が京都で行った高分子化学に関連する仕事としてはゴムの研究のみであった.

49)　櫻田一郎「繊維素分子の大さ及構造（I）―化學的に見た繊維素分子―」『我等の化學』4（1931）：262-272；「繊維素分子の大さ及構造（II）―繊維素は如何なる形及び大さで溶解して居るか―」『我等の化學』4（1931）：273-287.

50)　櫻田「繊維素分子の大さ及構造（I）」（注49）261頁.

51)　櫻田「繊維素分子の大さ及構造（II）」（注49）285頁.

112 | 第3章　繊維化学から高分子化学へ

デルにして天然物の構造を論ずることはできないと主張する。後半部では次のように論じた。

　　普通の輕い處理を受けた繊維素の銅アンモン液の場合　或は　硝化繊維素の有機溶液の場合、其の粘度、Diffusion［拡散］速度、Osmotische Druck［浸透壓］、Svedberg の Ultracentrifug［超遠心分離］の方法等より　大體の見當［ママ］C_6が 500 か 1000 位集まったものだと云へると思ひます。勿論其の繊維素の前處理で其の大きさはいくらも變わります。其の粒子の狀態は　これ等が　すべて C_6が一直線にならんだものか、枝のあるものか、袋につまったものか等は今處不明と云ふより仕方がありません。

　そう述べながらも、「結論として云ひたいことは、繊維素分子の構造　其の大きさ等は Meyer, Mark, Staudinger, Freudenberg, Bergmann, u. s. w. が考へるやうに高級分子量化合物と決定したわけではありません」として、低級分子説の立場で今も孤軍奮闘する師ヘスの研究姿勢を情緒的なまでに賞賛して結んでいる[52]。このように、この時期の桜田には、一方でシュタウディンガー説の幾つかの論拠を批判しながらも、他方で逆にそれを支持する実験事実や解釈は認めるといった論調が見られる。前年のフランクフルトの学会で、「自分のこの講演は、何もセルロース分子中の C_6の数が非常に多いという主張に反対することを目的としたものではない」としながらも、シュタウディンガー説を認めようとしなかった師ヘスの頑ななスタンスを共有していたように思われる[53]。

　桜田のこうした姿勢はその後も数年間、基本的に変わらなかった。例えば、1933（昭和 8）年 10 月発行の『科學』の特集附録「最近に於ける膠質化學の進歩」に寄稿した「高級分子量化合物のコロイド化學的研究」と題する総説の中で、彼は、大方の研究者により、繊維素、蛋白質、ゴム、澱粉などが大きな分子からなることが確定されているかにあることを認めながらも、次のように書いている。

　　しかし乍ら K. Hess 及び其門下の最近の主として繊維素に關する詳細、精

---

52)　前掲論文、297 頁.
53)　桜田『高分子化学とともに』（注 4）50 頁.

4　帰国後の研究とシュタウディンガーとの論争　｜　113

密な研究から明な如く所謂高級分子量化合物が真に主價で結合した非常に大きい（長い）分子から構成されて居るか否かの點に關しては尚多大の疑問がある。たゞ是等のゲルがミセル構造を有して居ると云ふ事はＸ線並に他の種々の方法で明にせられた疑問の余地のない事實である[54]。

このように、マイヤー、マルクのミセル概念を容認する一方、主原子価で結合した巨大分子からなるという考えには疑義を呈している。そして、「高級分子量化合物が果して眞に分子量の非常に大きい物質であるか？　それとも假面を剥げば低級分子化合物に過ぎないか？……〈中略〉……我々の前にはまだ解決されるべき幾多の根本問題が残されて居る」という言葉で結んでいる[55]。

ドイツから帰国後の桜田には、やりたい研究が山ほどあった。当時も「研究はすべて喜多先生と相談し、その指示を受けて行った」が[56]、基本的には「喜多先生の下にあって、基礎的な研究を行う自由を与えられて」いたという[57]。その基礎的研究の第一は、高級分子量化合物のＸ線図的な研究であった。第二は、セルロースなどの高級分子量化合物が溶液中で起こす反応を研究することであり、第三は、高級分子溶液の透電率を測定し、分子の双極子モーメントを求め、分子の溶液状態を研究することであった。

喜多の配慮で、京都帝大を卒業したばかりの二人の研究者が、桜田の帰りを待ち受けていた。一人は前述の物理出身の淵野桂六で、理研の研究生として採用され、Ｘ線図的研究に従事することになっていた。桜田によれば、彼のＸ線図的研究の８割は淵野が手掛けたという。喜多研究室では、富久力松をはじめ一連の門下生がヴィスコースの研究に携わっていたが、この分野では「喜多研究室が当時世界でも指折りのものであり、それを背景にＸ線図的研究をやれば、りっぱな成果が得られるであろう」と考えた[58]。こうして、セルロースのキサントゲン化の

---

54)　櫻田一郎「高級分子量化合物のコロイド化學的研究」『科學』3（1933）：445-448、引用は447頁.

55)　前掲論文、448頁.

56)　桜田一郎「今日と明日をつなぐ糸：ビニロンの回顧（その１）」『化学工業』1968年1月号：103-111、引用箇所は110頁.

57)　桜田一郎「ビニロンの研究から工業化へ」『化学教育』26（1978）：443-448；『化学の道草』（注４）195-206頁に再録、引用箇所は同書197頁.

114 | 第3章 繊維化学から高分子化学へ

反応をX線図によって追跡する研究から始まり、日本的な材料としてこんにゃく（糖）、絹フィブロイン、米飯（澱粉）の構造、そしてセルロースの結晶水の研究などに及んだ。1932（昭和7）年から10年間に、この方面の研究で桜田らは66編の論文を発表している[59]。

　桜田を待っていたもう一人の研究者は工業化学科を卒業した李升基であり、主として高級分子溶液の透電率の研究を担当することになった。桜田より1歳下の李は、朝鮮全羅南道に生まれた。1910（明治43）年の日韓併合条約以来、韓国は日本に統治されていた。李は京城の中央高等普通学校を卒業後日本に渡り、1928（昭和3）年に23歳で松山高等学校を卒業し、京都帝大工業化学科で喜多の指導を受けた。任正爀によれば、理工系分野において、植民地期に京都帝大で卒業した朝鮮人留学生数は51名と日本の大学では一番多かった（以下、早稲田大学33名、東北帝大29名、東京帝大22名、日本大学17名、北海道帝大12名、東京工業大学12名、大阪帝大10名、九州帝大9名、名古屋帝大2名の順）[60]。京都帝大のもつリベラルな校風や朝鮮人留学生同士のネットワークなどがその要因であったと推定される[61]。喜多は李の非凡な才能を認め、卒業後も大学に残って研究を続けられるよう取り計らった。李は卒業直後の1931（昭和6）年5月から工学部中央実験所の研究嘱託となり、翌年3月から化研喜多研究室の研究員の身分を与えられた[62]。桜田は李に、ドイツで学んできた最新の学問について教

---

58)　桜田「高分子のX線図的研究法を習う」（注4）394頁.

59)　ポバール会編『桜田一郎先生研究業績集』（注3）をもとにカウント.

60)　任正爀「李升基博士の生涯と科学的業績」『科学技術』50号（2005）：84-88、85頁.

61)　京都帝大経済学部の学生として李と親しかった白宗元（ベクジョンウォン）は、京都帝大は「朝鮮人に対する差別が少なく民族を問わず優秀な人材に教授になる機会を与えていたのですから学生たちも自然と集まったのです．実際に、京都大学は官僚的な雰囲気がなく開放的な思想に溢れていました．そのような校風が［京都帝大に朝鮮人留学生が多かった］理由だと思われます」と語っている．李升基を慕って京都帝大の彼のもとに来た朝鮮人留学生には李在錞、金泰烈、宋法燮、廉成根らがいる．白宗元「李升基博士の生涯を回顧して」『科学技術』50号（2005）：112-116、113頁；同『在日一世が語る戦争と植民地の時代を生きて』（岩波書店、2010）第8章、第9章．京都帝大朝鮮人留学生同窓会は1923（大正12）年以来存在し、1942（昭和17）年には会員数が340人に達していた．伊藤孝夫「京都帝大の朝鮮人学生」『京都大学大学文書館だより』10号（2006.4）：4-6.

え、そしてそれをもとに彼が構想するこれからの研究プランを話した。桜田によれば、李は「初対面の時からかしこそうではあるが、ひ弱い感を与えた。目をかがやかせて、私の話す研究の説明に聞き入った」[63]。温厚で謙虚な篤学家であった彼は周囲の仲間たちから慕われた。研究発表や論文での日本語は上手かったが、普段の会話はやや訛りがあり聞き取りにくいところもあったという[64]。

　透電率の測定装置はまず淵野が設計して組み立てることになった。桜田と二人で電気工学科の鳥養利三郎（後の京大総長）のところへ質問に行き、計器類を借りたりした。装置の完成に2年ほどかかり、実際にそれを使って実験するのは李に任された。李の仕事ぶりについて、桜田は次のように書いている。

　　彼は熱心なうえに器用であり、したがって、装置の性能を十分に生かして、信頼すべき、精密な結果を挙げることに成功した。研究は彼の熱意と努力によって、どんどんと進行し、昭和9年には［『工業化學雑誌』に］第1報が発表され、12年には早くも第12報の発表を見るに至った。この一連の研究は彼の学位論文［「繊維素誘導體溶液の透電的研究」1939］となったが、その最も重要な結論は、高分子化合物の糸状分子の中で、高分子の構成単位は高度に自由に運動しており、したがって糸状分子は非常にフレクシブルであるということであった。今日から見れば当然のことであるが、当時としては貴重な結論であり、説得力の強い実験結果であった[65]。

　シュタウディンガーの粘度式は巨大分子が硬直した棒状であることを前提としていたので、この結論はそれに対する有力な反証となり、1940（昭和15）年にシュタウディンガー式を拡張した粘度式（いわゆる「Kuhn-Mark-Houwink-Sa-

---

62)　李升基人事記録、京都大学化学研究所.

63)　桜田一郎「ある化学者の横顔――"合成一号"と彼と私――」『帝人タイムス』44巻、4号（1974）：50-56、引用箇所は50頁.

64)　鶴田禎二、筆者とのインタビュー、2006年8月12日（横浜）. 1939（昭和14）年に工業科学科に入学した鶴田は、李の研究発表の様子を見ていた.

65)　桜田一郎「ある化学者の横顔」（注63）50頁. 論文のシリーズ名は「繊維素誘導體溶液の透電的研究」『工業化學雑誌』. すべて桜田との連名で、第3報以降は李がファーストオーサーになっている.

116 | 第3章　繊維化学から高分子化学へ

kurada 式」）を提案する際の根拠の一つになった[66]。1932（昭和7）年から 1940
（昭和 15）年までに、桜田と李は高分子溶液の研究で 25 報の共著論文を発表し
ている[67]。桜田はヘスの忠実な弟子として、帰国後も日本の雑誌だけではなく、
ドイツの雑誌にもシュタウディンガーの学説の細部を批判し続けたが、その中に
は李との共著論文も含まれていた[68]。

　ドイツ博物館に保管されているシュタウディンガー文書には、シュタウディン
ガーが 1934（昭和9）年6月 22 日付でドレスデンの化学者に宛てた手紙が含ま
れている。その文面から、彼のヘスと桜田に対する憤りを読み取ることができる。

　　　彼［ヘス］のセルロースに関する解釈は間違っており、彼の一連の実験研
　　究は誤りだと思います。彼が実験的に基礎づけられていない彼特有の見解を
　　かたくなに繰り返し主張したので、ドイツにおけるセルロース研究の発展そ
　　のものがひどく損なわれたのです。私の彼に対する個人的な態度は、最近の
　　彼の論争のやり方によって変わりました。なかでも非常に残念に思うのは、
　　彼の学生、桜田が日本やドイツの雑誌にこのやり方でこちらの結果を批判し、
　　［われわれの］140 以上の論文で証明されている結果を、誤りのあるわずかな計
　　算によって駄目だと決めつけようとしていることです。私の共同研究者もま
　　た、一人のまだ若輩といってもよい日本人の思い上がった態度にとても不愉
　　快になっています。次号の Berichte 誌［『ドイツ化学会誌』］に、それに対する
　　私の反論が載ります。私の考えでは、この争いは外国におけるドイツ学問の

---

66)　櫻田一郎「溶液中に於ける絲狀分子の形並に溶液粘度と分子量の関係」『日本化學繊
　　維研究所講演集　第5回講演會』（1940）：33-44；桜田「高分子溶液の粘度と分子量」
　　（注4）例えば、李升基・櫻田一郎「繊維素誘導體溶液の透電的研究（第8-11 報）」
　　『工業化學雑誌』40（1937）：917-926 において、誘電率の実験結果から導き出される
　　セルロース誘導体の分子の形は、各部分が自由に屈折、湾曲、回転した柔らかい糸状
　　の分子であった.

67)　ポバール会編『桜田一郎先生研究業績集』（注3）をもとにカウント.『工業化學雑
　　誌』以外への掲載論文を含む.

68)　I. Sakurada und S. Lee, "Löst sich Azetylzellulose molecular in organischen
　　Flüssigkeiten?" *Kolloid-Zeitschrift*, LXI Heft 1（1932）: 50-54；日本語版は、李升基・
　　櫻田一郎「酢酸纖維素は分子狀に溶解するか？」『工業化學雑誌』36（1933）：
　　328-333.

4　帰国後の研究とシュタウディンガーとの論争 | 117

図3-4　フライブルク大学のヘルマン・シュタウディンガーと助手、学生たち
1935年頃撮影。最前列左から2番目がシュタウディンガー、3番目がマグダ夫人、右端がウェルナー・ケルン（後にマインツ大学教授）。第2列左から2番目がエルフリーデ・フーゼマン（後にフライブルク大学教授）、4番目がギュンター・シュルツ（後にマインツ大学教授）。Magda Staudinger夫人所蔵。

名声を損なうものでしょう[69]。

シュタウディンガーは同月に『ドイツ化学会誌』に投稿した論文で桜田の批判に反論した[70]。

これに対して桜田は、翌1935（昭和10）年4月に同誌に「合成高重合体化合物と天然高重合体化合物の粘性特性の比較（高分子物質の構造と粘度則に関してのH. シュタウディンガー の論文についての覚え書き）」と題する論文を投稿し、「合成高分子化合物についてH. シュタウディンガーが発見した粘度則は、セル

---

69) Hermann Staudinger より Hans Wislicenus 宛書簡、1934.6.22付、Hermann Staudinger Archiv、Deutsches Museum、DII17, 13c.

70) H. Staudinger, "Über hochmolekulare Verbindungen, 99. Mitteil.: Über dem Aufbau der Hochmolekuaren und über das Viscositätsgesetz," *Berichte der Deutschen chemischen Gesellschaft*, 67 (1934): 1242–1256.

ロースやデンプンや生ゴムのような有機物にはそのまま当てはまるわけではない」ことを主な論点として主張した[71]。5月、シュタウディンガーは「I. 桜田の発表論文についての覚え書き」と題する論文を投稿し、次のように再反論した。

　　[桜田は] 私の立てた粘度則を批判し、合成高分子化合物について発見されたこの法則の諸関係は、天然の産物、即ちセルロースやその誘導体には通用しないことを証明しようと試みている [が、] ……〈中略〉……私は [桜田の] これらの論文についてこれまで繰り返し、これらの著者により支持されている見解に根拠のないことを証明してきている。セルロース溶液の粘性挙動についての彼らの観察は、むしろ、異なる純化の度合いを持つセルロースとは、異なる平均分子量を持つ分解産物の重合体同族列であると解釈するのが自然である。セルロースの重合体同族列における粘性現象とハーゲン・ポアズイユ（Hagen-Poiseuille）の法則からの逸脱は、合成高重合体におけるそれと同じものである[72]。

　桜田は、ヘスの考えに従い、セルロースには異物としての膜が存在し、それが粘度に影響を及ぼす、そしてセルロースを精製すればするほどその不純物がなくなるので粘度が低下するのだと論じる。しかし、シュタウディンガーは、ヘスや桜田が異物の膜という「仮説的な物質の化学的挙動」を論じているのに過ぎないと一蹴した。桜田の主張する「精製」のプロセスはセルロースの純化ではなく、セルロースの巨大分子が切断され、さまざまなサイズになった分子の集まり（シュタウディンガーのいう「重合体同族列」）ができることで、そのために粘度低下現象が起きるのだ、という。そして、「彼 [桜田] の論文がはたして学問的なものであるのか、それとも無駄な論争にすぎないのではないかと、問わざるを得ない」と批判した[73]。

---

71)　I. Sakurada, "Vergleich der Viscosität-Eigenschaften von syntherischen und natürlichen hochpolymeren Verbindungen（Bemerkungu zu Abhandlungen von H. Staudinger über den Aufbau der Hochmolekularen und1 über das Viscositäts-Gesets," *Ber.*, 68（1935）: p. 998-1000, 引用は p. 998.

72)　H. Staudinger, "Bemerkungen zu den Publikationen von I. Sakurada," *Ber.*, 68（1935）: 1234-1238, 引用は p. 1234.

5 高分子説の受容と「高分子」という言葉

シュタウディンガーのこの批判論文が掲載されて以降、桜田は『ドイツ化学会誌』に二度と投稿しなかった。当時の論争を振り返って彼は、「いずれも、あげ足とりのようなことばかりで、本質にはふれていない」[74]「いま見たら恥ずかしい論争であった」と述懐している[75]。「Hess 先生と Staudinger との論争の場に、桜田の名がよく出るので、[シュタウディンガーから] Hess 研究室の研究要員としてではなく、論争要員のごとく見なされた感がする」とも認めている[76]。高分子説の本質論から離れた「揚げ足とり」に近いものではあったが、粘度式に関する論考においてはシュタウディンガーが桜田の考えを後に採り入れた部分もあるところを見ると、「Staudinger の個々の論文に対しては十分意義のあるものであり、高分子化学の発展に寄与するところは多少はあったのではないか」という自負は最後まで持っていたようである[77]。

桜田は回想録の中で、自身の高分子説への全面的なシフトについては何も書いていない。管見の限りでは、公の場での変化は 1935（昭和 10）年 10 月 22 日に上田蚕糸専門学校で開催された繊維工業学会講演会での彼の講演「人造絹絲のコロイド化學」に明白に見ることができる。上述のシュタウディンガーによる桜田批判の論文が出た年の秋のことである。この講演の全文は翌年 2 月に『繊維工業學會誌』に掲載された[78]。冒頭で彼は、繊維としての性質を有する物質は、共通して「分子量の非常に大きい物質卽所謂高分子物質である事がわかる」と述べ、ゴム、セルロース、タンパク質、プラスチックなどの主原子価の鎖からなる巨大分子構造を図で示した[79]。さらに重合によりできる合成高分子物資として、ポリオキシメチレン、ポリスチレン、ポリエステル、ポリアミドなどの分子構造を図

---

73) 前掲論文、p. 1235.

74) 桜田『高分子化学とともに』（注 4 ）、46 頁.

75) 桜田一郎・祖父江寛・呉祐吉・荒井渓吉・矢沢将英・星野孝平・岩倉義男「座談会：高分子のおいたちとその行方」『高分子』14（1965）：1038-1057、1039 頁.

76) 桜田「高分子化学の夜明け」（注 4 ）141 頁.

77) 前掲論文、140 頁.

78) 櫻田一郎「人造絹絲のコロイド化學」『繊維工業學會誌』 2 巻、 2 号（1936）：65-78.

79) 前掲論文、66-68 頁.

120 | 第3章 繊維化学から高分子化学へ

示して、次のように語った。

　　加成重合體［今の言葉で、付加重合体］に關しては近時 H. Staudinegr 一派の多
　数の研究あり、また縮合重合體に關しては Carothers 及其共同研究者の詳細
　な實驗有り、いづれも主として主原子價鎖を形成し、其多くは適當條件下に
　美事な繊維圖を與へ、また實驗室的には既に紡絲する事も可能であり相當強
　力な絲を與へ、今日の天然物を基礎とする人造繊維に對し、全く合成化學的
　に生産され得べき明日の人造繊維として新しい將來を約束されて居る[80]。

　このように合成繊維の可能性にまで論は及んでおり、これまでこうしたテーマ
での発表で見られたシュタウディンガーの研究に対する批判は全く見られない。
これは、彼がはっきりと高分子説の立場から繊維やゴムの構造を総括的に論じた
最初の講演と見なすことができる[81]。

　この変化に、上記のシュタウディンガーとの論争の結末が大きな要因となった
ことは間違いないであろう。もちろん、それまで自ら行ってきた透電率の研究や
X線研究の蓄積が寄与していたこともある。さらに、桜田も言及しているように、
アメリカにおけるカローザース（Wallace Hume Carothers）の巨大分子説にも
とづく高分子合成の研究成果が1929（昭和4）年以降『アメリカ化学会誌』に
続々と発表されていたことも要因の一つになったことは考えられる。桜田が高分
子説を受容した1935（昭和10）年の秋には奇しくも、イギリスのケンブリッジ

80）　前掲論文、71頁.

81）　1年後の1936（昭和11）年10月3日に大阪の綿業会館で行われた日本化学繊維研
　　究所の第1回講演会で、桜田は「繊維のミセル及分子構造と化學繊維の將來」と題す
　　る講演を行ったが、ここでも最新のX線図の写真を多数示しながら、ミセル構造や、
　　「主原子價鎖」からなる繊維素やゴムの長い分子がどのような形状をしているかを模
　　式図を使って簡明に説明している. 櫻田一郎「繊維のミセル及分子構造と化學繊維の
　　将来」（第1回講演會、昭和11年10月3日）『日本化學繊維研究所　講演集　第1、
　　2輯』（1938年4月）：27-49所収.
　　　なお、古林祐佳は、桜田が『工業化學雜誌』に発表した一連の論文（テーマはセル
　　ロース関連に特化している）を経時的に調査した結果、同誌に関する限り、彼が高分
　　子説を受け入れていると認められるのは1936（昭和11）年からとしている. 古林祐
　　佳「日本における高分子化学の成立」（注5）、38頁.

5　高分子説の受容と「高分子」という言葉 | 121

大学でこの分野の最初の国際会議となるファラデー学会主催のシンポジウムが開催されたことは象徴的である。そこでは、シュタウディンガー、カローザース、マイヤー、マルクほかすべての発表者が高分子説の立場に立って討論しており（その講演論文とディスカッションは翌年に『ファラデー学会紀要』に特集で掲載された）、同説の国際的認知を示す学会となった[82]。ヘスへの忠誠の呪縛から脱却し、それまで公言してきた自らの立場を翻すのに帰国後5年近くの歳月を要したことになる。

　この上田講演に見るように、桜田はこの時までに、「高級分子量物質」に代わって「高分子物質」という言葉を使用するようになっていた。ただし、この語を初めて使ったのは彼ではなかったことを指摘しておきたい。例えば、先に言及した『科學』の桜田の総説と同じ特集中に掲載された、コロイド化学者玉蟲文一の「近時に於ける膠質化學の進歩」には、「高分子」という言葉がすでに使用されていた。ここでは、「高分子物質の構成は膠質化學と有機化學との限界領域の問題として近時多大の興味を惹くものである」としてマイヤーとマルクの新ミセル説の紹介がなされている[83]。また、翌1934（昭和9）年8月に刊行された雑誌『綜合科學』に書いた総説「物質粒子の大さ形及び運動」で、玉蟲は、「或種の有機物質に於いては其分子量が甚だ大きく、数千、数万或は数十萬と算定されるものがある。例えば澱粉、繊維素、ゴム、蛋白質の如きはものがそれである。我々はこの種の物質を高分子化合物と呼んでいる」と明言し、シュタウディンガーの巨大分子概念を「その結合様式に於いて、尚論議を要するであらう」としながらも、簡にして明な紹介をしている[84]。玉蟲が「高分子」という言葉を最初に使った人物であるかは特定できないが、少なくともそれが桜田自身の造語でなかったことは確かである[85]。

---

82)　*Transactions of the Faraday Society*, 32（1936）, Part 1: 3-412. カローザースの研究および1935年のファラデー学会については Furukawa, *Inventing Polymer Science*（注2）, Chapters 3, 4 を参照.

83)　玉蟲文一「近時に於ける膠質科學の進歩」『科學』3巻、11号（1933）：449-452、引用は452頁.

84)　玉蟲文一「概説：物質粒子の大さ形及び運動」『綜合科學』1（8）（1934）：35-42.

85)　次の文献の中では「高分子量」という言葉が使われ、シュタウディンガーの論文が引用されている：山口文之助「高分子量液體の粘度の温度係數と分子會合度竝に分子

桜田の論文の表題に「高分子」という言葉が初めて登場するのは、1935（昭和10）年である。『工業化學雜誌』に寄稿した論文で、「高分子化合物並に其の關係物質の擴散による研究」の第1報（同年3月12日受理）が最初である[86]。桜田はここで改めてこの語の定義は与えていないが、「高分子化合物」がそれまでの「高級分子量化合物」に代わる言葉であることは間違いない。桜田は晩年、座談会の席で次のように語っている。

　　よく高分子化学とか高分子という名前がいつごろから使われたかというんですが……〈中略〉……またときに桜田、おまえがつけたんじゃないかといわれるのですが、実際はそうじゃないのです。……〈中略〉……私自身はその頃、高級分子量化合物、こういっていたと思うのです。……〈中略〉……そうしたら、工業化学会の編集の世話をしておられる方から、高分子という名前をつけてこられた。こっちの方がずっとすっきりしてよろしいなと思って、それでそのまま、その名前を採用さしてもらったのです。決して命名者じゃないわけです。だから、だれが命名者であるかは知らない[87]。

　このことから、『工業化學雜誌』に投稿した際に編集委員から、当時すでに一部で使われていた「高分子」という語の採用を提案され、桜田がそれを受け入れたものと考えられる。

　このように桜田は高分子の命名者ではなかったが、彼がその用語の普及と定着に大きな役割を果たしたことは確かである。1935（昭和10）年以降書いた論文の題名にこの言葉が頻繁に登場する。さらに、彼が1940（昭和15）年3月に同誌の別冊附録として著した119頁からなる『高分子の化學』と題する本もこの語の普及に寄与した。これは日本語で書かれた最初の高分子化学のテキストと見なしてよいものであり、この分野の入門書として広く読まれた。緒言には次のように書かれている。

　　　構造との關係に就いて」『日本化學會誌』55帙（1934）：353-365.
86)　谷口政勝・櫻田一郎「高分子化合物並に其の關係物質の擴散に依る研究（第1報）グルコーズペンタアセテート及びハイドロキノンの諸有機液體中に於ける拡散試験」『工業化學雜誌』38（1935）：584-590.
87)　桜田ほか「座談会：高分子のおいたちとその行方」（注75）、1039頁.

H. Staudinger 一派は"天然高分子物"の模型として低分子物より重合反應に依つて多數の高分子物を合成し、是に關する廣汎な研究を行ひ、是等の合成高分子物と"天然高分子物"が同樣の構成原理に依り構成されて居る事を明にし、斯の如くにしてはじめて今日の『高分子の化學』『巨大分子の化學』の基礎は確立せられた。

『高分子の化學』は"顧みられなかつた分子の化學"であるが、今日に於ては有機化學、物理化學、コロイド化學、生物化學、製造化學の研究の一大中心をなして居る。……〈中略〉……

高分子、巨大分子の假面は化學の力に依り1枚1枚はがされて行つた。分子の構造、大さ、形というもの迄次第に明にされつつある。假面をはがれた巨大分子は日1日と人類の頤使に甘んぜざるを得なくなつた[88]。

こうして、桜田は本書でもシュタウディンガー一派の功績をほぼ全面的に認め、新しい学問、高分子化学の確立を高らかに宣言したのであった。シュタウディンガーの下に留学した野津が師の高分子説立証のためのプログラムの一部を担うだけで帰国し、その後は通常の有機化学に戻り同説の普及にほとんど寄与しなかったのとは対照的に、桜田はシュタウディンガーとの論争においてその本質を究める中で鍛えられ、逆に高分子化学の強力な推進者へと変貌していったともいえるかもしれない[89]。

6 ドイツ仕込みの気鋭化学者

ドイツで培った桜田一郎の論争を厭わないアグレッシブな学問スタンスは、シュタウディンガーとの論争ばかりでなく、厚木勝基とのそれにもよく表れている。厚木は東京帝大工学部応用化学科の河喜多能達の下で助教授となり、1921（大正10）年に、退官した河喜多の後任として教授となった。既に論じたように、喜多源逸は東京帝大時代に河喜多の下で助教授を務めたが、対立して京都に移っ

---

88) 櫻田一郎『高分子の化學　工業化學雑誌附録　第22號』（工業化學會、1940）.
89) シュタウディンガーの下に留学した日本人には野津の他に落合英二がいたが、「両先生はドイツまで行って粘度ばかり計られたそうだ」という噂があったという．小林義郎「訳者まえがき」、スタウディンガー（小林義郎訳）『研究回顧』（岩波書店、1966）、iii-vi頁、引用はv頁.

124 | 第3章　繊維化学から高分子化学へ

たのであり、河喜多一門に対する強い対抗意識があった[90]。繊維素協会の創立者の一人であり、主著『人造絹絲』でよく知られた厚木は、喜多とともに日本のセルロース研究における東西の双璧とされていた[91]。

　桜田は1932（昭和7）年の『工業化學雑誌』上で、厚木一派による繊維素エステルおよび酢酸繊維素の粘度に関する一連の論文を批判した。厚木らのベーカーの式（溶液濃度と粘度の関係を示す実験式の一つ）の扱い方や解釈に関する事柄が争点であったが、それを「混同して議論」「重大な誤謬」「思ひ違ひ」「不合理、不可解、無意味」といった厳しい言葉遣いで批評した[92]。厚木らはこれに対する回答を寄稿し、「私共の報文に對して下された『不合理、不可解、無意味云々』の評語は返上する事にする」と切り返した[93]。その後、桜田は「此所謂解答に於いても氏等は問題の中心に觸れず筆者の全然問題にせざる如き事のみ詳細に説明して居られる」「氏等の誤謬不合理は餘りに明瞭なりと考へられる」と書いて再批判を展開した[94]。結局、決着は付かないまま、厚木らは「本論争も本來の問題から離れて行くやうに思はれますので此の邊で打ち切りにしたいと思ひます」としてそれ以上の論戦を回避した[95]。この一件が東京帝大の応用化学科教官たちに、京都帝大の喜多一派に対する感情的なしこりを残したことは、後述の「大阪・中之島の陣」における東京帝大側の反応からも窺い知ることができる。

　桜田は1933（昭和8）年に理研研究員の身分となり、その翌年に京都帝大工

---

90)　第1章参照.

91)　厚木勝基『人造絹絲』（丸善、1927）. 厚木については、祖父江寛「厚木勝基先生」『化学』18巻、2号（1963）：130-133；和田野基「厚木教授の面影」『高分子』14巻、154号（1965）：73-75；杉崎啓「日本の繊維科学および繊維学会の創始者　厚木勝基先生」『繊維と工業』52巻、3号（1996）：139-142；同「厚木勝基先生―高分子学会の初代会長―」、高分子学会編『日本の高分子科学技術史』（注14）、2‐3頁参照.

92)　櫻田一郎「厚木氏等の繊維素エステルの粘度の研究及び酢酸繊維素の研究に就て」『工業化學雑誌』35（1932）：192-195.

93)　厚木勝基・石原昌訓・石井直次郎「櫻田一郎氏の質疑に就て」『工業化學雑誌』35（1932）：195-199.

94)　櫻田一郎「再び厚木氏等の繊維素エステルの粘度の研究及び酢酸繊維素の研究に就て」『工業化學雑誌』35（1932）：1093-1102.

95)　厚木勝基・石原昌訓「櫻田一郎氏の再質疑に答ふ」『工業化學雑誌』35（1932）：1102-1103.

学部助教授に就任した。そして 1935（昭和 10）年 3 月に 31 歳で教授に昇格し、定年退官した松本均教授の後任として工業化学科の第四講座を担当した。これを機に、第四講座が繊維を中心に天然高分子を取り扱うこととなった[96]。

　ドイツ帰りの若手教官の講義は学生を惹きつけた。1934（昭和 9）年に入学した岡村誠三（後に京大教授）は、「新進気鋭の桜田教授の応用コロイド学は新しい文献の紹介が織り込まれていて、面白くて夢中で克明にノートを取った。夜は下宿で丁寧に赤線でアンダーラインを入れた。」と回想する[97]。辻和一郎（後に京大教授）は 1936（昭和 11）年に入学した当時、「正に少壮気鋭の学者として研究や講義に名刀の冴えと輝きを示された」という。1939（昭和 14）年入学の鶴田禎二（後に京大教授、東大教授を歴任）も桜田のコロイド科学の講義をよく覚えている。「話し方は喜多先生のようにトットツとしていたが、当時桜田先生はまだ若く、内容は面白かった」と語る。眼には見えないミセルの説明のところでは、「ミセル、ミセルいうても、とんと見せてくれませんのや」と言って、学生を笑わせることもあった[98]。1943（昭和 18）年入学の稲垣博（後に京大化研所長）によれば、喜多源逸は「口を開こうとされる前、一瞬息を止めるような素振りがあった。これとよく似た素振りが桜田先生に乗り移っていたように思う。丁度父子が互いに似た所作をすることがあるように……。しかし性格的にお二人はかなり異なっていたように思う。喜多先生は〈金時計をぶらさげた百姓〉との異名のあった方で、他方桜田先生にはかつてのドイツの大学教授がもつエリート性が感じられた」[99]。

---

96)　桜田『高分子化学とともに』（注 4）115 頁.

97)　岡村誠三『私の埋め草』（高分子刊行会、1977）184 頁.

98)　鶴田、筆者とのインタビュー、2006 年 8 月 12 日（注 64）. 1950（昭和 25）年卒業の川嶋憲治も、「二回生になって受講した故桜田先生の高分子化学は深奥かつ明解で迫力溢れる名講義でした」と述べている. 川嶋憲治「数々の教え」『ポバール会記録』第 113 回（1998）：38-44、引用箇所は 38 頁. 若き日の桜田の講義とは対照的に、後年の彼の講義の評判は必ずしも芳しくない. 後年は講義ノートを棒読みするだけでつまらなかった、システマチックでなかった、熱意が感じられなかったといった声もある.

99)　稲垣博「弟子の一人から見た堀尾先生の人と学」稲垣ほか編『昭和繊維化学史の一断面』（注 21）、100-113 頁所収、引用箇所は 106 頁.「金時計をぶら下げた百姓」は、畑仕事をしている喜多の姿を見た来客が彼を百姓と間違えた話で、身なりに無頓着で

研究室における学生の指導には厳しかった。考え方は合理的で原理原則を大事にした。学生の言葉遣いや論文の文章表現にはとくに注意した。桜田の指導を受けた筬義人は、「あいまいなことや中途半端なことを許さない教育者であった。……〈中略〉……研究面では、桜田先生は、私に機嫌よくそして心優しく激励するよりも、多く顔をまっかにして叱咤されるほうがはるかに多かった。そのときはなぜこれほど叱られるのだろう、と腹を立てたが、今になってみると、思いあたることばかりである」と振り返る[100]。辻にとっても、「仕事の報告などに教授室をノックする前には相当な覚悟を要した」という[101]。1943（昭和18）年に桜田研を卒業した中島章夫（後に京大教授）も「先生は学問上極めて厳格な人で、私など教授室で再三立ち往生をした」と語る[102]。学生の間では「桜田先生ほどワンマンな先生はいない」と囁かれていたという[103]。彼を恐れる学生は卒業研究に桜田研を選ばなかった[104]。桜田は学生や部下をよく叱りはしたが、そのことを気にしてか、翌日叱ったことに対する「弁解」を当人にとくとくと説いた。「そこが先生の大きいところであり、可愛いところでもあった」と岡村は振り返る[105]。桜田は研究以外の個人的な相談には慈父のように細やかな心遣いで応じることもあったという[106]。

1936（昭和11）年8月、京都帝大内に財団法人日本化学繊維研究所が創設さ

素朴な喜多の一面を伝えるエピソードである．第1章参照．兒玉信次郎「喜多源逸先生」『化学』17巻、6号（1962）：578-580参照．三枝武夫、筆者とのインタビュー、2011年2月17日（京都）；今西幸男、筆者とのインタビュー、2009年11月8日（京都）．

100) 筬義人「桜田一郎に関する質問事項とその回答」『第135回 ポバール会記録』2009年12月15日：38-47、引用は45頁．筬義人、筆者とのインタビュー、2011年2月17日（橿原）．

101) 辻「繊維・高分子科学界の巨峰 桜田一郎先生」（注5）、256頁．

102) 中島章夫「先生を偲んで」『高分子』35（1986）：745-746、引用は745頁．

103) 岡村誠三、筆者とのインタビュー、1994年6月20日（京都）．

104) 鶴田禎二は高分子化学に関心があったので桜田研に行くことも考えたが、結局学生に優しく接する小田良平を指導教授に選んだと回想する．鶴田、筆者とのインタビュー、2006年8月12日（注64）．エピローグ参照．

105) 岡村誠三、筆者とのインタビュー、1994年6月20日（注64）．

106) 中島「先生を偲んで」（注102）、745頁；筬義人、筆者とのインタビュー、2011年2月17日（橿原）．

図3-5 学生たちと歓談する桜田一郎
1941（昭和16）年撮影。足下にいるのは長女の満里子。昭和16年卒業アルバムより、鶴田禎二氏所蔵。

れた。この年の5月、オーストラリアが関税引き上げを実施したのに対し、日本はその報復手段として通商擁護法を発動し、オーストラリアからの羊毛不買を決定し、アウタルキー（自給自足経済）への道を歩むことになった。この年、日本はレーヨンの生産でアメリカを抜いて世界第一位になった。繊維はわが国の輸出総額の6割を占めていたが、木綿や羊毛などの天然繊維原料の多くは海外からの輸入に依存していた。こうした中で、木綿、羊毛の代替繊維としてスフ（レーヨンを短く切った繊維、ステイプル・ファイバーの略）が注目され、「繊維国策」の名のもとにその増産が求められた。しかし、当時のスフは劣弱であり、水にも非常に弱かった。

　伊藤萬商店（後のイトマン）社長の伊藤萬助はこうしたスフの現状を憂慮し、「羊毛の代用として何とか工夫して新しい繊維を国産でつくらなければ日本は自立できない」と考えていた[107]。大日本紡績の今村奇男にそのことを相談すると、

107）伊藤萬株式会社編『伊藤萬百年史』（伊藤萬株式会社、1983）45頁.

今村と同郷で親しい喜多を紹介され、協議の結果、伊藤は京都帝大に寄付を申し出て日本化学繊維研究所の設立に至った。寄付金は、はじめは 20 万円、その後 10 万円、総額 30 万円で、当時としては非常に多額であった。研究所といっても学内に独立した建物をもたなかったため、実際には主として大阪府の高槻にある化研の繊維関係の研究を助成することになり、その施設の拡充にも充当された。理事長は京都帝大総長の松井元興が務めたが、実質的な研究の指導は、化研所長を務める喜多に託された。役員として、伊藤のほか、大日本紡績の社長と常務、東洋紡績専務、住友本社理事、鐘淵紡績常務、日本化成専務、日本レイヨン社長、朝日ベンベルグ常務らが名を連ねた。桜田は後にこれを「産学協同の理想的な一つの形」と評している[108]。実際の研究は化研の施設で行われることになったので、桜田は化研の喜多研究室の教授を兼任することになった。李はこの年の 11 月化研講師に採用された。かくして、日本化学繊維研究所の設立により、喜多一門のその後の繊維研究は安定した財政基盤を確立したのであった。

　同所の当面の課題は、不足する羊毛の代替品、人造羊毛をつくることであった。人造羊毛をめぐっては、桜田と師の喜多との間に見解の相違から確執が生じたこともあった。当時、三回生で卒業研究に入ろうとした岡村誠三は次のように書いている。

　　喜多先生から「国策だ」といって頂いたのが、大豆たんぱく質から人造羊毛を作るというテーマだった。これには、私を直接指導してくださっていた桜田先生があまり賛成でなかった。大豆のように分子が球状のたんぱく質から、羊毛のように長くて線状のたんぱく質をもつ繊維を作るのは無理だと考えておられたらしい。

　　「大豆は岡村にやるより、羊にやれ！」などと言われたこともあった。たしかに当時は軍部の期待する頑丈な繊維は完成しなかった。まあ、それはともかく、思いもよらぬ指導教授同士の激しい意見の対立に、私は若干の反発を覚えながらも、仲立ちとなって双方の間の険悪な雰囲気を打ち消そうと奔走もした[109]。

---

108)　桜田『高分子化学とともに』（注 4 ）75-77 頁、引用は 77 頁.
109)　岡村誠三『科学者の良心—科学には限界がある—』（PHP 研究所、1998）151-152

図 3-6　桜田研究室のメンバー
1937（昭和 12）年 3 月撮影。前列（左より）李升基、北野登志雄、桜田一郎、斎藤檜夫。後列（左より）関厚二、萩原俊雄、川田茂、一人おいて淵野桂六（後に群馬大学教授）、岡村誠三（後に京都大学教授）。梶慶輔氏所蔵。

　岡村は広島高等学校三年生の時、「京都大学の喜多源逸先生に教えてもらうように」という実父、佐伯勝太郎（製紙技術者・第 12 代工業化学会会長）の遺言に従い、京都帝大の工業化学科に入学した[110]。
　喜多が大豆蛋白から人造羊毛を造るという発想をもったのには根拠があった。当時イタリアで牛乳蛋白のカゼインから人造羊毛ラニタール（La na Italiana）ができたという報告を喜多は読んでいたのである。「喜多先生に牛乳カゼインから作られる合繊ラニタールの伊語の文献を直き直きに読んで頂いた。イタリー語の字引を片手に一語一語教えて頂いた事は忘れられない」と岡村は述懐する[111]。牛乳の代わりに、本土や満州に豊富な大豆の蛋白のグリシニンから人造羊毛を製造

　　　頁.
110)　前掲書、149 頁.
111)　同上.

する研究を行うことを喜多は思い付いたのであった。

　一方、高分子論の立場から「此等の蛋白質の分子自身があまり美事な絲狀をして居ないので立派な人造纖維は出来にくい」[112]と考えていた桜田は、岡村の卒業研究として「有無を言わせず」セルロースの加水分解の度合いと粘度との関係という高分子の基礎的研究をテーマに与えた。岡村はこの時、纖維研究に対するスタンスの違いに、新旧の世代変化を感じ取ったという。結局、岡村のとった和解的解決策は、「両方の研究を並行して毎日こなして」卒論を二つ仕上げることであった[113]。

　岡村は卒業後ただちに化研研究員となり、1940（昭和15）年に桜田の下で助教授となったが、その後も両師のメディエーターを演じ続けた心境を率直に綴っている。

　　　大抵の場合に研究テーマの話から始まったようであるが、両先生の間に分け入って、生意気にも仲介の役を勤めあげたことも少なくなかった。傍から眺めておられた兒玉信次郎先生（石油化学）からも“難しい間柄の中に立って、よく考えている”と屡々おほめの言葉さえ頂いたこともあった。喜多先生とは亡・実父（佐伯勝太郎・元工業化学会会長）が知己の間柄であったためか、割と平気で苦言も進呈させて頂いたように思う。桜田先生の方は全面的に“こわかった”ので先生の傘下に自分から積極的に“潜り込んで”難を逃れていた。喜多先生に対しては専ら桜田先生の代弁者の役を演じ続けた。外から眺めると東奔西走のように見えたのかも知れない[114]。

　桜田の指導下に行ったセルロースの加水分解とビニル重合の反応の研究は岡村の学位論文「高分子の形成並に分裂反応に関する研究」（1944年）になった。桜田は「羊毛をつくる事はやはり羊が一番上手である。人間が徹頭徹尾羊の眞似を

112）　櫻田一郎「合成纖維の出現と纖維工業の将来」『工業化學雜誌』43（1940）：134-139、引用は134頁.

113）　岡村誠三「新・旧の境目に会って」『高分子加工』第50巻（2001）：258-259、引用は258頁.

114）　前掲論文、259頁. 岡村誠三の業績については、岡村誠三先生退官記念事業会編『岡村誠三先生　研究生活の回顧と記録』（岡村誠三先生退官記念事業会、1977）参照.

しなければならない理由はどこにもない」と公言して憚らなかった[115]。

しかし、喜多にきっかけを与えられて始めた蛋白質繊維の研究も進めてみると、強度や伸度がラニタールに劣らない大豆蛋白質人造繊維の開発は不可能でないという確信を岡村はもつに至った[116]。工業化に繋がる発展はなかったが、とりわけ紡糸した蛋白質繊維の後処理の研究は、後の合成一号の開発研究に大いに役立つことになる。

7　合成繊維ナイロンの出現とその意味

日本化学繊維研究所が設立されると、桜田はそれまでの高分子の基礎研究中心のやり方から方針を転換して、同所の主旨に沿うような実用化に直接結びつく研究も始めることにした。その最初の仕事として、もともとセルロースなどの高分子化合物の化学反応への興味から始めたものであったが、ヴィスコース法によりつくられたスフを繊維状態のまま酢化（酢酸化）してアセテート繊維をつくる方法を研究した。その成果と今後の構想については 1937（昭和 12）年 10 月 4 日に開かれた日本化学繊維研究所の第 2 回講演会で報告した。この方法は、品質（弾性、捲縮性、耐水性など）の向上、産額の増加、紡糸装置などの既存のヴィスコース製造技術の転用が可能なことなどの長所があると述べている[117]。このセルロース繊維状酢化法は中間試験まで進み、伊藤萬助の関係する宮川毛織で「ニポラン」という商品名で工業化計画も立てられたが、桜田によれば「戦争前夜の様相がますますきびしくなってきたので」実現されなかった[118]。

当時まで桜田は、アウタルキーの時代においても、人造繊維の主流はやはりセルロースを原料とした再生繊維（レーヨン）ないし半合成繊維（アセテート繊維など）であり続けると信じていた。5 節で触れた上田での講演では、カローザーらの研究に言及して合成繊維を「明日の人造繊維として輝かしい将來を約束されて居る」と述べた一方で、「純化學合成に依る人造繊維の製造は明日の問題であり、現在緊要であるのは繊維素を主體とする人造繊維である」という但し書き

---

115)　櫻田一郎「人造繊維將來の展望」『工業化學雜誌』41（1938）：478-482.
116)　岡村誠三「蛋白質人造繊維概観」『光綿研究』7 編、8 号（1939）：11-24.
117)　櫻田一郎・塚原嚴夫・森田武雄「繊維素の繊維状酢酸化と化学纖維」『日本化學繊維研究所講演集』第 1、2 輯（1938）：105-124.
118)　桜田『高分子化学とともに』（注 4）、82 頁.

132 | 第3章 繊維化学から高分子化学へ

を付けた[119]。

　1938（昭和13）年4月に工業化学会主催の「人造繊維將來の展望」と題する特別講演では、桜田は再生繊維や半合成繊維について論じたほかに、「純合成化学繊維」についても言及したが、次のようなネガティブな見解を表明している。

　　　合成繊維はコールタールの化學からアセチレン及エチレンの化學へと云ふ有機化學及有機化學工業の大きい流れに乗つて、合成樹脂、合成ゴムの工業と共に或程度の發達を見るであらうと考へられる。しかしそれが繊維素系統の人造繊維に對し充分チヤレンジし得るか否かと云ふ點になると私としては否定的な囘答しか與へ得ない。但しこれは理論的の結論ではなく個人としての感である[120]。

　桜田研でも合成高分子物質を原料とする研究は前年の後半から始めていた。ポリスチレン、ポリ酢酸ビニル、ポリメタクリル酸メチルなどを入手し、工学部助手の塚原厳夫がそれを紡糸して繊維のサンプルをつくり、1938（昭和13）年の夏、京都の大丸本店での展示会に出品したが、「たいした反響もなく、また、われわれ自身もそれほど熱心ではなかった」という[121]。一方、喜多はこの年の10月7日に行われた日本化学繊維研究所の第3回講演会で、「將來の人造繊維としては是非此の方面〔合成繊維〕の基礎的研究も必要で有ると思はれます」と発言していた[122]。

　結局、桜田の工業化学会講演における「個人としての感」は当たらなかった。後年「どうもこの時の私自身を顧てみると、多分に保守的であったような気がする」と述懐している[123]。米国のデュポン社が合成繊維ナイロンを世に発表したのはその年の10月27日のことであった。同社の副社長チャールズ・スタイン

---

119)　櫻田「人造絹絲のコロイド化學」（注78）、71頁.

120)　櫻田「人造纖維將來の展望」（注115）、480頁.

121)　桜田『高分子化学とともに』（注4）、88頁.

122)　喜多源逸「過去1年間の研究概要」『日本化學纖維研究所講演集』第3輯（1938）：
　　　5-7、引用は7頁.

123)　櫻田一郎「ビニロンの話—合成一号が生まれるまで—」『化學』7（1953）：
　　　38-42；櫻田『第三の纖維』（注4）、3-16頁所収、引用箇所は7頁.

（Charles M. A. Stine, 1882-1954）が発した文句「ナイロンは石炭、水、空気のような共通の原材料からつくられているが、鋼鉄のように強く、クモの糸のように繊細で、かつどの普通の天然繊維よりも伸縮性に富み、また美しい光沢をもつフィラメントに形づくることができる」は、その後のナイロンの宣伝文として広まった[124]。ナイロンの出現は、その後の日本の繊維研究と繊維産業の方途に大きな影響を与えたのである。

　日本にナイロン発表のニュースが広まり、世間が騒ぎ出すのは、年が明けてからのことである。当時、日本の絹は外貨の稼ぎ頭であり、しかも輸出生糸の8割がアメリカ向けであった。カローザスのグループはもともと絹の代替物を志向してナイロンの発明に至ったわけではないが、最初の主な用途が婦人用の靴下であり、これはレーヨンで置き換えることのできない生糸の最後の牙城であったことから、それがわが国の生糸業界に打撃を与えるために発明されたかのように巷間では喧伝されていた。したがって、当時のわが国のナイロンをめぐる初期の議論は、もっぱら絹との比較に集中していた。1939（昭和14）年4月の『大阪朝日新聞』の「天聲人語」には次のように書かれている。

　　　ナイロンのことがこの頃しきりに話題に上るが、まだ日本では的確にその正體をつかむところまで至つてゐないといふのが本當だらう。さりとは氣の揉める話で、科學日本の名譽とは言へない。アメリカのデユポン會社が800萬ドルを投じてデラウエア洲シーフオードに建設中の工場では、來年春までに一千の從業員を擁していよいよ生産に着手し、10年にして日本の生絲を締め出して見せるといふのだから、日本國内四千萬の農民にとつてたしかに重大問題にちがひない[125]。

　桜田は、1939（昭和14）年1月に富士紡績の荒井溪吉を通して微量のナイロンのサンプルを入手し、淵野桂六にそのX線撮影をさせた結果、アジピン酸とヘ

124）　デュポン社におけるナイロンの研究から公表に至る過程については、Furukawa, *Inventing Polymer Science*（注2）、Chapters 4, 5；古川安「カローザスとナイロン　—伝説再考—」『化学と教育』55（2007）：274-277 参照.

125）　『ナイロン』（紡織雑誌社、1939）378 頁所収.

キサメチレンジアミンが原料であることを突き止めた。これと相前後して、東京工業大学の星野敏雄、東洋レーヨンの星野孝平らは、ナイロンを加水分解することにより同様の結論を得た。桜田らはただちにその物性を検査した。結果は、1939（昭和14）年2月に大阪の綿業会館で開催された「ナイロンを中心とせる合成繊維講演會」（繊維文献刊行会主催）の席で発表した。講演者は桜田と大阪帝大の呉祐吉の2名であったが、「文字通り堂にあふれる盛会であった」という[126]。

　桜田はナイロンの物性について、絹より化学的抵抗力が強いのが長所であるが、それゆえに染色性が悪いという欠点があること、強度においては絹と大差がないこと、絹より大きな弾性があるがこれは必ずしも繊維に有利な性質とはいえないこと、ヤング率（繊維を一方向に伸ばすとき、その垂直な断面に作用する応力と、単位長さあたりの伸びとの比で、たわみやすさの指標）が非常に小さいことなどを論じた。とくに「絹と覇を争ふ為にはヤング率を数倍にしなければならぬ」と指摘した[127]。このように、ナイロンは優秀な繊維であることは間違いないが、現時点では短所もあり、絹の敵にはならないと強気な発言をしたのであった。

　桜田はその後もさまざまな会合や講演会に「ひっぱりだされて、ナイロンの実情や将来の見通しについて話をさせられた」[128]。当時の世論は、「ナイロン恐るべし」と「ナイロン恐るるに足らず」の二局に分解していたが、桜田が後者寄りにいたことは確かである。しかし、桜田にとってナイロンの出現は、一つの新繊維が市場に出たこと以上に重要な意味が二つあったと考えられる。一つは、それまで過小評価していた純合成繊維が、これからの繊維の世界で大きな可能性がある分野であるということを、ナイロンが証明してくれたことである。彼は上記講演会で行った「純合成繊維の出現とNylon」と題する発表を次の言葉で結んでいる。

　　　絹に向かつて真向から宣戦したNylonは進軍ラツパ程の内容は有つて居ない事が明になつた。しかし乍らNylonにより純合成繊維の陣営からも絹

---

126)　桜田『高分子化学とともに』（注4）、93頁.
127)　櫻田一郎「純合成繊維の出現とナイロン」『ナイロン』（注125）、1-41頁所収、引用箇所は40頁.
128)　桜田『高分子化学とともに』（注4）、108頁.

に挑戦する勇氣の有るものが出現し得ることが示された。現在の Nylon は絹に敗れても科學的に其陣容を樹て直す事は不可能でない。また假に Nylon は壞滅するとしても、純合成纖維の陣營は合成化學とコロイド化學を總動員して第二第三の新鋭を絹に對して送る事が出來る。我々は此新鋭に注目すると共に、此陣營から啻に絹に對してのみならず木綿や羊毛に對しても是と堂々と戰ひ得るもの、新しい天地を開發し得るものを見出さなければなられ。其時こそ純合成纖維の陣營は我々のこよなき味方である[129]。

もう一つの重要な意味は、高分子化学の基礎研究によって応用を実らせたデュポン社の研究手法である。桜田は1939年5月発行の『科學知識』に書いた「合成纖維ナイロン」と題する記事を次のように結んでいる。

最後に我々として見逃すことの出來ない重要な點は、このナイロンの發明がカロサース及その共同研究者の十年間に亘る倦まざる純學術的の研究が一營利會社に於て行はれたといふことである。この事を眞に理解するならば、ナイロンの出現は我國の絹に對す宣戰の狼火でなく、「持たざる國日本」が「持てる國日本」へ堂々進軍する際に加へられた鞭であり拍車である[130]。

ナイロンは化学工業に果たす純学術的研究の役割を再認識させた。喜多源逸も次のように述べた。

ナイロンの出現は種々の教訓を與へる。其内でも最重要な事は純學術的研究の必要を知らしめた事と思ふ。此發明は單なる思付きでなく、學術的基礎の上に立ち多年の研究によって遂げたものである。……〈中略〉……
今日我國に最も必要なものは技術の獨立である。之なくしては將來國家の隆昌は期し難い。それには科學研究の基礎を強化する必要がある。而して其

---

129) 櫻田「純合成纖維の出現とナイロン」(注127)、40-41頁.
130) 櫻田一郎「合成纖維ナイロン」『科學知識』(1939.5);『纖維化學教室より』(注4)、83-98頁所収、引用箇所は98頁. 同「合成纖維ナイロンについて」『化學評論』5巻、8号(1939):409-419も参照.

136 | 第3章 繊維化学から高分子化学へ

　　根本は人にあるから、眞摯有爲な學究者を求める事が當面の問題である。ナ
　　イロンの出現は斯かる問題の緊要性を我々に提示する[131]。

　ナイロン出現にみる研究開発のプロセスは、喜多が京都帝大の工業化学科に植
え付けてきたスタイル、すなわち自由に基礎研究を遂行させる環境を与え、その
成果を工業化へ繋げてゆくという手法を見事に例証していたのである。

8　合成一号と李升基

　レーヨン大国であり、かつ生糸生産世界一の当時の日本において、しかも桜田
のようにナイロンは絹に優らないとする意見がありながらも、日本の繊維化学者
たちの多くは、その後堰を切ったように合成繊維研究の道へ進んでいく。この変
化を理解するには、もう一度、戦時統制経済下にあった当時の日本の社会状況を
思い起こす必要がある。

　桜田がドイツ留学から帰国した 1931（昭和 6 ）年に満州事変、翌年には上海
事変が勃発し、満州国の建国が宣言された。1933（昭和 8 ）年、日本の軍事行動
と正当と認めなかったリットン報告書の採択に反対した日本は、国際連盟を脱退
し孤立化への道を歩むことになる。1937（昭和 12）年に蘆溝橋事件から日中戦
争が始まり、日本は全面戦争の時代に突入していった。 6 節に述べたように、日
豪通商交渉の決裂以後、日本は繊維国策としてスフ工業を発展させ、綿花や羊毛
の輸入を減らして貿易上の均衡を図ろうとした。日中戦争勃発直後の 1937（昭
和 12）年 10 月には、羊毛製品に対して人絹のスフ 2 割、12 月には綿製品に 3 割
の混用規則が施行された。翌 1938（昭和 13）年 3 月に国家総動員法が成立する
と、国民生活はますます規制されるようになった。同年 7 月には、ついに純綿の
国内用品製造が禁止された。当時の百貨店の記録によれば、「生活面にひしひし
と窮屈さが加わり、衣料品では、まだ開発途上のスフ類が急に実用に供されるよ
うになったが、その質が劣弱で、靴下でも、タオルでもスフ物はすぐ破れるため、
綿製品をほしがる人々の、純綿漁りが随所に見られた」[132]。企業や大学でスフの
品質を改良する研究は行われていたが、すぐにそれらの成果が実際の生産現場に

131）　喜多源逸「ナイロンの出現―序にかえて―」『ナイロン』（注 125）、表頁.
132）　大丸二百五十年史編集委員会編『大丸 250 年史』（大丸株式会社、1967）、373 頁.

活かされるまでには至っていなかった。こうした中で、アメリカでナイロンの発表があり、日本の繊維研究者たちは合成繊維に新しい活路を見出し始めたのであった。

　セルロース化学、高分子化学における基礎研究の豊富な体験をもっていた桜田にとっては、レーヨンから合成繊維への研究の転換は難しいことではなかったに違いない。実際、それまでの知識やノウハウは彼の合成繊維開発研究に大いに役立つことになるのであり、ここには明らかな連続性が見出される。桜田の下で合成繊維の研究に取り組むことになるのは李升基と川上博であった。李は桜田の推薦により1938（昭和13）年7月に助教授に昇進し、化研所員を兼任した。川上は岡山県立工業学校応用化学科を卒業し、1937（昭和12）年から京都帝大化研に入所し、李の研究補助者となった。

　研究室で李や川上と親しかった同僚に近土隆がいる。彼は1935（昭和10）年に川上と同じ岡山県立工業学校応用化学科を卒業後、翌年9月から京都帝大の「小使兼職工」という身分で化研喜多研究室に雇用された。1938（昭和13）年9月に応召し、中国（北支）戦線に砲兵二等兵として出兵し、1940（昭和15）年8月に上等兵となって帰還し復職した。この間に李、川上を含む喜多研究室の師や同僚が戦地の近土に宛てた書簡が近土家に残されており、この時期の状況や思いが率直に綴られているので、以下に本稿に有用と思われる箇所を紹介する。

　1939（昭和14）年1月、川上は近土に手紙で李升基の学位取得を伝えた。

　　研究室の李、隅田［武彦］両先生をはじめ大塚［良子］はん、中西［壽子］はんに至る總ての銃後の研究員は健康です。毎日自分の職場［ママ］努力してゐますから御安心下さいませ。李先生も一昨日（十四年一月十七日）愈々博士です。規定の事実で驚く可き事でわ［ママ］ありませんが何分にも嬉しいニユースであると思ひますし然して助教授は大分前からです[133]。

　李の学位取得は同僚や後輩たちから暖かい祝福を受けた。それは新聞で報道されるほどの出来事であった。1月17日の『大阪朝日新聞』は、「半島同胞學徒の

---

133)　川上博から近土隆宛書簡、1939年1月19日付、近土家（京都市）所蔵. 大塚良子、中西壽子は当時、研究補助として化研に勤務していた.

138 | 第3章 繊維化学から高分子化学へ

苦節八年の眞摯なる研究が酬いられ戰時日本の躍進化學を背負ふ工學博士の學位が十六日授与された。……〈中略〉……半島同胞の工學博士は日本では最初である」として写真入りで伝えている[134]。

2月に川上が近土に宛てた手紙にはナイロン出現のニュースが書かれている。

　　繊維化学も目覚ましい發達を遂げつゝあります。最近最も注目す可き研究は "Nylon" の出現であります。アメリカ人カローザス氏の發明に成る物にてカローザス 10 年の研究より合成繊維を作りました。然るに天は彼を助ける事無く研究の前途を見極はめずして神の國に旅だったのであります。"Nylon" は今や世界繊維工業界の話題であります。斯かる "Nylon" とは如何なるものか？　合成繊維であり原料は Wasser、Luft、Khole で、その強度 2 〜 5 g/D、伸度 30％あり、弾性あり、防水性あり、柔軟性あり、總ての点に於て人造絹絲否天然絹絲も及ばざる好條件をもつてゐます。唯缺点と考へられるのは染色性であり然し之れも解結 ［ママ］ されたと報じられてゐます。僕は餘りよく知りませんがその内研究して見る豫定ですからその時は充分説明出来ると思ひます[135]。

近土は李に学位取得のお祝いの手紙を書いた。3月に李が近土に宛てた返信には、当時の研究室の様子や、酢酸人絹の工業化のこと、そしてナイロンの話が出てくる。少し長いが、ここに全文を引用する。

　近土隆　兄
　拝復
　本日御手紙有難く拝見致しました。過分の御祝詞を戴き誠に有難う存じます。戦地に居られる兄の事を考へる時研究室一同のもの暖い部屋で研究とは申しながら何時も本当に恐縮の氣持で一杯です。なんと云つても戦地の苦勞は

---

134) 「半島同胞から初の工學博士　李升基博士の研究に凱歌」『大阪朝日新聞』1939 年 1 月 18 日．理学博士は、1931（昭和 6）年に京都帝大理学部化学教室の李泰圭が学位論文「還元ニッケルの存在に於ける一酸化炭素の分解」を提出して取得している．

135) 川上博から近土隆宛書簡、1939 年 2 月 24 日付、近土家所蔵．

我々の想像の出來かねる生死を超越した境地です。その神聖な莊嚴な場面を想ひ浮べる時兄の武運長久を更に祈らずには居りません。益々御元氣で御□［ママ］の爲御働き下さい。研究室は昔と同じですが例の工場の酢酸人絹は宮川毛織（伊藤氏）で今春から工業化する事になりました。先づ楽しい結果の一つです。隅田［武彦］先生益々御元氣、近頃は捲縮スフの研究に専念して居られます。平林［清］兄はやはり捲縮ですがモデル絲を作りガラス纖維も羊毛の樣にちゞらす事が出來ました。氏の兄上樣がなくなられ只今帰省中です。小生の研究は相変らず同一問題ですが、四月から大体すつかり変へるつもりです。米□で今頃石炭と空気から純合成纖維 Nylon なるものを発表し我□の絹をノック、アウトし樣と云ふのです。この絲は従来の絲と異ひ［ママ］強度 4-5 g/d と云ふ絹よりも強い絲なのです。伸も 20-30％です。彈性ものすごくよし。こんなものですから今この「ナイロン」で纖維界は特に製絲業者はあわてで［ママ］居る感がします。勿論方々の会社、研究所で續々とやるらしいが四月から小生これをやらされるかも知れません。全く有機［化学］ですから一寸と困りましたがなんとかやります。兄の武運長久をもう一度祈ります。

敬具

三月十三日
　　　　李升基　生[136]

　このように、李も川上もナイロンを絶賛し、自分たちのこれからの研究も人絹から合成纖維へ転換するであろうことを予感していた。

　実際、日本化学繊維研究所でも春から本格的に合成纖維の研究を開始することになり、桜田は喜多と相談した結果、ナイロン関係の研究は有機合成の小田良平のグループが担当し、桜田のグループはビニル系統の合成纖維の研究を進めることになった。後者のテーマは、李升基がそれまでポリ酢酸ビニルの均一系におけるケン化（エステル類を加水分解して酸とアルコールにする反応）機構の基礎研究を行っていたことが契機になった。ポリ酢酸ビニルを完全にケン化すればポリビニルアルコールになる。ポリビニルアルコールを原料に選んだ理由は、第一に、

---

136)　李升基から近土隆宛書簡、1939 年 3 月 16 日付、近土家所蔵.

140 | 第3章 繊維化学から高分子化学へ

セルロースと同様に水酸基を多数もつので、化学反応性が大きく、（マルクの論文によれば）分子間力が大きくなる。したがって、強い繊維能をもつであろうと予想された。また、水酸基を多くもつというセルロースとの類似性から、人絹の研究蓄積をもとにして諸々の実験が可能である。第二に原料のポリ酢酸ビニルの入手が可能であったこと、第三にポリビニルアルコールは水に溶けるので湿式紡糸ができることなどである[137]。

　実験は李と川上が紡糸を含む主要部分を担当し、岡村誠三が原料の重合反応を担当した。当初はポリビニルアルコールに染色性をよくする目的でアミノ基を導入することを企てたが、7月になってもうまくいかなかった。10月に予定されている化学繊維研究所の講演会までには、「合成繊維に関するなんらかの新しい研究成果を得たい。講演会目あての研究は邪道であるが、そのころ私たちの研究の目途は、基礎的な面は春と秋の理研の講演会、なんらかの実用に結びついた成果は秋の化学繊維研究所の講演会というようにきまっていた」と桜田は回顧する[138]。急がねばならないので、アミノ化を断念し、もとのポリビニルアルコール自体から繊維をつくることに方針を変えた。

　ポリビニルアルコールを水に溶かし、その溶液から紡糸して繊維をつくることは、ヴィスコースの装置や凝固浴をそのまま利用できた。また、岡村の大豆蛋白質繊維の研究にヒントを得て、後処理としてホルマリンを作用させる（ホルマール化）ことにより、水に不溶性にすること（硬化処理）が期待された。さらに、桜田と谷口政勝（1932年工業化学科卒業）らがすでに行った酢酸セルロースに

---

137)　合成一号（後のビニロン）の研究・開発の経緯については、次の文献を参照．桜田一郎「今日と明日をつなぐ糸：ビニロンの回顧（その1～3）」『化学工業』19（1968）：その1：103-110（注56）；その2：209-217；その3：313-320；209-217；同『高分子化学とともに』（注4）、93-108頁；同「研究回顧（7）ビニロンの発明」（注4）；同「高分子科学を築いた人々第3回　ビニロンの誕生」（注4）；川上博「ビニロン外史"合成一号A"時代」『高分子加工』18（1969）：264-268；「ビニロン外史"合成一号B"時代（1）」：329-332；「ビニロン外史"合成一号B"時代（2）」：391-394；湯川啓次・田村敏雄「ビニロン工業の発祥―国産初の合成繊維の足跡―」『きんか』第64巻、第3号（2012）：1-4．岡村誠三編『独創性開発のケース・スタディー―合成繊維ビニロンについて―』（財団法人二十一世紀文化学術財団、1980-1982）は、合成一号の発明からビニロン工業化までが総括的に分析されている．

138)　桜田「今日と明日をつなぐ糸―ビニロンの回顧（その1）―」（注56）、110頁．

関する研究から、繊維状のまま高分子反応を進行させうることが分かっていたので、ポリビニルアルコールのホルマール化処理の際も繊維状のままで処理する方法が適用された。この方法で、ホルマリンを3段階に分けて処理することによって硬化処理が可能であることが確認された。かくして、日本化学繊維研究所の第4回講演会の半月前にとりあえずの完成を見た。桜田は、講演会の前に来た新聞記者の命名の求めに応じて、この繊維を「合成一号」と名付けた。後のビニロンである。

10月4日に綿業会館で行われたこの講演会では、塚原厳夫が以前に行っていたポリスチレン繊維などの研究を「合成繊維に關する研究」第一報とし、李のポリビニルアルコール繊維の研究結果を第二報として発表した。この中で李は、この新繊維をナイロンと比較して、乾燥強度、乾燥伸度には大差ないこと、ヤング率はナイロンより優れていること、弾性度はナイロンの方が大きいが紡織繊維としてそれが重要かは疑問であること、染色性はナイロンよりよいこと、軟化点はナイロンがはるかに高く「この點に關し將來研究する必要がある」こと、在来のヴィスコース式人絹製造と同じ湿式紡糸法がそのまま使えることがナイロンより有利であることなどを報告した[139]。

新聞は李を合成一号の発明者として一斉に報道した。『大阪朝日新聞』は「"ナイロン"顔負け　戦時下『新繊維』に凱歌！　半島出身學徒が發明」という見出しでこのニュースを報じた[140]。

『京都日日新聞』は「吹飛ぶ"羊毛飢饉"　ナイロン凌ぐ驚異の新繊維　京大李助教授の發明」という見出しで報じた[141]。この時化研研究員の小林恵之助は戦地の近土に宛てた手紙で、「李さんは例のPVA［ポリビニルアルコール］繊維で仲々景気よく、ラヂオ講演迄さされる［ママ］程の（といってもあの訛りと早口で、何をしゃべったのか安受信機では珍プン漢プンでしたが）賣レッ子です」と面白おかしく伝えている[142]。報道は、李を発明者と特定しながらも共通して、「喜多源

---

139)　李升基「合成繊維に關する研究（第2報）」『日本化學繊維研究所講演集』第4輯（1939）：51-69、引用箇所は68、69頁.

140)　「"ナイロン"顔負け　戦時下『新繊維』に凱歌！　半島出身學徒が發明」『大阪朝日新聞』1939年9月29日.

141)　「吹飛ぶ"羊毛飢饉"　ナイロン凌ぐ驚異の新繊維　京大李助教授の發明」『京都日日新聞』1939年9月29日.

第 3 章　繊維化学から高分子化学へ

図 3-7　合成一号発表当時の報道
『大阪朝日新聞』1939（昭和 14）年 9 月 29 日付。
李升基の名前が李竹基と誤記されている。

逸教授、櫻田一郎両博士指導下に助教授李升基博士が中心となり」完成したという位置付けをしている[143]。李自身もこの点については謙虚であり、上記発表報文では、「本研究は喜多、櫻田両先生の御指導のもとに行つたのであつて此處に厚く感謝致します。尚實驗に協力された塚原、川上、吉増［欽太］、中西諸君にも心より感謝する次第であります」という謝辞を入れている[144]。また、その後新聞紙上に掲載された李のインタビューでも、「なほ合成一號は喜多、櫻田両先生をはじめ、多くの同僚の御指導によつてできたもので、決して私一人の功績ではない」という断りを入れている[145]。

---

142)　小林恵之助から近土隆宛書簡、1939 年 12 月、近土家所蔵.
143)　『京都日日新聞』1939 年 9 月 29 日（注 141）.
144)　李「合成纖維に關する研究（第 2 報）」（注 139）、69 頁. 吉増欽太は川上、中西と同様に、当時化研の研究助手であった.
145)　李升基「日本の新化織　合成一號　PC やナイロンに優る性能」（談）『大阪朝日新

8　合成一号と李升基 | 143

　翌年1月に李が近土に宛てた手紙には、合成一号について次のように書かれている。

　　武運長久を祈ります。
　　御手紙有難う存じます。益々御元気で働いて下さい。私達も一生懸命になります。合成一號の事有難う。川上君と吉増君と中西君との合作です。割合によいです。たゞ60℃位の温水に接しすぐにちゞむのが缺点です。今これが[ママ]改良に全力を集中して居ります。サンプル入れて送ります。どうぞ見て下さい。強いでしよう。湿／乾が60％もあります。これから化繊は益々充實して行きます。今度カイセン[ママ]する時はきつと氣持よく一緒に仕事することが出來ると思ひます。
　　敬具
　　　一月十三日
　　　　　李升基　生[146]

　ここにも書かれているように、合成一号は水で湿らせると軟化点が低下し50〜65℃になるという欠点があった。その後の1年間の研究で見出した解決策には、5年前に桜田が淵野桂六と行ったX線図を用いた水セルロース（結晶水を含むセルロース）の一連の研究が着想の糸口を与えた。水セルロースの場合と同様に、ポリビニルアルコール繊維を一度熱処理すると水が脱出し、結晶領域には二度と入り込まないと桜田は考えた。その結果、紡糸されたポリビニルアルコール繊維を乾燥後高温で一度熱処理し、その後でホルマリン処理することにより温水に浸しても縮まないことが分かった。この方法で耐熱水性が向上した繊維を「合成1号B」と名づけ、李は1940（昭和15）年10月9日の日本化学繊維研究所の第5回講演会の講演「合成一號に關するその後の研究経過」で発表した[147]。『京都日日新聞』は、「世界一の新繊維　京大李博士にまた世紀の凱歌　輝く『新合

———————————

　　聞』1939年11月2日.

146)　李升基より近土隆宛書簡、1940年1月13日付、近土家所蔵.

147)　李升基・川上博・人見清志「合成一號に關するその後の研究経過」『日本化學纖維研究所講演集』5輯（1940）：115-138.

図 3-8　京都帝大の喜多一門
1939（昭和 14）年暮、京都帝大の楽友会館にて。合成一号発表から約 2 ヶ月後。中央に着席しているのが喜多源逸、その左が桜田一郎、その左が李升基。喜多の右側一人おいて富久力松。『喜多源逸先生への便りと写真　岡村誠三先生傘壽記念』第 15 回谷口コンファレンス実行委員会（1994）所収。

成一號B』」という派手な見出しでこれを報道した[148]。

　その後、桜田のグループは一丸となって関連分野の基礎研究を積み重ねていった。ポリ酢酸ビニルからポリビニルアルコールの製造に関する基礎研究（岡村誠三、道晩繁治、鳥居敬らが実施）、紡糸や後処理に関連した基礎研究（桜田一郎、李升基、岡村誠三、川上博、長井栄一、金原康助、道晩繁治、隅田武彦、朝枝孝、山下隆男、人見清志、淵野桂六、竹城富雄、陶山英成、上月栄一、山本晃、安武侑、辻和一郎ら）、合成一号の物性に関する基礎研究（桜田一郎、李升基、陶山英成、上月栄一、辻和一郎、今井政三、森昇、廉成根、安武侑、淵野桂六、平林清ら）など、合成一号に関して考えられるあらゆる観点からの基礎研究がなされた[149]。今西幸男はこれらの基礎研究を総括して、「桜田教授を中心とする研究グループにおいて、多くの研究者が生み出した研究成果や知見をお互いに利用し合って、問題点を一つ一つ克服しながら、より精密な分子を設計し、高度な技術

---

148)　「世界一の新繊維　京大李博士にまた世紀の凱歌　輝く『新合成一號B』」『京都日日新聞』1940 年 10 月 9 日。
149)　今西幸男「第 2 章　基礎研究」岡村編『独創性開発のケース・スタディー』（注 137）、19-46 頁。

を生み出していった様子がうかがわれる」と書いている[150]。

9 繊維化学科、合成繊維研究協会、「大阪・中之島の陣」

　1941（昭和16）年には制度上重要な展開が二つあった。一つは繊維化学科の創設であり、もう一つは日本合成繊維研究協会の設立である。1903（明治36）年から1938（昭和13）年4月までの京都帝大の工業化学科の卒業生519名のうち、2割以上の119名が繊維工業会社に就職していた[151]。こうした現状を鑑みて、喜多は繊維化学科を工業化学科から独立させ教育体制の拡充を図ることを構想し、1938（昭和13）年11月、京都帝大総長に働きかけてその創設委員会を立ち上げた。創設委員会の委員長には京都帝大総長が就き、委員に工学部長、工業化学科からは喜多、中澤良夫、桜田、堀尾正雄、それに大学書記官が名を連ねた。同委員会では、国策としてのスフ等の化学繊維生産の拡大強化が促進されている状況下でそれを担う技術者のニーズが高まっていること、そして「繊維化學ハ急激ナル高分子化學ノ發展ニ伴ヒ應用化學ノ一部門タルノ體系ヲ備フルニ至」っていることなどから、大学において適切な専門教育を施し、国家有為の「繊維化學高級技術者」を養成することが急務であること、そしてそれには全国大学中「繊維化學ニ關スル研究業績最モ多ク」且つ卒業生の多くを繊維工業界に送り出している京都帝大が最も相応しいことが主張された[152]。学外から寄附金を募集し、最終的に趣旨に賛同した企業17社（伊藤萬商店、東洋紡績、大日本紡績、帝国人造絹糸、鐘淵紡績、伊藤忠商事、呉羽紡績、福島紡績、福島人絹、倉敷絹織、日本毛織、日本レイヨン、明正レイヨン、新興人絹、東洋レイヨン、東邦人造繊維、富士瓦斯紡績）から35万円以上の寄附金を受けた。一学科を創設するための建物、設備、図書などに充当するのに十分な額であった[153]。

　喜多は1940（昭和15）年度に学科の開設を期待していたが、大蔵省の査定の

---

150)　同前、41頁.

151)　堀尾正雄「繊維化学教室が生まれるまで」、京都大学工学部高分子化学科編『繊維化学教室・高分子化学教室創設史』（京都大学工学部高分子化学科、n. d.）、1-12頁、3頁.

152)　京都帝國大學工学部繊維化學科創設委員会「事業報告」（昭和18年3月）、前掲書に資料として再録、引用は1頁.

153)　同前、10-12頁.

146 | 第3章　繊維化学から高分子化学へ

結果、同時に概算要求が出されていた化学機械学科のみが認可されることになった[154]。しかし、政府も大学および産業界の熱意に応じて認可を認め、当初の計画より1年遅れて、1941（昭和16）年4月、日本の大学では最初の繊維化学科（定員15名）が誕生した。寄附金によって官立大学に新学科が設置されたのも初めてのことであった。工業化学科の第四講座を繊維化学科に移管し、第一講座（繊維化学・高分子化学・応用コロイド学）として桜田が担当した。加えて、新設の第二講座（人造繊維・天然高分子化合物・パルプ・紙）を堀尾が担当、第三講座（合成高分子化合物・重合反応）を桜田と堀尾が分担（後に岡村誠三が担当）し翌年に第四講座（繊維物理・繊維機械）が増設され藤野清久が担当した。学科の建物としては、本部構内北部に実験室建物と西部構内に教室建物が建てられた[155]。

　繊維化学科では、桜田研究室が華々しく合成繊維、合成高分子の分野に研究対象をシフトしていった一方、堀尾研究室では京都学派の伝統的テーマであるヴィスコース法レーヨンの研究を続行した。「二浴緊張紡糸法」は、堀尾が中心となって開発したレーヨンの繊維強度を著しく向上させる紡糸技術で、大きな実用的成果の一つとなった[156]。堀尾はまた、戦後間もなく近土隆とともに、ヴィス

154）　化学機械学科の設立に重要な役割を演じた亀井三郎の手記によれば、亀井が海軍技術嘱託であったことから、海軍省が文部省に化学機械学科の必要性を説いて早急の設置を求めたという．同一大学に同時に2学科の新設を認可することを躊躇した文部省は、この働きかけにより化学機械学科の設置を繊維化学科に優先させた．なお、化学機械学科は1961（昭和36）年に化学工学科と名称変更した．化学工学教室四十年史編纂委員会編『京都大学工学部化学工学教室四十年史』（京都大学工学部化学工学教室洛窓会、1983）13-14頁；京都大学七十年史編集委員会編『京都大学七十年史』（京都大学、1967）721-723頁．

155）　同学科の創設については、『繊維化学教室・高分子化学教室　創設史』（注151）のほか、桜田『高分子化学とともに』（注4）、115-117頁；堀尾「喜多源逸先生と繊維化学」（注14）、178頁も参照．

156）　「喜多源逸及び共同研究者のヴィスコースに關する研究」第99報の堀尾正雄・永田進治「二浴緊張固定紡絲法の基礎」『工業化學雑誌』第46巻（1943）：706-708に発表．堀尾はこの研究を倉敷絹織在職中の1936（昭和11）年から開始したとみられる．彼は1928（昭和3）年工業化学科を卒業（福島郁三研究室）後、大学院生としてカール・ラウエル講師（Karl Lauer）に師事し、また理学部物理学科の木村正路教授に分光学の指導を受けた．1935（昭和10）年倉敷絹織に入社したが、1938（昭和13）

コース・レーヨンおよび羊毛の縮れ、すなわち捲縮の機構を解明したことでも知られる[157]。

　上記の創設委員会の設置理由の引用文からも分かるように、繊維化学科は繊維を中心としながらも、勃興しつつあった高分子化学の教育研究を最初から射程に入れていた。桜田が起草し、学生募集の際に掲げられた「繊維化學科設立主旨」にも、「最近ノ有機合成化學ノ精華タル合成繊維、合成ゴム、合成樹脂等ノ基礎ヲナス高分子物ノ化學ハ繊維化學ヲ中心トシテ發達シタモノデアリ、是等ノ學問並ニ工業ノ發達ニ伴ヒ、繊維化学ガ益々重要性ヲ認メラレルヤウニナツタノハ當然デアル」としてこの方面の高級技術者の養成を謳っている[158]。

　このような動きのなか、財団法人日本合成繊維研究協会が1941（昭和16）年1月に発足した。合成繊維工業技術の完成に向かって「繊維技術総動員」を提唱した荒井渓吉が商工省を動かして設立された産官学共同の機関であった[159]。協会の経営は、民間（繊維会社・化学会社20社と1協会）からの寄付金約300万円、政府補助金年額30万円をもってなされた。設立の趣意書には、「各方面ノ技術知識経験ヲ統合シテ」合成繊維の研究に当たることが必要であり、「学界実業界各方面ノ力ヲ合セ」研究から企業化まで促進することが謳われている。戦時下の技術統制の流れと相俟って、各大学、企業が個々ばらばらに研究・開発するのでは

　　年に喜多に京都帝大に呼び戻され、繊維化学科開設と同時に教授となった．学部学生
　　時代の指導教官は福島郁三であったが、喜多を終生真の師として尊敬していたという．
　　小野木重治「堀尾正雄先生―パルプとレイヨンの研究を中心に―」高分子学会編
　　『日本の高分子科学技術史』（注14）、46-48頁；稲垣ほか編『昭和繊維化学史の一断
　　面』（注21）；小野木重治との筆者とのインタビュー、2006年8月3日（京都）．また、
　　エピローグ参照．

157）　稲垣ほか編『昭和繊維化学史の一断面』（注21）、46-50頁．

158）　「繊維化學科概覽　繊維化學科主旨」『繊維化学教室・高分子化学教室　創設史』
　　（注151）所収；桜田一郎「工学部繊維化学科設置」1941年1月13日、京都帝國大學
　　『官制改正関係書類．昭和16年』、京都大学大学文書館所蔵．

159）　同協会の設立経緯については、古林「日本における高分子化学の成立」（注5）、第
　　5章；日本化学繊維協会編『日本化学繊維産業史』（日本化学繊維協会、1974）第2
　　篇、第4章；井上『ナイロン発明の衝撃』（注5）第5章；井上尚之「高分子産業の
　　オールジャパン体制を造った男―荒井渓吉」『化学史研究』第43巻、第1号
　　（2016）：1-13；桜田『高分子化学とともに』（注4）、108-114頁参照．

なく、官民一致して一団体の下に集約的・効率的に合成繊維の研究開発を行うことが目論まれた。理事長には商工次官、副理事に厚木勝基、喜多源逸、眞島利行（東北帝大教授）、常任理事に桜田一郎、呉祐吉、星野敏雄が就任した。研究室は高槻（京都帝大化研）、大阪（大阪帝大産業科学研究所）、本郷（東京帝大工学部応用化学教室）、大岡山（東京工業大学）に置かれ、八つの分科会が作られた。

　実際の研究・開発は各所において独自の立場で並行的に進められたので、主要大学にある既存の繊維研究部門を寄せ集めた名ばかりの機関に過ぎないといった皮肉も囁かれた[160]。しかし、京都帝大での合成一号の研究は、結果的に大いに拍車をかけられることになる。すなわち、合成一号の研究は同協会の事業の第二分科会（ポリビニルアルコール系繊維）に組み入れられ、協会の資金で高槻の化研敷地内に中間試験工場が設置され、工業化研究が急ピッチで進展することになる。

　桜田は『工業化學雜誌』に「科學動員に對する希望」という一文を寄稿し、時局の研究の協力体制づくりにおける問題点を次のように指摘している。

　　　研究機關の連絡は自主的統制、綜合への過程として必要である。しかし注意すべき事は、是が希望とは逆の方向へ進む事である。連絡された體系へ入つた研究者は容易に他の研究者の研究を模倣することが出來る。現在各種の此様な連絡機關内で模倣の事實を見聞する。是はむしろ研究の重複を推進するやうなものである[161]。

　実際、協会はそれまでばらばらになりがちだった大学・企業間に情報・意見交換の機会を提供する場となった一方で、分科内で同様の研究をする研究者の間で摩擦が生じることもあった。

　鐘淵紡績（以下、鐘紡と略）の矢沢将英は、桜田、李らと同時期に同じポリビニルアルコール繊維の研究を行っていた。両グループの違いは繊維素材でなく紡糸の方法の相違にあった。すなわち、桜田グループの後処理が乾熱式であったのに対し、矢沢グループのそれは湿熱法であった。矢沢らは 1939（昭和 14）年 12

---

160)　例えば、小林恵之助から近土隆宛書簡、1939 年 12 月、近土家所蔵.
161)　櫻田一郎「時評：科學動員に對する希望」『工業化學雜誌』第 43 編・第 3 冊（1940）：149.

月8日に湿熱法による製法の特許を出願し（公告は1942年2月16日）、1940年1月に鐘紡は「カネビアン」という商標を付けた[162]。合成繊維研究協会では、矢沢は李が幹事を務める第二分科会に所属していた。

矢沢が後年行ったインタビュー記録によれば、大阪の中之島講堂で行われた同協会の設立準備のためのある会合で、喜多源逸からカネビアンが合成一号の「まねであるがごとき発言」がなされた。この時、矢沢は立って「先生はどんな根拠をもってそうおっしゃるのか、鐘紡の特許出願がいつやられているのかはご存知ですか。まねかまねでないかということは特許できめるべき問題で、私は合成一号のまねだとは思いません」と反論したという。その場にいた友成九十九が立ち上がって「会社の研究者には公告前には発表の自由がない、矢沢君があれだけ言い切るには、それ相応の根拠があるからだろう」と仲裁役を買って出た。それで喜多は黙ってしまったが、「内心びっくりされていたんでしょうか、あのときの先生の顔色をいまでもおぼえています」と矢沢は回顧する[163]。この会合の正確な時期は不明であるが、協会設立準備の会合の一つということなので、1940（昭和15）年後半から翌年初めの間と推定される。鐘紡の湿熱法の特許が公告されたのはずっと後の1942（昭和17）年2月16日のことであり、当時は喜多をはじめ関係者には特許出願の内容は知られていなかったのである。

東京帝大の関係者は、この論戦に歓声を上げ「矢沢の大阪・中之島の陣」と呼んだ。矢沢は1931（昭和6）年に東京帝大工学部応用化学科を卒業し、指導教授の田中芳雄の推薦で徳山の日本曹達工業に入社した。しかし半年後に恩師に無断で鐘紡に移ったため、立腹した田中から「破門同様」にされていた[164]。ところがこの「中之島の陣」の一件は、田中を大いに喜ばせ、京大の喜多や桜田に対してこれまで「面白くない感情」をもっていた田中や厚木勝基の「東大側が溜飲をさげた」という。「僕はたまたま闘犬の土佐犬の役目をやったわけで、心中わり切れないものが残りました」と矢沢は述懐する[165]。

---

162) 矢沢将英・目黒清太郎・矢島稔・尾沢敏男「ポリヴィニール・アセタール繊維の製造法」特許第153812号、鐘淵紡績、1939年12月8日出願.

163) 「矢沢将英博士回顧談―ビニロン発明当時の思い出―（下）」『繊維科学』（1967.10）：35-39、引用箇所は38頁.

164) 「矢沢将英博士回顧談―ビニロン発明当時の思い出―（上）」『繊維科学』（1967.9）：18-22、引用箇所は19頁.

150 第3章 繊維化学から高分子化学へ

　矢沢にとって「中之島の陣」は東西の学閥争いというよりも、桜田グループとの特許競争の問題であった。矢沢は 1939（昭和 14）年 10 月 4 日の日本化学繊維研究所主催の李の合成一号の最初の講演については、「聞いた記憶はたしかにあります。しかし、あの方法では耐熱水性の糸ができるはずがないということを感じました」と述べている[166]。鐘紡における再生絹糸（屑絹を溶解して紡糸し再生する絹で更生絹糸ともいう）の凝固浴中における加熱処理の経験から湿式熱処理法の着想を得た矢沢は、李の講演からその短所を確信して、その 2 ヶ月後に特許出願を行っていた[167]。

　桜田は、李、川上の連名で合成一号の最初の特許を 1939（昭和 14）年 10 月 2 日に出願した[168]。それは 1941（昭和）16 年 2 月 20 日に公告され、翌年 2 月 2 日にいったん成立したが、ホルマリン処理についてはすでに、ポリビニルアルコールの発見者ヘルマン（Willy O. Herrmann）の文献があると異議を唱えた鐘紡側から無効審判が請求された。終戦直後の 1946（昭和 21）年春に特許庁から無効が通知され、異議申し立てもできたが、通知を受け取ったのが期限後であったため結局無効となった[169]。乾熱法による合成一号 B の製法の特許出願は 1940（昭和 15）年 6 月 12 日であり、鐘紡の湿熱法の特許出願の半年後であった[170]。このように京都帝大より一歩先を行っていた鐘紡は、1941（昭和 16）年末に淀川の再生絹糸試験工場を転用したプラントを完成し、国策的事業の一環としてカネビアンの試験生産を開始した。1943（昭和 18）年に防寒シャツ、靴下、手袋各 800 着が満州の軍に配給されて性能がテストされた。しかし、同年中頃から原料供給

---

165)　「矢沢将英博士回顧談（下）」（注 163）、38 頁．なお、仲裁に入った友成九十九は桜田とはドイツ留学以来の親友であったが、1937（昭和 12）年、東京帝大の厚木勝基の下で繊維素の硝化に関する研究により工学博士の学位を与えられていた．安井「友成九十九博士」（注 45）、34 頁．

166)　「矢沢将英博士回顧談（下）」（注 163）、35-36 頁．

167)　前掲論文、36-37 頁．

168)　櫻田一郎・李升基・川上博「ポリヴィニール・アルコール系合成繊維の製造法」特許第 147958 号、日本化学繊維研究所、1939 年 10 月 2 日出願．

169)　桜田『高分子化学とともに』（注 4）、97-98 頁．

170)　李升基・櫻田一郎・川上博・平林清・人見清志・松岡通禧「耐熱度高きポリヴィニル・アルコール系合成繊維製造法」特許 159234 号、日本化学繊維研究所、1940 年 6 月 12 日出願．

9　繊維化学科、合成繊維研究協会、「大阪・中之島の陣」　|　151

図3-9　日本合成繊維研究協会高槻中間試験場建設の地鎮祭
1946年。左端が桜田一郎、左から3人目が李升基、右端が川上博。桜田一郎「ある化学者の横顔―"合成一号"と彼と私―」『帝人タイムス』44巻、4号（1974）、52頁所収。

元の日本合成化学工業からの樹脂の確保が困難となり、試験生産の段階のまま終戦を迎えた[171]。

　ポリビニルアルコール繊維は、日本合成繊維研究協会が最も力を注いだ研究事業であった。京都帝大では、同協会から40万円の建設資金を受けて高槻の化研構内に200坪の中間工業試験用工場が1941（昭和16）年末までに建設された。設計、機械設備、建設は一括して名機製作所に発注された。

　中間工業試験はチームワークのプロジェクトであった。中間試験場の主宰は桜田で、桜田、李の指導の下、当初は専任職員10名、嘱託員6名を置いた[172]。日本窒素、昭和合成などで試作されていたポリ酢酸ビニルを入手し、それをケン化してポリビニルアルコールを製造する工程からはじめ、紡糸までを試験場で行い、紡績、織布は日本紡績の宮川工場に、染色は東洋紡績で実施した。1942（昭和17）年には2回にわたる予備操業を行い、翌年2月から本操業を行い1ヶ月間の連続生産で850 kgの繊維を得た[173]。同年9月には、これまでの成果を検討した

171）　日本化学繊維協会編『日本化学繊維産業史』（注159）、325頁；「矢沢将英博士回顧談（下）」（注163）、38-39頁．
172）　日本化学繊維協会編『日本化学繊維産業史』（注159）、320頁．

152 | 第3章　繊維化学から高分子化学へ

うえで、倉敷絹織、大日本紡績、東洋紡績、日本レイヨンなどの企業技術者たち
の協力を得て日産1tの合成一号製造プラントの建設計画が立てられた[174]。しか
し、戦局の悪化とともに、資材の入手や原料の供給が不可能になり、具体化しな
いまま中断した。

　予備操業が行われた時には日本はすでに太平洋戦争に突入していた。繊維の研
究が曲がりなりにもしばしの間続行できたのは、一つには日本合成繊維研究協会
の支援があったからであり、もう一つは合成一号の研究を軍の委託研究に組み入
れるようにしたことによる、と桜田は言う。「われわれ研究者としては、少なく
とも私はもっと戦力増強に寄与する研究を行うべきであると考えた。大学として
は、軍から委託したい希望が示され、それが可能であると思った時には協力し
た」と回想する[175]。化学者として軍事物資の供給によりこの戦争に積極的に協力
すべきであるというスタンスは、師の喜多と同様であった[176]。

　終戦までの2年間は、戦局の悪化による資材・原料の不足が、目前にあった合
成繊維の工業化を絶望的なものにしただけでなく、平和産業である繊維の研究そ
のものの遂行が困難になった。軍部は研究成果の全てを直接的な戦力増強に向け
ることを要請した。日本合成繊維研究協会も合成繊維のみを事業対象とすること
が許されなくなったため、1944（昭和19）年3月、高分子化学協会に名称変更
した。同協会がプラスチック、ゴムを含む高分子物質全般に研究対象を広げるこ
とになったのは、こうした外的条件によってであった。それまでの分科会は廃止
され、原料、重合、ポリマーの成形・紡糸および性能に関する研究のための部会
が編成された[177]。繊維原料はプラスチックとして転用することも求められた。例
えば、軍の委託により、高槻の中間試験場でポリ酢酸ビニルから製造されたポリ
ビニルアルコールは合成樹脂として他に送られて厚いフィルムにされ、大きな袋
がつくられた。南方でこの袋に石油を詰めて海に浮かべ、それを船で引っ張り、
日本本土に輸送するのに使われる計画であったが、実現には至らなかった[178]。

---

173)　桜田「今日と明日をつなぐ糸（その3）」（注137）、314-316頁.
174)　前掲論文、317頁. その時に製作された「羊毛様『合成一号』製造工場計画書」
　　　（1942年9月30日）は現在京都大学化学研究所に保存されている.
175)　桜田「ある化学者の横顔」（注63）、54頁.
176)　第1章参照.
177)　日本化学繊維協会編『日本化学繊維産業史』（注159）、320頁.

合成繊維研究協会では年報として『合成繊維研究』を発刊したが、第2巻で廃刊となり、高分子化学協会となって1944（昭和19）年10月に学会誌『高分子化學』を創刊した。アメリカの *Journal of Polymer Science* の創刊の2年前、ドイツの *Makromolekulare Chemie* の創刊の3年前であった。同誌は京都で印刷され、終戦までに6冊（第1巻1-3号、第2巻1号、2/3号、4号）が発行された。戦後も継続して刊行され、1973（昭和48）年まで30巻344号続いた。高分子化学協会は1951（昭和26）年に改組拡充され高分子学会となり、厚木勝基が初代会長に就任した[179]。繊維研究から出発した機関が、結果的に世界でも稀な独立した高分子化学の学会へと変貌したのである。

10　悩める二人の「発明者」

喜多源逸は1943（昭和18）年4月に定年退官した。前年の9月に12年間にわたる化研所長を辞任し、理学部教授の堀場信吉が後任となった。化研の喜多研究室は7月に廃止され、桜田一郎研究室（合成繊維）、兒玉信次郎研究室（人造石油）、小田良平研究室（人造ゴム）が分離独立して後を継いだ。また12月には堀尾正雄研究室（人造繊維）が新設された。発足時の桜田研究室の陣容は、所員が桜田、隅田武彦、李升基、岡村誠三、講師が平林清、助手が川上博、ほかに研究員が14名、研究補助が5名の計25名からなっていた[180]。以後、人員は増え続け高槻にある合成一号の中間試験場は50人近くの人員をかかえたまま終戦を迎えた[181]。基礎研究から中間工業試験まで、この事業に関わった化学者・技術者の総数は「数百名を超す」といわれる[182]。

---

178)　桜田「今日と明日をつなぐ糸（その3）」（注137）317頁．同様の企ては、鐘紡の矢沢も行った．矢沢によれば、南方からゴムと石油の両方を内地に運ぶため、ゴムの袋を作りその中に石油を入れることを軍が考えたが、ゴムは耐油性がないのでポリビニルアルコールのフィルムで袋を作ってゴムの内側に入れるという構想になったという．「矢沢将英博士回顧談（下）」（注163）、39頁．

179)　高分子学会の設立史については、中島章夫「高分子化学の青春時代」高分子学会編『日本の高分子科学技術史』（注14）、61-65頁；岩倉義男「高分子学会の設立」、前掲書、104-106頁参照．

180)　『化學研究所要覽（昭和十七年）』32-34頁．

181)　桜田「今日と明日をつなぐ糸（その3）」（注137）、317頁．

182)　岡村誠三「第1章総論」、岡村編『独創性開発のケース・スタディー』（注137）1

154 | 第3章　繊維化学から高分子化学へ

　戦後、1946（昭和21）年11月に「合成一号公社」が設立され、高槻の建物と設備を使って開発が再開された。1948（昭和23）年に一般名「ビニロン」と命名され、1950年代に倉敷レイヨン（1949年に倉敷絹織から社名変更）、大日本紡績（後のユニチカ）、三菱化成で工業生産が開始された。とりわけ倉敷レイヨンは、社長大原総一郎の社運を賭けた決断と桜田の畏友友成九十九の努力により1950（昭和25）年に他社に先駆けて工業運転を開始した[183]。ビニロンは漁網や産業用資材、制服や作業服などの衣料の用途を見出し生産が拡大された。用途面でナイロンなど他の繊維素材との棲み分けが行われたことも増産の要因となった。

　一方、李升基は、1944（昭和19）年5月に京都帝大教授に昇格した[184]。しかし、1945（昭和20）年の終戦直前、突然憲兵隊により拘留される事件が起きた。桜田はその時のことを次のように回顧する。

　　7月のある日、李先生が憲兵につれていかれたという通知を受けて驚いた。その時か、その後聞いたところによると、李君は高槻の工事場の飯場にひそかに出入して、不穏な画策をしているということがばれたというような話であった。研究室ではそのような話を信じるものはいなかった。
　　李君がつれて行かれた憲兵隊は、驚いたことに大阪の淀屋橋にある、日本化学繊維研究所の創立者の伊藤萬商店の立派なビルを接収して使っている。7月の暑いある日そこをたずねて李君との面談を希望すると、それほどの困難もなく、面会は許された。青白く、顔、手足などがむくんで腫れ上がった姿の李君を今でも思い出す。口数は少なかった。自分のことについてはほとんど話さなかった。捕らえられた米軍の捕虜がやはりそこに収容されていて、ひどい待遇を受けているというような話を、その時聞いたように思う[185]。

──────────

　　-18頁所収、引用は11頁.
183)　安井「友成九十九博士」（注45）；古川安「ビニロンへの道」『繊維と工業』第67
　　巻、第11号（2011）：310-314；兼田麗子『戦後復興と大原總一郎──国産合成繊維ビ
　　ニロンにかけて──』（成文堂、2012）.
184)　李升基人事記録、京都大学化学研究所.
185)　桜田「ある化学者の横顔」（注63）、54頁. 同じ時に拘留された白宗元（ペクジョンウォン）によれば、
　　李と白らが日本の敗戦や朝鮮の独立について議論していたことが憲兵隊に諜報された
　　ために連行されたという. 白『在日一世が語る戦争と植民地の時代を生きて』（注

10 悩める二人の「発明者」 | 155

李は 7 月 22 日に拘留され、8 月 15 日（終戦の日）までの 25 日間獄中にいた。
助手の川上も時々面会に行ったが、「誠にお気の毒であった」と回顧している[186]。
桜田によれば、

　　終戦の日であったと思うが、李君は解放されて、夜おそく、今一人の李〔泰
　　圭〕君と朴〔哲在〕君と三人づれで私の家を訪ねてくれた。李君が無事に帰っ
　　て来たのはうれしかった。健康状態も幾分回復しているように見える三人は、
　　待望の朝鮮の独立に対し、彼らのなすべきことについていろいろなことを考
　　えているようであった。話はそんなことが主であった。誰も昔のことについ
　　ては話し出さなかった。私は私で、敗戦日本の明日を考えなければならな
　　かった[187]。

川上はその後すぐに李を岡山県にある彼の郷里に招き、そこでしばらく静養し
てもらったが、一刻でも早く帰国して祖国再建に力を貸したいと愛国の情を吐露
していたという[188]。

李は 11 月 3 日、京都駅を出発して帰国の途についた。帰国した彼は、ソウル
大学の工科大学教授、学長の職についたが、1950（昭和 25）年朝鮮戦争勃発後、
家族ともども朝鮮民主主義人民共和国（北朝鮮）に渡り、ポリビニルアルコール
の工業化技術の確立を指導した。その結果、1956（昭和 31）年 5 月に咸興・本
宮に「ビナロン」（北朝鮮での名）短繊維年産 2 万 t の工場が完成した。李は科
学院の要職に就き、同国の科学の英雄となった。

李の回想録が在日朝鮮人科学者協会翻訳委員会によって邦訳され『ある朝鮮人
科学者の手記』と題して出版されたのは 1969（昭和 44）年 11 月のことであっ
た[189]。原本はその 10 年ほど前に北朝鮮で出され、当地で毎夜ラジオ放送される

　　61）、131-134 頁参照.
186）　川上博「ビニロン研究のはじまりとポバール会」『ポバール会記録』第 90 回
　　（1987）：37-49、引用箇所は 47 頁.
187）　桜田「ある化学者の横顔」（注 63）、54 頁. 朴哲在は京都帝大理学部物理学科を卒
　　業し、X 線回折の研究で 1942（昭和 17）年に理学博士の学位を授与された.
188）　川上「ビニロン研究のはじまりとポバール会」（注 186）、47 頁.
189）　李升基（在日朝鮮人科学者協会翻訳委員会訳）『ある朝鮮人科学者の手記』（未来社、

ほど評判になったという。前半の章には、苦学しながら京都帝大を卒業後、喜多の計らいで民間委託の仕事を与えられるまでのことが次のように書かれている（ちなみに、日本の大学関係者で実名が出てくるのは喜多のみである）。

　　こうした苦しい日々がつづいていたころ、わたしは卒業論文の指導にあたってくれた指導教授によばれた。
　「卒業もまじかになったが、李君はどうするつもりだね。ちかごろは不景気で就職もむずかしいね。もちろん君は優秀な学生にはちがいないんだが……」と言葉をにごしながら喜多教授はため息をついた。しかしわたしは、そのつぎにつづくはずであった教授のことばがなんであるか分かっていた。それは「──優秀な学生にはちがいないんだが、朝鮮人であるという"罪"のため、採用してくれる所がない──」という内容であることにまちがいなかった。
　　わたしはこのときほど、植民地インテリのあわれな身上について深刻に考えたことはなかった。……〈中略〉……
　「先生、わたしはお金なんかいりません。一日二食でもけっこうですから、先生の研究室にのこしていただきたいのです」
　　こうひとことのべて、わたしは教授の部屋を出た。日本人の学生たちは卒業を前にして、希望に胸をふくらませていた。しかし祖国のないわたしは卒業を前にして、星のない闇夜に砂漠をさまようようなものであった。
　　ああ祖国、祖国、祖国！　……〈中略〉……
　　二月がすぎてなんの音さたもなかった。三月もすでに中旬をすぎた。それでも喜多教授からの連絡はなかった。
　　わたしはおもいきって、もういちど教授をたずねてみることにした。
　「うまくいったよ、君もずいぶん心配したことだろう、あちこちの民間委託の研究対象をさがしてみたんだが、大阪の工英社のアスファルトの研究をたのんできたから、君にはこれをやってもらうことにしたよ」
　　わたしは、地獄で仏にあったようなおもいで教授のことばをきいた。わたしは不覚にも涙をながした。もちろん、アスファルトの研究は、わたしの希

1969).

望にそうテーマではなかった。だが、わたしは教授の親切なあっせんをそのまま受けないわけにはゆかなかった[190]。

　さらに、高槻の化研に移ってから合成一号の発明に至るまでの心情が次のように表現されている。

　　わたしは、はじめて一人で使えるひとつの大きな部屋と、一人の助手をもつようになった。それというのも、一九三八年にアメリカがナイロンの研究成果を発表したからである。……〈中略〉……
　　繊維関係の研究者がいっせいに合成繊維の研究にとりかかった。かれらは急に、わたしの研究に「配慮」をしめすかのようによそおいだした。
　　一年後の一九三九年十月ついに私の研究は成功して、合成一号が世に出る運びとなった。
　　実験室からかちどきがあがるや、日本は全世界に向けて、新しい合成繊維を宣伝しはじめた。これはもちろん、アメリカへの経済的、政治的な反撃となり、全世界への日本化学の示威ともなった。
　　実験室でわたしの手に繊維がにぎられた時、科学者として、創造者としての本能的な喜びがわたしの胸をうった。
　　しかし、そのよろこびもつかの間、わたしは、かつてない空虚と孤独、自嘲の入りまじった衝撃のなかで煩悶していた。
　　東京のラジオは、世界に向けて豪語した。「大日本」の繊維化学は断然世界の先端をきっている、と。
　　わたしは、朝鮮人、李升基だ。だが、朝鮮の存在はひとかけらもない。ただ、「大日本」だけが存在している。いったい、私と「大日本」とどんなかかわりがあるというのか？　とどのつまり、わたしは「大日本」の化学の名をかがやかしめるのに利用されたのだ。このおろか者めが。ああ、朝鮮はいずこにあるのか。朝鮮、朝鮮！　わたしは涙をこらえて家に帰った。
　　妻がわたしの成功を祝って出迎えた。が、わたしの両頬につたう涙をみた妻は、すぐ首をうなだれた。

---

190)　前掲書、14-17頁.

妻も泣き、わたしも声を上げて泣いた。

それより数年前のことだったと思うが、オリンピックのマラソンでわが朝鮮選手が一位と三位をかちとって世界をあっといわせたことがあった。

しかし、そのとき、競技場に掲揚されたのは朝鮮の旗ではなく、おく面もない「日の丸」であった。『東亜日報』と『中央日報』は、わが選手の走る姿を報道し、その胸に付けられた「日の丸」を黒く抹消してしまった。しかし、それがもとで、二紙は停刊処分を受けた。わたしは、このことをある出版物をつうじて知り、涙をおさえることができなかった。だがわずか数年後わたし自身が、まさにかれらが流した涙を流す羽目になった。夜になった。しとしとと降る雨がもの悲しかった。私はタタミをむしりながら、ひと晩中泣きあかした。

朝鮮よ、朝鮮よ、どこへいったのか朝鮮よ！

祖国よ、聞こえるか、遠い異国でお前の息子が泣いているこの声を……[191]。

この手記は、桜田をはじめ化研のかつての仲間たちを驚かせた。喜多や桜田に厚遇され、日本人の同僚たちからも慕われ帝大教授の地位にまで登りつめたあの温厚で誠実そのものの李が、これほど沈痛な言葉で過去を綴るとは思いもよらないことであった。桜田は、「彼の考え方が、このように激烈であったことを知らなかった私やその周辺はまことにのんきであったということになる。恐らく彼が手記に筆をとって書き出してみると、彼の当時の考えが極端に抽出化され、修飾がとり去られたために、われわれの目にはとげとげしく映る部分が残されたのではないかと思う」と書いている[192]。李と親しかった近土隆は、「憲兵にあれだけ痛めつけられれば、自伝に日本のことを悪く書くのも無理はない」と語る[193]。

手記には、日本の知的エリート集団に属していたこと、したがって日本帝国主義に服務したことに対する強い自責の念が表明され、それに対して朝鮮労働党は、李らの知識人は「生活のためやむを得ずはたらいた人々」であって「民族の利益をうりわたす手先としてつかえた」のではないと評価して寛大に迎え入れてくれ

---

191)　前掲書、22-24 頁.

192)　桜田「ある化学者の横顔」（注63）、54 頁.

193)　近土隆、筆者とのインタビュー、2006 年 8 月 3 日（京都）.

たとしている[194]。全編を通して、日本帝国主義、アメリカ帝国主義、韓国政権への非難と、金日成への賛辞など、政治的アピールに満ちているこの「伝記」が、李の本当の肉声を伝えているかは大いに疑問が残るところである。しかし、植民地出身の化学者には、国策的プロジェクト組織の一員として研究を遂行するに当たり、桜田をはじめとする日本人の化学者たちとは全く異なる意識や苦悩があったことを私たちに気づかせる。すでに見たように、日本の新聞は合成一号を朝鮮半島出身の化学者による発明として報じていた。しかし、それは結局日本の繊維国策に奉仕する植民地化学者の快挙として賞賛していたのであった。

　岡村誠三は後年つぎのように桜田の焦慮を綴っている。

　　しばらくして、「桜田はインチキをして私の研究を自分のものにしたのだ」という李先生の言葉が日本に伝わってきたのである。その言葉はたちまち噂となって広まっていった。

　　私は李先生の教室に同居していたからよく知っているのだが、李先生はそんなことを本心から言う方ではない。桜田先生との間柄も、誠に仲の良い礼儀正しい師弟の関係であった。おそらく当時の政治情勢から、李先生はそういう発言を強いられたのだろう。桜田先生はこの噂をはね返すべく、北朝鮮に渡ろうと万策を尽くされたのだが、渡航許可が下りるはずもなく、ひたすら中傷に耐える日々を送られた。

　　だが、そうこうするうちに、噂に実態を与えかねない状況に桜田先生は追い詰められてしまった。合成繊維開発の成功に対して文化勲章が与えられることになったのである。だが、受賞できるのは一人だけ。教授と助教授が共同した研究でなんらかの賞を受賞する場合、教授1名の名で受賞するのが当然のような時代だったが、先の噂があっただけに、桜田先生はほとほと困り果ててしまった。

　　結局、桜田先生は〔1977（昭和52）年〕文化勲章をお受けになった[195]。

桜田が発明を奪ったという言葉は李の手記には出てこないが、もしこの「噂」

---

194)　李『ある朝鮮人科学者の手記』（注189）、108頁.
195)　岡村誠三『科学者の良心』（注109）、159-160頁.

160 | 第3章　繊維化学から高分子化学へ

が本当にあったとすれば、おそらくこの本の中の表現に尾ヒレが付いて一人歩き
したものとも推定される。

　井本立也（大阪市立大学工学部教授）は、戦後公式に李と面会することを許さ
れた数少ない日本人の一人である。井本は朝鮮対外科学技術交流委員会（1965
年設立）の招きで1967（昭和42）年4月に訪朝し、平壌と咸興に計3週間滞在
したが、咸興でビナロン工場を視察した際に李と面談することができた。その時
李は、「ぜひ日本に行きたい。そして桜田先生やたくさんの旧知の方々にお目に
かかりたい。とくに恩師である喜多源逸先生のお墓に詣でたい」と心を込めて井
本に語ったという[196]。その言葉からは、上記の手記や噂の内容との隔たりを感じ
取ることができる。桜田は1975（昭和50）年7月、日朝科学技術協力委員会の
第4次代表団5名のうちの1人として北朝鮮を訪れたが、李升基は病気入院中と
いうことで面会できなかった[197]。大日本紡績（後のユニチカ）に移った川上博は、
1972（昭和47）年から1982（昭和57）年までに4度にわたり延べ約10ヶ月間ビ
ニロンの技術交流のため北朝鮮に滞在したが、やはり病気や外遊とのことで面談
が叶わなかった[198]。李は1996（平成8）年2月8日、長い闘病生活の末に91歳
で死去したとされる[199]。

　桜田はすでに1943（昭和18）年12月、合成一号の研究に対して陸軍技術有功

---

196)　井本立也「二八ビナロン工場覚え書」『高分子加工』16（1967）：420-424、引用は
　　424頁．井本の朝鮮訪問報告はこの他に次のものがある．「印象日記：朝鮮の咸興に
　　て」『化学』22巻、8号（1967）：739-742；「朝鮮の高分子化学工業」『高分子』17巻、
　　192号（1968）：238-239；「朝鮮に旅して」『化学経済』14巻、10号（1967）：73-75.

197)　桜田一郎「キム・イルソン（金日成）総合大学訪問」『高分子加工』24（1975）：
　　284-285.

198)　川上博「恩師李升基先生を偲んで」『科学技術』1号（1996）：49-50.

199)　朱炫墩「李升基先生と私」『科学技術』50号（2005）：89-108、93頁参照．戦後化
　　研に在籍していた朱によるこの講演録は、李についての貴重な情報が含まれていると
　　ともに、桜田と李の関係に対し適切な評価を下している．中條利一郎、筆者とのイン
　　タビュー、2008年6月27日、7月11日（藤沢）から得た情報も参考にした．李升
　　基についてはこの他、任正爀「李升基博士の生涯と研究活動」、任正爀編『現代朝鮮
　　の科学者たち』（彩流社、1997）、8-19頁所収；Dong-Won Kim, "Two Chemists in
　　Two Koreas," *Ambix*, Vol. 50（2005）: 67-84；金兌豪「李升基のビナロン研究と工業
　　化―植民地期の連続と断絶を中心に―」、任正爀編『朝鮮近代科学技術史―開化期・
　　植民地期の諸問題―』（皓星社、2010）388-430頁所収を参照.

章を授与されていた。彼もまたそれが個人ではなくチームへの授賞であるべきと考えていたことは、その時の談話からも知ることができる。

　　今回の貧しい研究が受賞の榮に浴したことは學徒としての感激是に過ぐるものがない。僕は唯恩師喜多源逸先生が造つて置かれたシステムに仲間入りさせて貰つただけの事で、受賞者に僕個人の名が出されたのは心苦しく思つてゐる。研究結實の陰には幾多の協力者の鏤骨の研鑽が積まれてゐるのである。今後の科學技術研究はタクトシステムに依らねばならぬ。即ち研究所と工場が互ひに虚心坦懐に連絡して研究は綜合的に行ふのである。將來は個人受賞といふものは無くなり全部團體受賞になるだらう。また無くせばならぬと思ふ[200]。

　桜田と李が合成一号の発明に主要な役割を果たしたことは明らかであるが、この仕事は全体から見ると個人により達成され得たものではなく、少なくない数の研究者とのチームワークによって初めて成就されたものであった。そのことは当時から李も桜田も公言していたのである。

11　高分子化学の重鎮

　ビニロンは桜田を有名にした仕事には違いないが、日本に高分子化学を導入し、自らこの学問の先端的テーマに挑み続けたことはそれ以上に、この分野の草分けとしての存在感を化学者のコミュニティに示すものであった。1950 年代後半からは放射線重合の研究を主テーマとして追究し、この方面で 200 報以上の論文を発表した。また 1961（昭和 36）年から 7 年間、第 3 代の高分子学会会長を務めた。1967（昭和 42）年に京大を定年退官すると、日本原子力研究所大阪研究所長（1967-76 年）として活躍した。1985（昭和 60）年、自身のポリビニルアルコール繊維研究の総決算ともいうべき英文書 *Polyvinyl Alcohol Fibers* を出版したが、肺癌を患い翌年 6 月 23 日に 82 歳で京都で没した[201]。

200）「戦時科學に殊勲甲　合成繊維の強靭性、羊毛の一倍半　受賞に輝く櫻田京大教授語る」『京都新聞』1943 年 12 月 24 日．新聞記事の読点は句点に変更した．

201）　Ichiro Sakurada, *Polyvinyl Alcohol Fibers*（New York: Marcell Dekker, 1985）.

162 | 第3章 繊維化学から高分子化学へ

　本章では、桜田一郎の生い立ちと業績を中心に、終戦期までの京都学派における繊維化学の研究の展開を考察した。帰国後まで続いたシュタウディンガーとの論争の実態、高分子説を受容した正確な時期とそれを示す講演、桜田以前の「高分子」の語の使用と桜田の採用の経緯、東京帝大の厚木一派との確執、喜多源逸の影響と離反、桜田にとってのナイロン出現の意味、合成繊維への転換の経緯、合成一号の研究の経緯と李升基との関係、わが国初の繊維化学科の創設、日本化学繊維研究所と日本合成繊維研究協会における桜田の位置づけ、ビニロンの発明をめぐる李と桜田の想いなど、今までの桜田一郎に関する研究が詳らかにしていなかった多くの点を明らかにした。

　喜多が京都帝大工学部工業化学科に築いた伝統は、基礎研究重視の工業化研究、物理学などの他分野を摂取する柔軟で自由な気風、産業界との積極的な連携などの特徴をもっていた。本章で見てきたように、桜田はこの伝統を確実に継承した。わが国の人絹工業の萌芽期に、彼は喜多が始めたセルロースを中心とする繊維化学の研究の世界に入り、喜多と理研の計らいで、彼の人生に決定的ともいえる影響を与えたドイツ留学の機会を与えられた。そこで高分子論争に遭遇し、低分子派に与する中でも、彼は溶液粘度、誘電率、X線図などのこの分野の物理化学的な研究手法を身に付けた。帰国後、京都で彼は、李升基、淵野桂六、岡村誠三といった直弟子たちに新しい学問の方法とヴィジョンを伝授し、繊維の基礎研究を遂行した。帰国後もシュタウディンガーとの論争は続いたが、1935（昭和10）年以後は新しい学問分野としての高分子化学を全面的に受け容れ、この学問の旗手として研究活動を展開した。こうして、喜多研究室に始まった繊維化学は桜田のグループにより高分子化学を注入された学問に変質していったのである。

　李の繊維研究が桜田なくして語れないように、高分子化学者としての桜田の大成もまた喜多の存在なくしてあり得なかったであろう。喜多は自分では「新しい学問は判らん」と言いながらも、新しい学問の趨勢を的確に判断し、それに相応しい研究環境を教え子に与え、福井謙一のような優れた量子化学者を生み出した[202]。高分子化学についてもその重要性を認めながら、自らはその学問の研究に立ち入ることはなく、桜田に後を託した。豪州羊毛の不買運動、ナイロンの登場、

---

202)　兒玉信次郎「喜多先生を憶う」『浪速大學學報　故総長追悼號』（1952年7月7日）
　　　5-6頁、引用箇所は6頁.

図 3-10　来日中のシュタウディンガー夫妻
シュタウディンガーは 1952 年に高分子化学の業績に対しノーベル化学賞を授与された。1957 年秋、高分子学会はシュタウディンガー夫妻を日本に講演旅行に招いた。桜田一郎（右端）は同夫妻に同行した。左端は友成九十九。倉敷の大原美術館の玄関前で。高分子学会所蔵。

　国策科学の高揚を背景として、桜田らの基礎研究の成果は酢酸繊維素や合成一号の工業化研究へと展開していった。オーガナイザーとしての喜多は、理研、日本化学繊維研究所、化研、日本合成繊維研究協会などの機関、そして関西産業界とのパイプを最大限に活用して、桜田らの教え子たちにその能力に相応しい地位と仕事を与え、彼らの研究を全面的に支援して京都学派の繊維研究、高分子化学の基礎から応用までの研究を開花させた。
　喜多亡き後、桜田は繊維化学科の重鎮として君臨した。プラスチック時代に突入すると、高分子化学はますます花形学問としての地盤を確保した。繊維化学科は、1961（昭和 36）年に高分子化学科と名称を変え、講座数、学生定員も増加した。桜田が退官するまでに彼の研究室からは約 210 名の卒業生が巣立った[203]。

---

203) Furukawa, "Sakurada, Ichiro"（注 5）、p. 334. なお、工業化学科からも古川淳二、小田良平、そして小田の門下から鶴田禎二、三枝武夫らの著名な高分子化学者が輩出した．エピローグ参照．

164 | 第3章 繊維化学から高分子化学へ

桜田と同学科は、京大を世界有数の高分子化学の教育・研究の拠点とするうえで
決定的な役割を果たしたのである[204]。

---

204) 同学科の国際的評価については、例えば James Lindsay White, "Polymer Programs around the World: The Department of Polymer Chemistry at Kyoto University," *Polymer Engineering Reviews*, Vol. 2, No. 1 (1982): 1 -11 を参照.

第4章

◆

燃料化学から量子化学へ

——福井謙一が拓いた世界——

　私をこの最も魅力ある、しかも最も将来に期待のもてる学問の一つである化学への道へ進ませ、私の生涯を投入するよう導いて下さったのは、私の終生の恩師でありこの［燃料化］学科の創立者である、故喜多源逸先生でありました。

　　　　　　　　　　　——福井謙一、ノーベル賞受賞記念講演（1981 年）[1]

---

1) 福井謙一（藤本博訳）「化学反応におけるフロンティア軌道の役割——一九八一年度
ノーベル化学賞受賞記念講演—」、山邊時雄編『ノーベル賞科学者　福井謙一　化学
と私』（化学同人、1982）、129-161 頁所収、157 頁.

はじめに

「不思議がられる点は、なぜ京大の工学部で、しかも燃料化学科（現在は石油化学科）で量子化学をやっているんだ、ということなんですね」[2]。福井謙一がフロンティア軌道理論に対して日本人として初めてノーベル化学賞を受賞した直後のある座談会で弟子の米澤貞次郎（当時京大教授）はそう述べた。量子化学は物理学の量子力学を化学の諸問題に適用して理論的に説明づける学問分野であり、燃料の研究とは関連があるようには思われないのである。

アメリカ化学会の『ケミカル・アンド・エンジニアリング・ニュース』(*Chemical and Engineering News*) 誌は受賞報道の中で、福井の肩書きを京都大学の「物理学教授（physics professor）」と誤記した[3]。また、1981（昭和55）年にノーベル賞受賞のためスウェーデンに赴く福井夫妻に随行した弟子の山邊時雄（当時京大教授）は、スウェーデン王立科学アカデミーの事務局長をしている数学者にこう尋ねられたという。

　　自分たちは、フロンティア軌道理論が出た 1952 年以降の福井先生のご研究については、よく承知して十分な情報を持っている。しかしそれ以前のことについては、腑に落ちないというか、よく分からないのです。日本の戦後の瓦礫の中で研究され、数学の教師でもなければ物理の教師でもなく、工学部の応用化学の方らしいが、それにしてはフロンティア軌道理論をよく調べてみると、本当に数学や物理学の素養があることが分かるし、一体、どういうことなんだろうかと思っていました。彼は湯川先生の弟子ですか？[4]

その年の 9 月に他界した物理学者、湯川秀樹は福井と同じ京大にいたが、師弟関係にはなかった。福井は京大における研究生活のすべてを理学部ではなく工学

---

2) 米澤貞次郎・永田親義・加藤博史・今村詮・諸熊奎治「師を語る」前掲書 231-250 頁所収、231 頁.

3) "Five Win Nobels for Chemistry, Physics," *Chemical and Engineering News*, vol. 59, no. 43 (1981): 6-7, 該当箇所は p. 6.

4) 福井謙一博士記念行事実行委員会編『福井謙一博士記念行事記録集』（福井謙一博士記念行事実行委員会、1998）7 頁.

部で送った。しかも、燃料化学科という極めて応用的色彩の強い学科に所属していた。なぜそこから、基礎化学中の基礎といえる量子化学の研究が開花したのであろうか。なぜ福井はそこを日本の量子化学研究の一大拠点にすることができたのであろうか。これは誰しもが素朴に抱く疑問であろう。

アメリカの科学史家ジェームス・バーソロミュー（James R. Bartholomew）は「日本における科学と技術の視点：福井謙一の経歴」と題する論文で、福井のケースを科学と技術に関する日本固有の歴史的体験と結びつけて説明している。すなわち、欧米人は伝統的に科学と技術を区別するが、明治以来日本人は西欧の近代科学と技術を厳密に区別することなく受容してきた。理学は自然科学だけでなく技術ないし工学も包含した学問とされた。それは制度にも反映され、東京大学が誕生した際、その理学部には数学・物理学及び星学科、化学科などとともに工学科が含まれていた。京都帝大も創立から長きにわたり理工科大学が存続し、同じ学部で科学者と工学者の養成が行われてきた。工学部に福井のような理学部的な理論家が生まれるということは、こうした日本特有の知的風土を反映していると言うのである[5]。

興味深い解釈であるが、もしそうならばそれは日本全体の問題であり、日本の多くの大学の工学部で福井のような事例が発生してもおかしくないことになる。しかし、実際には福井のようなケースは日本のアカデミズムでも稀なのである。例えば、東大も戦前から戦後にかけて量子化学者を輩出しているが、彼らの研究の場は理学部の物理学科もしくは化学科であり、決して工学部の応用化学科ではなかった。したがって、なぜ京都大学なのかということがまず問われなければならない。

この問いに対する答えは、工業化学における「京都学派」の学風とその時代背景から探る必要がある。本章では、京都学派の一つのユニークな展開として、おおよそ1960年代までの福井謙一による量子化学の研究活動に焦点を当てる。

日本への西欧科学の移入については、西欧に留学した日本人が主導的な科学者

---

5) James Bartholomew, "Perspectives on Science and Technology in Japan: The Career of Fukui Ken'ichi," *Historia Scientiarum*, Vol. 4 (1994): 47-54. *Cf., idem.*, "Fukui, Ken'ichi," *New Dictionary of Scientific Biography*, ed. Noretta Koertge, Vol. 3 (Detroit: Thomson Gale, 2007), pp. 85-89.

から先端の学問を学び帰国後その分野の導入と普及に貢献するというパターンが
ステレオタイプといえる。しかし、福井と量子化学のケースについてはそれが当
てはまらない。福井は若き日に欧米留学の経験はなかった。彼自身の言葉を使え
ば、「私は海外留学の経験の全くない、完全な国産学者である」[6]。学生時代そし
て講師・助教授の時代を戦中、戦争直後にかけて過ごしたため、留学の機会には
恵まれなかったのである。では、彼はいかに欧米で勃興したばかりの量子化学の
学問に分け入り、その分野でノーベル賞級の仕事をなしえたのか。福井とその一
門の研究は、世界の量子化学史においてどのような位置を占めるのか。ここでは、
こうした問いも念頭に置いて、福井の歩んだ道を、彼を取り巻く人々との関係、
学問の環境、学問の流れ、そして時代背景などから精査する。

　資料について触れておく。ノーベル賞受賞者ゆえに、福井の生い立ちと業績に
関する文献は比較的豊富にある。『学問の創造』(1987)、「私の履歴書」(2007)
などの自伝[7]、『科学と人間を語る』(1982)、『哲学の創造』(1996) などの対談集
は情報源として有用である[8]。福井のフロンティア軌道理論に関する主要論文集
も刊行されている[9]。米澤貞次郎と永田親義の共著になる『ノーベル賞の周辺―
福井謙一博士と京都大学の自由な学風―』(1999) には、直弟子の眼から見た福
井の研究活動の経歴が生き生きと描かれている[10]。その他、弟子や化学者による

---

6)　福井謙一「私の履歴書」『私の履歴書―科学の求道者―』(日経ビジネス人文庫、
　　 2007)、119-226 頁、引用文は 171 頁.

7)　福井謙一『学問の創造』(佼成出版社、1984);再版 (朝日文庫、1987)(本書ではこ
　　 の再版を使用);同「わが研究を顧みて」『化学史研究』第 18 巻 (1991):51-63;同
　　「私の履歴書」(注 6);同「『応用をやるなら、基礎をやれ』」『日本原子力学会誌』第
　　 35 巻、第 6 号 (1993):475-481. ノーベル財団の web には、Kenichi Fukui, "Keni-
　　 chi Fukui: Autobiography" (1981) http://nobelprize.org/nobel_prizes/chemistry/
　　 laureates/1981/fukui-autobio.html がある.

8)　福井謙一・江崎玲於奈『科学と人間を語る』(共同通信社、1982);梅原猛・福井謙一
　　『哲学の創造―21 世紀の新しい人間観を求めて―』(PHP 研究所、1996). 山邊編
　　『化学と私』(注 1) には福井の講演録のほか対談録も収められている.

9)　日本化学会編『化学総説 No. 83　福井謙一とフロンティア軌道理論』(学会出版セン
　　 ター、1983). Kenichi Fukui and Hiroshi Fujimoto, eds., *Frontier Orbitals and
　　 Reaction Paths: Selected Papers of Kenichi Fukui* (Singapore: World Scientific
　　 Publishing, 1997).

10)　米澤貞次郎・永田親義『ノーベル賞の周辺―福井謙一博士と京都大学の自由な学風

170 | 第4章 燃料化学から量子化学へ

ノーベル賞受賞の記念特集記事、追悼記事、顕彰記事、評伝記事も少なからずある[11]。異色なものとしては、経営史家による福井の特許を分析した論文もある[12]。

一』(化学同人、1999).

11) 以下、刊行年順に列挙する.「特集　福井謙一先生のノーベル化学賞ご受賞を記念して」『化学と工業』第34巻、第12号（1981）：907-915；「特集　福井謙一博士—その人と業績—」『化学』第37巻、第1号（1982）：1-41; Per-Olov Löwdin, "Advances in Quantum Molecular Sciences—A Tribute to Kenichi Fukui," *Journal of Molecular Structure*, 103（1983）: 3-24; Scott A. Davis, "Kenichi Fukui, 1981," in Frank N. Magill, ed., *The Nobel Prize Winners*, vol. 3: *Chemistry*（CA: Salem Press, 1990）, pp. 1061-1067; William B. Jensen, "Kenichi Fukui, 1918- " in Laylin K. James, ed., *Nobel Laureates in Chemistry, 1901-1992*（Washington. D. C.: American Chemical Society and Chemical Heritage Foundation, 1993）; Istvab Hargilttai, "Fukui and Hoffmann: Two Conversations," *The Chemical Intelligencer*, 1（2）（1995）: 14-18；「特集　福井謙一先生・福井研究室」『燃化・石化・物質同窓会誌』第5号（1997）：24-37；米澤貞次郎「福井謙一先生を偲んで」『化学史研究』第24巻（1997）：314-315；山邊時雄・田中一義・立花明知・長岡正隆「座談会：若手化学者　師を語る—福井先生が遺したもの—」『化学』第53巻、第4号（1998）：18-26；『福井謙一博士記念行事記録集』(注4)；山邊時雄「福井謙一先生を悼む」『日本物理学会誌』53（4）（1998）：288；福田英臣「名誉会員 福井謙一先生のご逝去を悼む」『ファルマシア』34（4）（1998）：383；山邊時雄「福井謙一先生を偲んで」『ファルマシア』34（4）（1998）：383；「追悼特集 福井謙一博士が遺したもの」『化学』第53巻、第4号（1998）：14-39；田中一義「回想 思い出の福井研究室」『化学』第53巻、第4号（1998）：27-29; Roald Hoffmann, "Obituary: Kenichi Fukui (1918-98)," *Nature*, Vol. 391（February, 1998）: 750; Robert G. Parr and Jane B. Parr, "Kenichi Fukui: recollections of a friendship," *Theoretical Chemistry Accounts*, 102（1999）: 4-6; Saburo Nagakura, "Recollecting many years of friendship with Professor Kenichi Fukui," *ibid.*, 7-8; Teijiro Yonezawa and Chikayoshi Nagata, "Prof. Kenichi Fukui 1918-1998: Theoretical chemist who created the fundamental theory of chemical reactivity," *ibid.*, 9-11; 中本一男「福井謙一さんと Nobel 化学賞」『化学と工業』52（3）（1999）：278-280; A. D. Buckingham and H. Nakatsuji, "Kenichi Fukui, 4 October 1918-9 January 1998: Elected For. Mem. R. S. 1989," *Biographical Memoirs of Fellows of the Royal Society, London*, 47（2001）: 223-237; J. Van Houte, "A Century of Chemical Dynamics Traced through the Nobel Prizes, 1981: Furki and Hoffmann," *Journal of Chemical Education*, Vol. 79, No. 6（2002）: 667-669; 山邊時雄「福井謙一博士の人とその学問」『学術月報』55（3）（2002/3）：261-263；米澤貞次郎「化学反応論—福井謙一」『数理科学』42（5）（2004/5）：35-42；細矢治夫「化学 vs 数学、

しかし、既存文献の豊富さとは対照的に、科学史家による福井に関する先行研究は上記のバーソロミュー論文を除いてほとんどないのが現状である。また、量子化学史を扱った研究は近年、海外の科学史家によって次々と発表されているが、奇妙なことに、福井と彼の業績に関する論考、言及は皆無に等しい[13]。本章では、

化学者 vs 数学者、それにちょっぴり教育　第4回　福井謙一と数学（その I）」『化学経済』4月号（2011）：78-82；同「化学 vs 数学、化学者 vs 数学者、それにちょっぴり教育　第5回　福井謙一と数学（その II）」『化学経済』5月号（2011）：106-109；紙尾康作「福井謙一先生の思い出」（2011年8月20日）「技術力向上プロジェクト　紙尾康作氏の技術コラム・レポート（11）」http://www.gijuturyoku.com/doc/doc11.html；田中一義「福井謙一先生ノーベル化学賞受賞30周年、HOMO-LUMO 概念の誕生—フロンティア軌道理論は化学に何をもたらしたか—」『化学』第66巻、第11号（2011）：26-29；「特集　福井謙一先生が遺した言葉と思想—生誕95周年の今、その哲学を振り返る—」『化学』第68巻、第11号（2013）：12-33; Yasu Furukawa, "From Fuel Chemistry to Quantum Chemistry: Kenichi Fukui and the Rise of the Kyoto School," *Transformation of Chemistry from the 1920s to the 1960s* (Proceedings of the International Workshop on the History of Chemistry 2015 Tokyo), (Tokyo: The Japanese Society for the History of Chemistry, 2016): 138-143.

12)　西村成弘「フロンティア軌道理論と産学協同—福井謙一特許の分析—」『社会経済史学』第73巻、第2号（2007）：3-24．この論文の論点については第8節で吟味する．

13)　ギリシア人科学史家 Kostas Gavroglu とポルトガル人科学史家 Ana Simões は、量子化学史の共同研究で多くの論文を発表している．以下は彼らの代表的論文である．K. Gavroglu and A. Simões, "The Americans, the Germans and the Beginning of Quantum Chemistry: the Confluence of Diverging Traditions," *Historical Studies in the Physical Sciences* 25 (1994): 47-110; A. Simões and K. Gavroglu, "Different Legacies and Common Aims: Robert Mulliken, Linus Pauling and the Origins of Quantum Chemistry," in *Conceptual Perspectives in Quantum Chemistry*, ed. J. -L. Calais and E. S. Kryachko (Netherlands: Kluwer Academic Press, 1997), pp. 383-413; *idem.*, "Quantum Chemistry qua Applied Mathematics: The Contributions of Charles Alfred Coulson 1910-1974, *Historical Studies in the Physical and Biological Sciences*, 29 (1999): 363-406; *idem.*, "Issues in the History of Theoretical and Quantum Chemistry, 1927-1960," in Chemical Sciences in the 20th Century: Bridging Boundaries, ed. C. Reinhardt (New York: Wiley-VCH, 2001), pp. 51-74; K. Gavroglu and A. Simões, "Preparing the Ground for Quantum Chemistry to Appear in Great Britain: The Contributions of the Physicist R. H. Flower and the Chemist N. V. Sidgwick," *British Journal for the History of Science* 35 (2002): 187-212; A. Simões, "Chemical Physics and Quantum Chemistry in the Twentieth Century," in *Cambridge History of Science*, vol. 5, *The Modern Physical and Mathematical Sciences*, ed. Mary Jo Nye（Cambridge, UK: Cambridge University Press, 2003）, pp. 394-412. 両者の書いた量子化学の本格的な通史として、K. Gavroglu and A. Simões, *Neither Physics nor Chemistry: A History of Quantum Chemistry*（Cambridge, Massachusetts: The MIT Press, 2012）がある. 同書は 1920 年代から 70 年代までの量子化学史を鳥瞰した好著であるが、論文と同様、福井謙一とフロンティア軌道理論についての言及は全くない.

　他の科学史家による論文に次のものがある. いずれもさまざまの視点から分析した好論文であるが、福井への言及は皆無である. Buhm Soon Park, "Chemical Translators: Pauling, Wheland, and Their Strategies for Teaching the Theory of Resonance," *British Journal for the History of Science* 32（1999）: 21-46; *idem*, "The Contexts of Simultaneous Discovery: Slater, Pauling, and the Origins of Hybridization," *Studies in the History and Philosophy of Modern Physics* 31（2000）: 451-474; *idem*, "A Principle Written in Diagrams: The *Aufbau* Principle for Molecules and Its Visual Representations," in *Tools and Modes of Representation in the Laboratory Sciences*, ed. Ursula Klein（Dordrecht: Kluwer Academic Publishers, 2001）, pp. 179-198; *idem*, "The 'Hyperbola of Quantum Chemistry': The Changing Practice and Identity of a Scientific Discipline in the Early Years of Electronic Digital Computers, 1945-1965," *Annals of Science* 60（2003）: 219-247; *idem*, "In the 'Context of Pedagogy': Teaching Strategy and Theory Change in Quantum Chemistry," in *Pedagogy and the Practice of Science: Historical and Contemporary Perspectives*, ed. David Kaiser（Cambridge, Massacusetts: The MIT Press, 2005）, pp. 287-319; *idem*., "Between Accuracy and Manageability: Computational Imperatives in Quantum Chemistry," *Historical Studies in the Natural Sciences* 39（2009）: 32-62; Jeremiah Lewis James, "Naturalizing the Chemical Bond: Discipline and Creativity in the Pauling Program, 1927-1942"（Ph. D. Dissertation, Harvard University, 2007）; *idem*., "From Physical Chemistry to Chemical Physics, 1913-1941," *Transformation of Chemistry from the 1920s to the 1960s*（Proceedings of the International Workshop on the History of Chemistry, 2015 Tokyo）, （Tokyo: The Japanese Society for the History of Chemistry, 2016）: 183-191.

　邦語で書かれた量子化学史として、やや古いが化学者による次の論説がある. 田辺振太郎「量子化学への動きはじめについて」『化学史研究』第 2 号（1974）: 3-10; 東健一「量子化学 50 年の歩み―有機電子説の発展への寄与―」『化学史研究』第 6 号（1977）: 29-32; 丹羽淳「分子軌道法への大型コンピュータの導入と有機化学方法論の新しい展開」『化学史研究』第 42 号（1988）: 21-28. 上記の東の解説記事に福井の仕事への僅かな言及があるのみである. 吉原賢二は『現代化学』のシリーズ「大正・昭和の化学者たち」の中で福井を取り上げた: 吉原賢二「京都が育んだ量子化学の賢人―福井謙一 ノーベル賞への道」『現代化学』405（2004/12）: 14-19; 同『化

1 化学への道 | 173

関連する一次資料、二次資料を総合的に再吟味するとともに、関係者とのインタビューなどから得られた新知見や新解釈を加えて全体像を構築し、この科学史研究の空白を埋める作業を進める。

1 化学への道

　福井謙一は、1918（大正7）年10月4日、福井亮吉と千栄の3人兄弟の長男として、奈良県生駒郡平城村大字押熊（現在の奈良市押熊町）の母千栄の実家に生まれた。学者の家系ではなく、科学とは無縁といってもいい家庭に生まれ育った。父亮吉の生家は生駒郡井戸野村（現在の大和郡山市井戸野町）で江戸時代は代々庄屋を継いできた。亮吉は1913（大正2）年に東京高等商業学校（一橋大学の前身）を卒業後、貿易会社に勤務した。母の千栄は、奈良県立奈良高等女学校を出て、当時はまだ珍しかったバイオリンを習い、オペラの歌唱を好む女性であったという。田舎住まいを嫌った亮吉は結婚後、仕事の都合を理由に大阪市玉造に出て、謙一が出生した後は同市 岸里 に移り住んだ[14]。

　福井は玉出第二尋常小学校（現在の岸里小学校）で学び、1931（昭和6）年、大阪府立今宮中学校（現在の大阪府立今宮高等学校）に入学し4年間をそこで過ごした。小学生の頃は生真面目で気弱な生徒であった。中学では体育と教練が大の苦手で、鉄棒や跳び箱はほとんどできなかった。教練で足につけるゲートルをいくら試みても上手に巻けず、晩年までその夢を見てうなされるほどであったという[15]。

　好きな科目は国語と歴史であった。母が児童文庫や小学生全集を家に揃えておいたこともあり、小さい頃から本に親しんでいた。中学に入ってから、やはり家にあった夏目漱石全集を読み、漱石の愛読者になった。大和や大阪の郷土史にも関心を持ち、将来は歴史学者になりたいと漠然と考えるようになった。今宮中学で机を並べた友人によれば、福井は「常に抜群の成績でした。しかし、いわゆる

　　学者たちのセレンディピティー―ノーベル賞への道のり―』（東北大学出版会、2006）第6章に再録．次の現代化学史の近著では、福井の研究業績の紹介と位置づけがなされている．廣田襄『現代化学史―原子・分子の化学の発展―』（京都大学学術出版会、2013）491-493頁．

14）　本節での情報は主に福井『学問の創造』（注7）、同「私の履歴書」（注6）による．

15）　福井「私の履歴書」（注6）134頁．

ガリ勉型ではなく、どことなくゆとりのある風格をそなえていました」という[16]。

1935（昭和 10）年 4 月、中学で文科系への興味が深まっていたにもかかわらず、大阪高等学校に入学した時に「ひょいと理科へはいってしまった」と福井は言う。

　　　この［理科へ入った］理由はよくわからないが、私が幼少時代から親しみ接した自然の影響ではないかと想像される。自然の神秘を一本の草にも感じた、というとやや誇張のきらいはあるが、私の長年にわたる自然とのふれあいが、自然科学への道を選ばせたのではなかろうか[17]。

　自然は物心ついた頃から福井の心を惹き付けていた。押熊や岸里の野山に戯れ、雑草の芽を眺めてはそれを集め並べたり、様々な昆虫を採集するのに我を忘れた。中学では生物の同好会に入り、生物採集や観察のハイキングに参加した。あるがままの自然に体で親しんだことが自己形成にも、さらには後の研究にも大きな役割を果たしたことを福井は回想録の中で述べている。

　　　自然はいかに美しいものであるか、同時にいかにデリケートなものであるか。私にとって、自然は「文献」としてあるのではなく、生の体験としてあったわけで、これが後年、化学の新しい理論を考え出すうえで、どれだけ役に立ったかしれないのである[18]。

　科学者として彼が重視した「科学的直感」も幼い頃から自然とじかに触れ合うことによって養われたという。京都で教鞭をとってからも、大学へ出勤する前に欠かさず 1 時間以上かけて北白川の疎水縁にある自宅から比叡山へ至る行者道の往復 6 キロの道のりを散歩することを日課とし、京の野山の移り変わる様を心ゆくまで体感していた[19]。

---

16)　禰宜田久男「誠実な性格、恵まれた環境」、「特集　福井謙一博士―その人と業績―」（注 11）3 頁所収.

17)　福井「私の履歴書」（注 6）138 頁.

18)　前掲書、122 頁.

19)　米澤・永田『ノーベル賞の周辺』（注 10）209 頁.

1　化学への道　｜　175

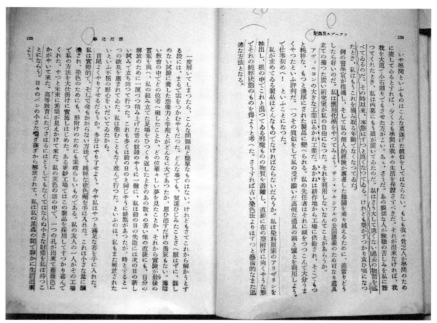

図4-1　福井謙一の手書きの鉛筆マークが入った『ファーブル昆虫記』
（林達夫・山田義彦訳）第二十分冊（岩波書店、1934）。福井家所蔵、著者撮影。

　高校の理科に入ってから「化学の面白みに出会うまで、私はたえずふらふらと進路を決めかねていたようである」と福井は振り返る[20]。課外活動は剣道をやった。真面目に練習に出たので、学期試験の前は疲れてすぐに眠くなるので困った。「それで自然に数学が好きになった。なぜなら、試験勉強する時間がなくても、まあまあなんとかなったからである」と語る[21]。化学は苦手科目であった。数学と違い、暗記物で、複雑かつ理論性に乏しい経験的な学問というイメージがつきまとっていたからである。
　彼はさらに、あるきっかけから化学にある種の敵意すら感じるようになっていた。それは、中学から高校時代にかけて『ファーブル昆虫記』を愛読したことによる。『昆虫記』に惹かれたのは、彼の自然や生物に対する愛着とも重なる。著

---

20)　福井「私の履歴書」（注6）122頁.
21)　前掲書、138頁.

176 | 第4章 燃料化学から量子化学へ

者のアンリ・ファーブル（Jean-Henri Casimir Fabre）は南仏プロバンスの田園
地方で、中学校の教師をしながら昆虫の生態を研究していた。『昆虫記』の最後
の2章には、化学に関する苦い思い出が綴られている。ファーブルは優秀な応用
化学者でもあった。天然の茜から純粋な色素成分を取り出すことに成功し、製造
事業を企て工場を建てた。これでやっと研究費も稼げるだろうと楽しみにしてい
た矢先、ドイツで石炭のコールタールから合成染料アリザリンが大量に生産され
ることになった。このため、茜工場は倒産し、ファーブルのささやかな夢は無残
にも打ち砕かれた。失意の中でも、老いたファーブルは研究の意欲を捨てようと
しなかった。80代の晩年に書いた『昆虫記』はラテン語のLaboremus！（我ら
働かんかな）という言葉を最後に終わっている。「このくだりは何度読んでも感
動的で、私にとって忘れられないものとなった。当時の私には、ファーブルはあ
たかも自然の代表、アリザリンは自然を壊す元凶のように思われたのである」と
福井は述懐している[22]。福井家に残る岩波文庫の『ファーブル昆虫記』のその箇
所には、福井による鉛筆のマークや書き込みがなされている。この本は、ファー
ブルは化学者でありながら、その化学が彼の運命を狂わせてしまったということ
を福井少年に印象づけた。

　福井は数学が好きだったので、将来の進路として、理学部の物理学科のような
数理系の学科に進みたいという漠とした希望を持っていた。少なくとも不得手な
化学を選ぼうなどという気持ちはなかった。ところが、その気持ちを一変させる
ことが起こった。高校3年になったばかりの頃、父の亮吉が京都帝大工業化学科
の喜多源逸を訪れ、長男の大学への進路について相談をしたのである。この訪問
は前もって福井には知らされなかったが、父は相談の結果を彼に伝えた。

　図4-2に示すように、喜多は亮吉の叔母の弟にあたる。喜多の姉キクエ（後
にシズエに改名）は奈良県生駒郡（現在の大和郡山市美濃庄町）の地主、往西重
治に嫁いだ。重治の姉ナカは福井慶蔵に嫁ぎ、二人の間に生まれたのが亮吉で
あった。亮吉は東京高等商業学校で学んでいた時、当時東京帝大にいた喜多に保
証人になってもらった関係でもあった。

　亮吉は喜多を訪ね、長男が数学が好きであること、第二外国語としてドイツ語
を学んでいることを告げた。それを聞いた喜多は、ずばりそれは「化学をやるに

---

22)　前掲書、142頁.

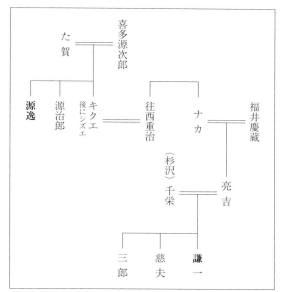

図4-2 福井家と喜多家の関係
喜多家・福井家関係者から得た断片的情報を総合して作成。

はもってこいの好条件だから、私のところへよこしなさい」と言った[23]。その時の自らの反応を福井は後にこう書いている。

　意外なお言葉であった。化学という学問はやってみなければわからない学問、実験してみなければわからない経験的な学問と一般に思われていた。それゆえ当時の旧制高校には、数学の嫌いな人が大学で化学を選ぶという常識もあったぐらいである。だが、喜多先生は、「数学が嫌いなら化学をやれ」と世間一般のその常識とはまったく反対のことをいわれたのである。
　この一言を父の口から伝え聞いた刹那、もう私の心はほぼ決まっていた。化学は面白そうだ、やってみようという気になった。そう決心してみると、身内に新しい泉が滾々と湧き出てくるような感じを覚えた。化学を苦手としてきた私が化学を選んだのは、まだお会いしたこともなかった喜多源逸とい

---

23) 福井『学問の創造』（注7）100頁.

178 | 第4章　燃料化学から量子化学へ

う先生のこの一言があったからである[24]。

　親戚とはいえ、まだ一面識もなかった教授のこの一言を父から伝え聞いた瞬間、
福井は化学の道に入る決心をしたのであるが、この一言に感応した背景として、
後年福井は二つの要因を挙げている。

　一つは、前述のファーブルの影響である。敬愛するファーブルは有能な化学者
でもあった。「一方で、ファーブルを傷心させた化学という学問に対してかすか
な敵意を覚えながら、化学者という職業に、秘められた探求心をかきたてられた
のではなかったか」。「屈折した感情」ではあるが、ファーブルを通して化学に対
する何らかの心の準備はできていた。そうした文脈の中で、喜多のアドバイスに
触発され、決断を促されたのではなかったかと福井は自己分析している[25]。

　もう一つの要因——それはより実際的で決定的な要因であったが——について
福井は以下のように書いている。

　　　私は、数学が好きな者こそ化学をやるべきだという喜多先生のご意見に、
　　化学という学問の将来に関する鋭い先見性を感じとったのではなかったかと
　　思う。複雑で見通しのききにくい学問とされた化学という学問を、少しでも
　　見通しがききやすいものにしよう、学問における経験性を減らしていこうと
　　いう息吹きが当時の化学界に出始めていたことは、もちろん私の知るところ
　　ではなかったが、喜多先生の常識を破る一声に、化学の未来を洞察した自信
　　に満ちた響きを私は意識下で甘受したのではないかと思うのだ[26]。

　「数学が好きなら化学をやれ」という一声は「私の将来の運命を決めた言葉」
と福井は述懐する[27]。その中に福井は化学の将来を見通すかのような喜多の鋭い
眼識を感じ取り、鼓舞されたのであった。そして喜多がこうした先見性をもって
いた背景については、第4節で見ることにする。

───────────────

24)　前掲書、100-101頁.
25)　前掲書、102頁；福井友栄、筆者とのインタビュー、2006年11月25日（京都）.
26)　福井『学問の創造』（注7）102-103頁.
27)　福井「『応用をやるなら、基礎をやれ』」（注7）475頁.

2 量子の扉を叩く

1938（昭和13）年4月、福井は京都帝大工学部工業化学科に入学した。福井が喜多に初めて会ったのは、入学試験の面接の時であった。面接官の喜多は当時55歳で、「学殖のにじみ出た老大先生のような重厚な風貌」をしており、「巌のような厳粛不動」の姿に福井はすっかり悚んでしまった。工業化学科で福井が受けた最初の講義は喜多の「有機化学演習」であった。この科目はドイツ語の教科書を購読する授業で、喜多はある頁を開けるよう指示して、いきなり福井に訳を命じた。意表をつかれた彼はすっかり面食らってしまったという[28]。

しかし、その後は姻戚関係であるのをよいことに、福井は北白川にある喜多の家を足繁く訪れるようになった。そこで、喜多が繰り返し福井に言ったのは、「応用をやるには、基礎をやれ」というこれまた矛盾するような助言であった。そのことを彼はこう書いている。

> 無口な喜多先生が、お宅にうかがうたびに私にぽつりぽつりと話されることは、もっぱら奈良にいる、私にも遠縁にあたる親類の話ばかりであったが、ただ一つ、学問上の教えで幾度もくり返していわれたのは、「応用を十分やるためには、まず基礎をやれ」ということであった。
>
> 具体的に何を勉強せよ、と先生はおっしゃらなかった。ただ、応用というものは基礎から生まれること、だから応用より基礎を鍛えておけ、といわれるのである。
>
> 当時の私は、喜多先生のいわれる「基礎」が何を意味するのか、十分につかめなかった。しかしながら、私は先生の教えを守ろうと思った。自分が「基礎」と信じる学問を一生懸命勉強しようと努めたのである[29]。

福井の学部生時代は、この「基礎」を探す旅から始まった。

第1章で述べたように、工学部工業化学科の学生は理学部化学科の科目も受講することになっていたので、福井は「物理化学」（堀場信吉）、「無機化学」（佐々

---

28) 福井『学問の創造』（注7）110-111頁、引用は110頁.

29) 前掲書、112頁.

180 | 第 4 章　燃料化学から量子化学へ

木申二）、「有機化学」（野津龍三郎）、「分析化学」（石橋雅義）などの基礎科目を
理学部化学科の学生と一緒に受講した。

　しかし結局、福井は「基礎」を化学そのものではなく物理学と考え、それを深
く学ぶことに情熱を傾けた。物理学の中でもとくに量子力学に勉強の的を絞った。
量子力学はヨーロッパで 1926（昭和元）年にほぼ成立した学問といわれる。福
井が入学する 12 年前のことである。物理学の一分野として生まれたのであるが、
分子や原子、電子などを扱うことから、化学にとって基礎中の基礎となる学問と
なるはずである。彼は化学の基礎は物理学であり、物理学の基礎はこの量子力学
にあると考えたのであった。

　物理学科の授業も聴講した。しかし、量子力学はあまりにも新しい分野だった
ので、京大の物理学の授業でもまだ正規に講じられていなかった。そこで、物理
学教室の図書室にあった量子論のドイツ語原書を読み、独学で学び始めた。当時
工学部の学生は T の記章を付けていたが、その記章を付けた学生が物理学教室
の図書室に頻繁に出入りして、「難しい分かりもせん本を読むなんて、[職員から]
本当にうさんくさそうに見られた」と振り返る[30]。時には借用期限を過ぎても長
い間返却しなかったため、「物理の教室の先生からえらく叱られたことがあっ
た。」『物理学便覧』（*Handbuch der Physik*）という大冊は借り出せないので「興
奮しながら図書室で書き写した」という[31]。

　エルヴィン・シュレーディンガー（Erwin Rudolf Josef Alexander Schröding-
er）が 1926（大正 15）年にドイツの『物理学年報』に書いた有名な論文「固有
値問題としての量子化」4 部作も「食らいつくように」読んだ[32]。シュレーディ
ンガーは、原子内の電子が物質波として満たすべき条件としての方程式、すなわ

---

30)　福井「『応用をやるなら、基礎をやれ』」（注 7）477 頁.

31)　福井『学問の創造』（注 7）116 頁.

32)　E. Schrödinger, "Quantiesierung als Eigenwertproblem（Erste Mitteilung),"
Annalen der Physik, ser. 4, 79（1926）: 361-376; *idem.,* "Quantiesierung als Eigenwert-
problem（Zweite Mitteilung)," *ibid.,* 4, 79（1926）: 489-527; *idem.,* "Quantiesierung
als Eigenwertproblem（Dritte Mitteilung: Störungstheorie, mit Anwendung auf den
Starkeffekt der Balmerlinien)," *ibid.,* 4, 80（1926）: 437-490; *idem.,* "Quantiesierung
als Eigenwertproblem（Vierte Mitteilung)," *ibid.,* 4, 81（1926）: 109-139. 梅原・福井
『哲学の創造』（注 8）32 頁.

ち波動方程式を導出して「波動力学」を提唱し、さらにこの波動力学はヴェルナー・ハイゼンベルグ（Werner Karl Heisenberg）が提唱した「行列力学（マトリックス力学）」と数学的に同等であることを示し、量子力学の確立に大きな役割を演じた。

　物理学は数学で記述されるが、化学はまだそうなっていない。福井は、実験しなければ何も分からないというような経験偏重の化学に不満を感じ、将来、化学を「数学化」して「数理化学」なるものをつくってみたいと考えた。その有力な手段となる学問が数学を駆使した量子力学であり、したがってそれによってできる「数理化学」は「量子化学」と呼べるものであった。彼は次のように回想している。

　　そのころ私は、「数理物理学」という学問があるのに「数理化学」という学問がないのはおかしい、などと生意気なことを考えていた。……〈中略〉……当時は「量子化学」ということばも、現在使われているような意味ではいまだ存在しなかった。ヘルマンの「量子化学入門」が昭和十二年に出たが、それは事実上、量子力学の入門書でしかなかったのだ。したがって、私の頭にあった「数理化学」という概念は、ばくぜんといまの「量子化学」のようなものを指していたのかもしれない。いずれにせよ、これは喜多先生の、「数学が好きなら化学をやれ」という教えの影響であったと思う[33]。

　ちなみに、ここに出てくるハンス・ヘルマン（Hans Gustav Adolf Hellmann）は数奇な運命をたどったドイツ人物理学者である。妻がユダヤ人であったため1933（昭和8）年、ヒトラー政権下のドイツを逃れ、本の原稿を携えてソ連に亡命した。1937（昭和12）年初頭にモスクワでまずそのロシア語訳書を『量子化学』（*Kvantovaya Khimiya*）と題して刊行し、同年末『量子化学入門』（*Einführung in die Quantenchemie*）と題するドイツ語の縮小版をライプチヒで出版した（福井が言及した本が後者である）。だが翌年3月、ヘルマンはスターリンの粛清の中でドイツのスパイというかどで処刑された[34]。

33）　福井「私の履歴書」（注6）147頁.

34）　Hans Hellmann, *Einführung in die Quantenchemie* (Leipzig und Wien: Deuticke,

第4章 燃料化学から量子化学へ

図4-3　福井謙一が学生時代に実際に手にしたとみられる理学部蔵書
『物理学年報』第23巻（右）とヘルマンの『量子化学入門』。京都大学物理学教室図書室所蔵、著者撮影。

　京都大学理学部の物理学教室図書室の書庫には、福井が学生時代に実際に手にしたと思われる上記の『物理学年報』とヘルマン著『量子化学入門』が今もそのまま収められている。

　本の題名に「量子化学」という言葉が最初に使われたのは、ウィーン大学物理学教授のアルター・ハース（Arthur Erich Haas）が1929（昭和4）年に著した『量子化学の基礎』（*Die Grundlagen der Quantenchemie*）とみられる。その英語版は『量子化学』（*Quantum Chemistry*）と題して翌年に出版されている。彼が行った4回の講演を本にした70数頁の小著で、ヘルマンの書と同様に、化学というよりも物理学（量子論）主体の議論で構成されていた[35]。

1937). ヘルマンについては、Gavroglu and Simões, *Neither Physics nor Chemistry*（注13), pp. 31-33; W. H. E. Schwarz, et al., "Hans G. A. Hellmann (1903-1938)" translated from *Bunsen-Magazin*, no. 1 (1999):10-21, no. 2 (1999): 60-70: http://www.tc.chemie.uni-siegen.de/hellmann/hh-engl_with_figs.pdf 参照。

35) Arthur Erich Haas, *Die Grundlagen der Quantenchemie: Eine Einleitung in Vorträgen* (Leipzig: Akademische Verlaggesellschaft, 1929); *idem, Quantum Chemistry: A Short Intriduction in Four Non-mathematical Lectures*, translated by Laurence William Codd (London: Constable & Company Ltd., 1930).

2　量子の扉を叩く　｜　183

　量子力学を化学に適用した最初の重要な研究は、1927（昭和2）年に二人のド
イツ人物理学者、ヴァルター・ハイトラー（Walter Heinrich Heitler）とフリッ
ツ・ロンドン（Fritz Wolfgang London）が『物理学雑誌』に発表した論文「量
子力学による中性原子の相互作用と等極結合」とされる。彼らは、前年に発表さ
れたシュレーディンガーの方程式を最も簡単な水素の分子に適用し、2つの中性
の水素原子の間に働く共有結合の力を電子の交換から説明した[36]。ハースの書も
ハイトラーとロンドンの成果を踏まえて書かれたものである。こうして、物理学
者たちは、量子力学の誕生直後から、全化学現象も量子力学的に説明しうるはず
だという信念に基づき、「量子化学」という新しい学問分野（discipline）が成立
するだろうという見通しを立てた。その見通しのもとに学問の名称だけが先行し
ていたが、まだ実体が伴っていなかった。

　イギリスの物理学者ポール・ディラック（Paul Adrien Maurice Dirac）が
1929（昭和4）年に「物理学の大部分と化学のすべての数学的理論に必要な基礎
的物理法則は今や完全に分かった」と豪語したのも、当時の物理学者の自信をよ
く表している[37]。この言葉は、化学は物理学で置き換えられるとする物理学還元
主義者を勢いづけた。後年、福井は総説の中で、ディラックの「この言葉の意味
がむしろ曲解され、量子力學の化學における現實的な效能に關して漠然とした過
大評價が當時は支配的であった」と記している[38]。

　福井が入学した1938（昭和13）年、京都帝大で喜多が編集した雑誌『化學評
論』に「新量子力學の化學に對する意味」と題するドイツ語論文の翻訳が掲載さ
れた[39]。訳者は福井の卒業研究を指導することになる新宮春男である。原論文は、

---

36)　W. Heitler und F. London, "Wechselwirkung neutraler Atome und homöopolare
　　Bindung nach der Quantenmechanik," *Zeitschrift für Physik*, 44（1927）: 455-472. こ
　　の論文の翻訳は、日本化学会編『化学の原典　1．化学結合論 I（原子価結合法）』
　　（東京大学出版会、1975）1-19頁所収.

37)　Paul A. M. Dirac, "Quantum Mechanics of Many-Electron Systems," *Proceedings of
　　the Royal Society of London*, Series A 123（1929）: 714-733, on p. 714.

38)　福井謙一「不飽和炭化水素の反應性に關する量子力學的解釋の進歩」『化學の領域』
　　第6巻、第7号（1952）: 379-385、418；日本化学会編『化学総説 No. 83　福井謙一
　　とフロンティア軌道理論』（注9）109-116頁に再録、引用は109頁.

39)　E. Hückel（新宮春男譯）「新量子力學の化學に對する意味」『化學評論』第3巻、第
　　3號（1938）: 115-121.

1936（昭和11）年7月にミュンヘンで開催されたドイツ化学者会議で物理学者エーリッヒ・ヒュッケル（Erich Armand Arthur Joseph Hückel）が行った講演を稿に起こしたもので、その10年前に誕生した量子力学の法則が現代化学の諸問題を解明する可能性について論じている[40]。ヒュッケルもディラック同様、「化學的問題を此等の物理根本法則に基いて解くことには、今日最早原理的問題は存せず單に方法論的難點が殘るばかりである」と断言する。方法論上の難点とは「化学者の關與する分子系の複雑性に基因する」数学的扱いの難しさ、煩雑さである[41]。それでも、著名な有機化学者ヴァルター・ヒュッケル（Walter Hückel）を兄に持つ彼は、物理学者でありながら有機化学の実際問題にも通じていたと思われる。講演では、物理学者と化学者の間にはまだ大きな溝がある現状を指摘し、理論物理学者は有機化学を含む実際の化学についてもっと知るべきであると説いた。他方、若い世代の化学者は——せめて「物理學的數學的才能を有する極少部分の者だけでも」——、新しい量子論を学びそれを化学や化学工業に活用するために努力すべきであると訴えた[42]。

『化學評論』は工業化学科の教官と研究室の学生に無料で配付されたこと、また訳者が自分の指導教官であったことから、福井がこの翻訳を読んだことは間違いないであろう。そうであれば、彼がこの論説に鼓舞された可能性は大いにあり得る。福井自身がまさに、ヒュッケルの言う「物理學的數學的才能を有する極少部分の」若き化学徒に該当したからである。

ハイトラー＝ロンドン論文以降、「量子化学」といえる研究がどれだけ展開したかを概観しておこう。シュレーディンガー方程式は一般には解析解を持たないので、近似的に解くしかない。1930年代になると、アメリカのジョン・スレーター（John Clark Slater）、ライナス・ポーリング（Linus Carl Pauling）は、ハイトラーとロンドンの理論を多原子からなる分子に拡張した原子価結合法（Va-

---

40) Erich Hückel, "Die Bedeutung der neuen Quantentheorie für die Chemie," *Zeitschrift für die Chemie*, Bd. 42, Nr. 9 (1936): 657-662.

41) Hückel（新宮譯）「新量子力學の化學に對する意味」（注39）118頁（下線は新宮）.

42) 前掲論文、121頁. ヒュッケルの生涯と業績については、Andreas Karachalios, *Erich Hückel（1896-1980）: From Physics to Quantum Chemistry*, trans. by Ann M. Hentschel（Dordrecht, Heidelberg, London, and New York: Springer, 2010）参照. ヒュッケルのミュンヘン講演については、同書 pp. 151-153 参照.

lence Bond Method、略して VB 法）という近似法を発展させた[43]。分子を構成する原子の電子構造は原子が単独に存在するときの構造と違わないと想定して、化学結合を各原子の原子価軌道（最外殻の原子軌道）に属する電子の相互作用によって説明する方法である。ポーリングは、VB 法をもとに共有結合を原子軌道の「混成（hybridization）」や電子構造どうしの「共鳴（resonance）」の概念で説明した。その理論は 1939（昭和 14）年に『化学結合の本性』（*The Nature of the Chemical Bond*）という大著にまとめられ、その邦訳『化学結合論』は 1942（昭和 17）年に出版された[44]。

　化学結合における分子中の電子間の相互作用を論じる「分子積分」において日本人の貢献もあった。ハイトラーとロンドンは 1927（昭和 2）年の論文で、水素分子中の電子間の反発エネルギーを表す多重積分を正確に計算できないまま概算で発表したが、当時ゲッティンゲン大学のマックス・ボルン（Max Born）の下に留学していた理化学研究所の物理学者、杉浦義勝はノイマン展開を使った厳密な計算を行い、ハイトラー＝ロンドン論文が出た直後に『物理学雑誌』に発表した[45]。また、東京帝国大学物理学科の小谷正雄のグループは 1930 年代末から、2 原子分子の計算に必要な分子積分を補助積分で表す方法とその数値表「小谷の積分表」を発表した[46]。

---

43)　VB 法に関するスレーター、ポーリングの主要論文の訳は、それぞれ日本化学会編『化学の原典　1．化学結合論 I（原子価結合法）』（注 36）、25-76 頁、85-125 頁に所収.

44)　Linus Pauling, *The Nature of the Chemical Bond and the Structure of Molecules and Crystals : An Introduction to Modern Structural Chemistry*（Ithaca, New York : Cornell University Press, 1939）；ポーリング（小泉正夫訳）『化学結合論』（共立出版、1942）.

45)　Y. Sugiura, "Über die Eigenschaften des Wasserstoffmoleküls im Grundzustande," *Zeitschrift für Physik*, 45（1927）: 489-492. 杉浦はボルンからハイトラー＝ロンドン論文の初校刷りを見せられ、計算されていない積分があることを知り、その解決に至ったという. 杉浦義勝「水素分子の基本状態—ゲッティンゲンの思い出—」『化学の領域』第 8 巻、第 1 号（1954）: 11-15；中根美知代「手紙類に見る杉浦義勝の欧米留学—量子力学形成期のコペンハーゲンとゲッチンゲンから—」『物理学史ノート』（近刊）；同「杉浦義勝と新量子力学の応用—物理学史と化学史のはざま—」『化学史研究』第 43 巻、第 2 号（2016）: 72-81 参照.

46)　Masao Kotani, Ayao Amemiya, and Tuneto Simoze, "Tables of Integrals Useful for the Calculations of Molecular Energies," *Proceedings of the Physico-Mathematical*

一方において、イギリスのジョン・レナードジョーンズ（John Edward Lennard-Jones）は1929（昭和4）年、個々の原子軌道を組み立てて分子中の電子の軌道を近似的に表す方法（Linear Combination of Atomic Orbitals、略してLCAO法）を提案した[47]。それは1930年代、シカゴ大学物理学科のロバート・マリケン（Robert Sanderson Mulliken）とゲッティンゲン大学の物理学者フリードリッヒ・フント（Friedrich Hermann Hund）により、分子軌道法（Molecular Orbital Method、略してMO法）として発展させられた[48]。各電子の軌道は個々の原子に属するのではなく分子全体に広がると見立て、原子内の電子軌道と同じ要領で分子内の電子軌道を扱う方法である。ただし、ここでいう「軌道（orbital）」とは惑星が太陽の周りを回るようなニュートン力学的な軌道（orbit）ではなく、電子雲と呼ばれる、電子の存在確率を表す波動関数として表現される。福井は後にこう表現している。「電子の"軌道"というのは実在の概念ではない。しかし、理論的にはっきりと定義できる（well-definable）概念であって、それを使っていろいろな現象を記述することができる」と[49]。ヒュッケルもMO法の考えに基づき独自のヒュッケル法（Hückel Method）を発展させた[50]。以後、研究者の間で、MO法はVB法と競い合って使用されることになる。こうした海外における研究の進展を背景に、わが国でも1930年代末から「量子化学」という言葉が本の題名にも使われ始めていた[51]。

Society of Japan, 20（1938）Extra No. 1: 1-22; M. Kotani, A. Amemiya, E. Ishiguro and T. Kimura, *Tables of Molecular Integrals*（Tokyo: Maruzen, 1955）. 小谷の研究活動と業績については、「小特集　小谷正雄先生の物理学への貢献をふりかえって」『日本物理学会誌』第49巻、第6号（1994）：455-478 参照。

47) J. E. Lennard-Jones, "The Electronic Structure of Some Diatomic Molecules," *Transactions of the Faraday Society*, 25（1929）: 668-686.

48) Gavroglu and Simões, *Neither Physics nor Chemistry*（注13）pp. 81-97 参照。

49) 福井謙一「はしがき」『化学反応と電子の軌道』（丸善、1976）.

50) Erich Hückel, "Quantentheoretische Beiträge zum Benzolproblem. I. Dir Elektronenkonfiguration des Benzols und verwandter Verbindungen," *Zeitschrift für Physik* 70,（1931）: 204-286; Karachalios, *Erich Hückel*（*1896-1980*）（注42）, pp. 85ff.

51) 例えば、水島三一郎『量子化學―分子構造論―』、仁科芳雄編『量子物理學』第5巻（共立社、1938）；小谷正雄『量子化學―原子價の理論―』、仁科芳雄編『量子物理學』第6巻（共立社、1939）. 水島三一郎「分子科学（構造化学）の始まった頃」

こうして、福井が大学を卒業する 1941（昭和 16）年までには、量子力学と化学を結ぶ新しい専門学問としての量子化学の理論的枠組みが形作られつつあった。これまで見てきたように、この分野の初期の開拓者は化学者ポーリングの例外を除き、ほとんどが実際の化学には疎い理論物理学者で占められていた。彼らの自己アイデンティティは物理学者であり、彼らは物理学者の学界の中で活動していた。

量子力学を独学し始めた学部学生の福井が、当時こうした欧米の最前線の研究動向をどれだけ正確に把握していたかは詳らかでないが、すべての化学現象は量子力学で解明しうるという物理学者たちの信念を当時から彼も共有していたことは確かである。その意味で、彼も物理学還元主義に与していたのである。しかし、彼が身を置いていた場所が物理学科ではなく応用化学の学科であり、実践的な化学の現場にいたことが 10 年後の自身の量子化学研究に大きなメリットになるのである。彼のアイデンティティは化学者であり、工学部の中で活動していた。

応用化学の正規の科目以上に量子力学に身を入れて勉強していた福井は、工業化学科の同級生の目には変わり者と映っていたようである[52]。学生時代の福井は、友人によれば、思慮深く、口数は少なく孤高であったという[53]。皆と同じような道を歩むのではなく、正しいと信ずるわが道を進んでいた。「数学が好きなら化学をやれ」「応用をやるなら基礎をやれ」という師の忠言をしっかり実践していると確信していたのであろう。複雑な化学を量子力学によって数学化・理論化するという「この大それた夢に焦点を当てて学ぶことに私は無情の喜びを覚えた。その喜びは、誰もこれを私から奪うことができなかった」と福井は当時を振り返っている[54]。

3　燃料化学科とハイドロカーボン

福井が在学中の 1939（昭和 14）年 3 月、工学部に燃料化学科が開設され、新

『化学史研究』第 3 号（1975）：1 - 3.

52)　実際、応用化学の科目の成績は必ずしも芳しいものではなかったと自ら語っている. 福井『学問の創造』（注 7）117 頁.

53)　小方芳郎「無口で孤高、しかし思いやりに富む人柄」「特集　福井謙一博士―その人と業績―」（注 11）5 頁所収.

54)　福井『学問の創造』（注 7）123 頁.

188 | 第4章 燃料化学から量子化学へ

入生22名を迎えた。第2章で見たように、京都帝大における人造石油の中間試験の進展を背景に、この方面の技術者を養成するための学科として設置が認可されたものである。日中戦争が展開し、石油の自給体制が叫ばれる中、人造石油等の代替液体燃料の開発は緊要な国家的課題であった。こうした状況下でほかにも、京都帝大と同じ年に北海道帝大に燃料工学科、1941（昭和16）年に東京工業大学に燃料工学科、1942（昭和17）年に東京帝大に石油工学科が設置された[55]。

　京都帝大の燃料化学科は時計台横の赤煉瓦造りの二階建ての建物に教授室、研究室、講義室を置いた。旧第三高等学校の建物を転用したもので、1938（昭和13）年まで理学部の物理学教室が使用していた。湯川秀樹、朝永振一郎もここにいたことがあり、福井と合わせて3人のノーベル賞受賞者を輩出したので、後に「ノーベル賞の館」と呼ばれるようになる[56]。

　燃料化学科の第一講座（燃料の組成、性質、分析試験等）を喜多が工業化学科から移って担当し、第二講座（石炭の液化、合成ガソリン、潤滑油の製造に関する化学反応の理論と応用）は翌1940（昭和15）年に児玉信次郎が教授に任ぜられてこれを引き継いだ[57]（第2章参照）。

　1940（昭和15）年、福井は三回生になり卒業研究を行うことになった。燃料化学科の教官も、過渡期の間は福井のような工業化学科の学生を受け入れた。しかし、喜多はこの年の4月に工業化学会会長に就任し、9月に京都帝大工学部長に任ぜられるなど、多忙を極めたため、直接学生の指導をすることが困難になった。そのため、喜多研究室を志望した学生は助教授たちのもとへ分属させられた。福井は喜多の指示で燃料化学科第一講座を分担した助教授、新宮春男の研究室に入った。

　新宮は京都府に生まれ、1936（昭和11）年に工業化学科の喜多研を卒業した。講師を務めていたラウエルの指導を受け、有機化合物の反応速度に関する研究で卒業論文を書いた[58]。当時、講師から助教授になったばかりのこの気鋭の実験有

---

55)　燃料化学・石油化学教室五十年史編纂委員会編『京都大学工学部燃料化学・石油化学教室五十年史』（京都大学工学部燃料化学・石油化学教室同窓会準備会、1991）254頁；武上善信「児玉先生を偲ぶ」「児玉信次郎先生御生誕百周年記念特集」『洛朋（燃化・石化・物質同窓会誌）』、第15号（2006）：10-11、引用は11頁.

56)　http://www.kyoto-u.ac.jp/ja/profile/intro/photo/list/honbu.htm

57)　『京都大学工学部燃料化学・石油化学教室五十年史』（注55）25-36頁.

機化学者から、福井は有機化学の多くを学んだ。教師としての新宮は、学生を実にうるさく叱るため、彼らから恐れられていた。岡崎達也（1947 年燃料化学科卒業、後に徳島大学教授）はこう述べている。「昭和 20 年代の先生は新進気鋭であった。研究会、輪読会、どこでも弟子達の感覚的、主観的な表現、言い訳の類を許さず、舌鋒鋭く詰問し、畳み掛けてきた。まごまごすると、先生の怒鳴り声は教授長屋の廊下に響き、時には玄関の外までも聞こえた。」[59] 戦後、新宮の助手を務めた乾智行（1953 年燃料化学科入学、後に京都大学教授）は次のように回想している。

　　私ほど新宮先生に怒られた人間はいない。研究上のことで罵倒され、厳しく叱られ、何度も泣かされた。理不尽すぎるとすら思った。しかし先生は「乾君よ、ありがたいと思え。わしは喜多先生の教え方よりずっと丁寧だよ」と付け加えた。喜多先生は、学生がレポートを持ってくると、だめな時は黙って突き返す。理由は自分で考えろという姿勢だったので、かえって厳しかったといえる。新宮先生は完全主義者で、手取り足取り徹底的に鍛えようとしたのだと思う。だから恨んでいない[60]。

　講義も度はずれていて、「大学とは何ぞや」「研究とは何か」といった話、ある時は老子の哲学などの話をして、肝心の化学の本論には入らないこともしばしばあった。かくも個性の強い教官であったが、まだ慣れない福井には実験の手ほどきから懇切丁寧に指導した。5 歳年下の福井とは不思議とウマが合ったようで、その後も親しい間柄になった[61]。

---

58)　岡本邦男「若き日の新宮先生―研究と学問―」「特集　新宮先生・新宮研究室」『燃化・石化同窓会誌』第 1 号（1992）：28-29.

59)　岡崎達也「打合せ風景―プラットフォーミング―」「特集　新宮先生・新宮研究室」『燃化・石化同窓会誌』第 1 号（1992）：30-31、引用は 30 頁.

60)　乾智行、筆者とインタビュー、2007 年 3 月 2 日（京都）.

61)　米澤貞次郎、筆者とのインタビュー、2007 年 8 月 19 日（大阪）；乾、筆者とのインタビュー、2007 年 3 月 2 日（注 60）；植村榮、筆者とのインタビュー、2010 年 8 月 3 日（東京）；新宮秀夫、筆者とのインタビュー、2010 年 11 月 12 日（京都）. 秀夫は新宮春男の息子で後に京都大学工学部金属加工学科教授となった. 新宮春男については、故新宮春男先生追悼文集編纂委員会編『故新宮春男先生追悼文集』（京都大学

190 │ 第4章　燃料化学から量子化学へ

　福井は卒業研究に「シャールシュミット反応」に関するテーマを与えられた。高オクタン価の航空燃料をつくるという時代の要求に応えるため、イソオクタンの製造を目的とする研究から派生したテーマであった。炭化水素（ハイドロカーボン）の混合物中のイソパラフィン（分子が直鎖状ではなく、枝分かれした形の炭化水素）を分析するため、種々のイソパラフィンを五塩化アンチモンと反応させ、その反応性の違いを調べた。実験データをとっているうちに、福井は、炭化水素という単純な物質の化学反応に次第に惹かれていった。化学構造が極めて似ているにもかかわらず、全く異なる反応の仕方をするのはなぜか。「私が炭化水素の反応性質に一生とりつかれることになったのは、この時期の勉強が大いに影響したものと思われる」と彼は書いている[62]。後のフロンティア軌道理論発見への道と結びつけて、この卒業研究の経験を「運命的な経験」と呼んでいる[63]。というのも、「その炭化水素、つまり炭素と水素のみからできた化合物こそが、量子論を使わないと説明が難しい材料だった」からである[64]。

　反応への興味は、工業化学科の隣にあった理学部の化学科で化学反応の研究が盛んに行われていたこととも関係があった。物理化学の堀場信吉は、1937（昭和12）年に化学反応論の研究で学士院賞を受賞していた。堀場研には化学研究所の助教授をしていた李泰圭（日本読みは「りたいけい」）がいた。李は1938（昭和13）年末から1941（昭和16）年夏までプリンストン大学に留学し、ヘンリー・アイリング（Henry Eyring, 1901-1981）と化学反応の量子力学的研究を共同で行った[65]。帰国後、李は堀場が編集する雑誌『物理化學の進歩』に単著で有機置換基の反応性への影響を量子力学的に考察した論文を発表している[66]。化学教室

　　　工学部石油化学教室、1989）も参照.
62)　福井「私の履歴書」（注6）150頁.
63)　福井『学問の創造』（注7）138頁.
64)　梅原・福井『哲学の創造』（注8）38頁.
65)　Taikei Lee and Henry Eyring, "Calculation of Dipole Moments from Rates of Nitration of Substituted Benzenes and Its Significance for Organic Chemistry," *Journal of Chemical Physics*, vol. 8（1940）: 433-443.
66)　李泰圭「有機置換基の反應性への影響.（第Ⅰ報）置換基の影響に關する理論的考察」『物理化學の進歩』第17巻、1号（1943）: 3-15；同「有機置換基の反應性への影響（第Ⅲ報）置換有機酸の酸度理論」『物理化學の進歩』第17巻、1号（1943）: 32-47；同、「有機置換基の反應性への影響第Ⅰ篇置換基の影響に關する理論的考察」

3 燃料化学科とハイドロカーボン | 191

にはまた無機化学の教授・佐々木申二（のぶじ）がいて、やはり化学反応の実験的研究で 1944（昭和 19）年に日本学士院賞を受賞することになる。このように、京都帝大理学部では反応の研究が盛んに行われていた。

　それは、当時、東京帝大理学部化学科で水島三一郎らが分子構造論で顕著な業績をあげていたのとは対照的であった[67]。静的な「構造」よりも、動的な「反応」の方に強い興味を抱くようになった背景として、こうした化学教室の学風の影響があったことを福井自身も認めている[68]。ちなみにこの頃、喜多源逸は水島三一郎とその弟子の森野米三を京都帝大に招き、工学部化学系の学生のためにそれぞれ一週間程度の集中講義をしてもらっている。これもまた喜多の基礎重視の表れであった[69]。

　1941（昭和 16）年春、鶴田禎二（1939 年工業化学科入学）は、工学部化学系（工業化学の有機系、繊維化学、燃料化学の各講座）の雑誌会に出席した時のことをよく覚えているという。この雑誌会は月一回、工業化学教室で一番広い第一会議室で開かれた。長老格の喜多源逸をはじめ、児玉信次郎、小田良平、宍戸圭一、新宮らの直弟子たちが前列に陣取った。福井もいたであろう。鶴田のような学部学生も聴講することが許された。もっとも、中休みに振る舞われる百万遍の「かぎや」のお茶菓子を目当てに来る学生もいたそうだ。その日、桜田一郎が繊維の微細構造について発表した。それに対して児玉が「ここんとこ、どうなってんのや」と質問すると、桜田は「そこはまだ分からんのや」と答えた。児玉が「そんなことも分からんのか。繊維化学者は怠慢や」と言うと、桜田は「繊維は

　　『化學研究所講演集』第 13 巻(1944)：233-243. 李泰圭については、Dong-Won Kim, "Two Chemists in Two Koreas," *Ambix*, Vol. 50 (2005): 67-84 参照.

67)　水島三一郎は、1929 年秋から約 1 年間、ライプチヒ大学のペーター・デバイ（Peter Joseph Wilhelm Debye, 1884-1966）の研究室に留学している. 水島とその一門については、馬場宏明・坪井正道・田隅三生編『回想の水島研究室―科学昭和史の一断面―』（共立出版、1990）；Yoshiyuki Kikuchi, "Mizushima, San-ichiro," *New Dictionary of Scientific Biography*, ed. by Noretta Koertge, Vol. 5, (Detroit: Thomson Gale, 2008), pp. 167-171 参照. 水島門下には、東健一、森野米三、渡辺格、島内武彦、長倉三郎、田中郁三、朽津耕三らがいる.

68)　山邊編『化学と私』(注 1) 164 頁；福井『学問の創造』(注 7) 149-150 頁；福井「私の履歴書」(注 6) 162 頁.

69)　鶴田禎二、筆者とのインタビュー、2006 年 8 月 12 日（横浜）.

192 │ 第4章　燃料化学から量子化学へ

ハイドロカーボンほど単純と違いまっせ」とやり返した。そんなやり取りを聞いて、鶴田を含む学生たちは内容は分からないながらも大いに学問的雰囲気を感じ取ったという[70]。燃料化学は石炭や石油を構成するハイドロカーボンを研究する分野であり、繊維のように複雑な高分子化合物を扱っている研究者から見ると、シンプルに見えたのかもしれない。しかし、この単純な二種の元素から構成される分子に、当時の有機化学反応の常識では説明できないアノマリーが潜んでいたのである。

　前述のように、新宮が量子力学の化学への適用に関心を抱いていたことはヒュッケル論文の翻訳からも窺い知ることができる。彼はまた、ロビンソンの下に留学した理学部化学科の野津龍三郎から、ロビンソンの書いた有機電子論に関するテキストを借りて読んでいた[71]。後述のように、新宮はロビンソン理論の手厳しい批判者となり、後に福井がフロンティア軌道理論を構築する際の重要な協力者となる。

4　兒玉信次郎のドイツ留学とポラニー

　喜多門下には、化学研究における量子力学の重要性を認識し、福井に大きな影響を与えたもう一人の教官がいた。喜多の高弟、兒玉信次郎である。卒業後、学問を続けていくことを希望した福井は、喜多の勧めで燃料化学科の教室に入れてもらい、大学院生として残った。そこで兒玉の指導を受けることになる。

　喜多が高校3年生の福井に「数学が得意なら化学をやれ」と助言する4年ほど前、兒玉はドイツ留学から帰国していた。福井が喜多に見た化学における先見性は、兒玉がドイツからもたらした情報に少なからず裏打ちされていたとみられる。そこで、本節では兒玉と量子力学の関わりについて詳しく見ておくことにする。

　兒玉信次郎は1906（明治39）年2月に京都に生まれ、1925年（大正14）年4月、京都帝大工業化学科に入学し、喜多研究室で合成石油に関する卒業研究を行った。1928（昭和3）年3月に卒業すると、ただちに喜多の計らいで理化学研

---

70)　同前.

71)　岡本「若き日の新宮先生」（注58）28頁．テキストは、Robert Robinson, *Two Lectures on an Outline of an Electrochemical (electronic) Theory of the Course of Organic Reactions* (London: Institute of Chemistry Publications, 1932).

究所の研究生となり、1年後には助手に採用され理研からの給料で自由に研究を
させてもらった。

　1930（昭和5）年、住友肥料製造所（後の住友化学）に就職が内定した。喜多
がかつてマサチューセッツ工科大学に留学した時に知り合った同社の常務取締役、
山本信夫から弟子を一人欲しいと頼まれたため、喜多は兒玉を推薦したのであっ
た。その際、海外留学をさせるという前提条件を付けた。入社したら留学させる
と山本が言うと、喜多は「そんな口約束は信用できない、入社する前に留学させ
よ」と主張して譲らなかったので、山本が折れた。兒玉は理研在外研究員の身分
を与えられ、住友の費用で留学することになった[72]。

　兒玉は喜多の教えを守り、この際できるだけ基礎的なことを勉強したいと思っ
て留学先を探した。たまたま、ドイツで1928（昭和3）年に創刊された『物理
化学雑誌B』（*Zeitschrift für physikalische Chemie, Abteilung B*）の第一巻のトッ
プに掲載されたミハエル・ポラニーの高稀薄炎の論文に感銘を受けた[73]。この研
究は、ナトリウムと塩素のような瞬間的な反応の速度を、「天才的ともいうべき
独特の方法」で測定した。「これを読んだときに、私は化学にこんな研究法もあ
るのかと目のさめる思いがしたものであった」と兒玉は書いている[74]。こうした
ことから、ポラニーの下で学びたいと思い立った。喜多は賛同し、ベルリン郊外
のダーレムにあるカイザー・ヴィルヘルム物理化学電気化学研究所のポラニーに
手紙を書いて承諾を得た。住友には触媒の研究をするという触れ込みであった。
「一九三〇年初めのドイツは学問の最盛期、しかもその頂点にあった。若い私が、
学問のメッカ、ドイツで勉強できる感激に燃え、奮い立ったのはいうまでもな
い」と兒玉は回想する[75]。

72）「五十周年記念座談会　第一部　兒玉名誉教授を囲んで創設期を語る」『京都大学工
　　学部燃料化学・石油化学教室五十年史』（注55）223-237頁所収、引用は237頁.

73）　H. Beutler und M. Polayni, "Über hochverdünnte Flammen. I," *Zeitschrift für
　　physikalische Chemie, Abteilung B, Chemie der Elementarprozesse aufbau der Materie*.
　　Bd. 1（1928）: 3-20; St. v. Bogdand und M. Polanyi, "Über hochverdünnte Flammen.
　　II," *ibid.*, 21-29; M. Polanyi und G. Schay, Über hochverdünnte Flammen. III," *ibid.*,
　　31-61.

74）　兒玉信次郎『研究開発への道』（東京化学同人、1978）、249頁.

75）　前掲書、250頁.

194 | 第4章 燃料化学から量子化学へ

　こうして弱冠24歳の兒玉は、1930（昭和5）年10月12日、喜多や仲間たち
に見送られて京都駅を発ち、シベリア鉄道経由でベルリンに旅立った。12月12
日にベルリンに着き、駅で桜田一郎の出迎えを受けた。カイザー・ヴィルヘルム
物理化学電気化学研究所は、アンモニア合成で名高いフリッツ・ハーバー
（Fritz Haber）を所長に擁し、コロイド化学のヘルベルト・フロイントリッヒ
（Herbert Max Finlay Freundlich）とポラニーが研究室を主宰していた。桜田の
留学先であったカイザー・ヴィルヘルム化学研究所は、同じダーレムにあり目と
鼻の先の距離にあった。晩秋のベルリンはすでに美しく黄に色づいた木の葉が散
り始めていた。

　到着の翌日、桜田に連れられて研究所を訪れポラニーに会った。物静かで温和
そうな紳士のポラニーであったが、彼の開口一番の言葉に兒玉は「飛び上がらん
ばかりに驚いた」[76]。その時のことを次のように綴っている。

　　あらかじめ、喜多先生から頼んでいただいて、研究生としてとっていただ
　く承諾は得てあったから、話は面倒なことはなかったが、驚いたのは「お前
　は量子力学を知っているか」という質問である。量子力学といえば、ハイゼ
　ンベルグのマトリックス力学の最初の論文がでたのが一九二五年である。
　シュレーディンガーがその有名な波動方程式に関する最初の論文を発表した
　のが一九二六年である。そのとき物理学研究の目的でベルリンにきていた日
　本の物理学者すら、あんなものはむずかしくてわからんものだといっていた
　時代である。大学で数学の科目もなかった工業化学科をでたばかりの私に量
　子力学のわかるはずがない。「量子力学を知りません」というと、「量子力学
　を知らない者は、自分の研究室に入れないから勉強してこい」という。

　　ドイツの学問の進歩については、かねがね聞きおよんではいたが、留学を
　目的とした研究室に初めて顔をだしたとたんに、日独の学問的水準のあまり
　にもはなはだしい差異に、度肝を抜かれた次第である。なにしろ、日本では
　専門の物理学者でも理解できないものとしている最新の理論を、化学の研究

---

76)　児玉信次郎「ミハエル・ポラニー先生の思い出」、大塚明郎・栗本慎一郎・慶伊富
　　長・児玉信次郎・廣田鋼蔵『創発の暗黙知—マイケル・ポランニーその哲学と科学
　　—』（青玄社、1987）248-275頁所収、253頁.

にも使っており、それを知らない者は入門を許さずというのである。……
〈中略〉……

　「量子力学を勉強してこい」といわれても、まだ満足な書物もでていない
時代である。しかしそこはよくしたもので発表された論文も数少ない。毎日
図書室に通って、そのときまでに発表されたハイゼンベルグとシュレーディ
ンガーの論文を全部読んだ。しかし読んだにはちがいないのだが、理論物理
や数学の知識のない私に、二階の偏微分方程式やマトリックス力学のふんだ
んにでてくる論文がわかるはずがない。

　一週間ほどたったあとで、「量子力学を読みました」（わかりましたとはい
わなかった）といってポラニー先生のところにまかりでて、二年間おいてい
ただくことになった[77]。

　古代ギリシアのプラトンは彼の学校アカデメイアの入口に「幾何学を知らざる
者、この門に入るべからず」という文言を掲げたと伝えられるが、ポラニーは幾
何学ならぬ「量子力学を知らざる者、この門に入るべからず」と言い放ったので
ある。

　ポラニーはハンガリー出身の気鋭の物理化学者で当時 40 歳、研究者として脂
の乗り切った時期であった。吸着、X線回折、反応速度論など幅広い研究活動を
展開していた。化学に量子力学が必要と考えたのは、当時の彼と彼の共同研究者
の研究活動を見れば当然のことと理解できる。前述のように、1927（昭和 2）年
にハイトラーとロンドンは量子化学研究の起点となる論文を発表したが、その翌
年、ロンドンはベルリン大学物理学研究所にポストを得て、ポラニーと親交を深
めるようになった。二人は 1930（昭和 5）年、有名な『自然科学』（*Die Natur-
wissenschaften*）誌に量子力学に基づく吸着理論に関する共著論文を発表したが、
それは児玉がポラニーの研究室に入った年であった[78]。

---

77)　児玉『研究開発への道』（注 74）250-251 頁.

78)　Fritz London und Michael Polanyi, "Über die atomtheoretische Deutung der
　　Adsorptionskräfte," *Die Naturwissenschaften*, 18（1930）: 1099-1100. 次の文献も参照.
　　Mary Jo Nye, *Michael Polanyi and His Generation: Origins of the Social Construction
　　of Science*（Chicago and London: The University of Chicago Press, 2011）, p. 93；慶伊
　　富長「科学者マイケル・ポランニー」、大塚ほか『創発の暗黙知』（注 76）12-52 頁所

図4-4　ポラニーと兒玉信次郎
1931年頃、ベルリンにて。ポラニーは左から4人目、兒玉は右から3人目。大塚明郎ほか編『創発の暗黙知—マイケル・ポランニーその哲学と科学—』（青玄社、1987）259頁所収。

　ポラニーは反応速度に関する量子力学的理論も発表した。アメリカの理論化学者アイリングはポラニーの下で研究し、兒玉と入れ違いで帰国していた。アイリングの有名な絶対反応速度論（反応速度定数の絶対値が理論的に求められる反応速度論）は、ポラニーとの共同研究に端を発したものであった[79]。1931（昭和6）年、アイリングはプリンストン大学に職を得たが、彼もまたその当時から自分の大学院生に量子力学を必修とさせたことが知られている[80]。このアイリングが後に京都帝大化学科の李泰圭と共同研究をしたことは3節に述べた。
　ポラニーが兒玉に与えた研究テーマは、ナトリウム原子と有機ハロゲン化合物との反応速度を測定することであった。この研究自体には量子力学は使わなかったが、ポラニーから受けた最初の「一撃」は留学中ずっと尾を引いた[81]。そこで、

収、22頁。
79) Nye, *Michael Polanyi and His Generation*（注78）p. 118.
80) Mary Jo Nye, *From Chemical Philosophy to Theoretical Chemistry: Dynamics of Matter and Dynamics of Discipline, 1800-1950*（Berkeley, Los Angeles, and London: University of California Press, 1993), p. 251.

昼間は反応速度の実験に集中し、夜は書物でとにかく量子力学が分かるまで勉強することを心掛けた。さらに、それには数学と理論物理学の知識が不足していることを痛感し、この二つも勉強した。「先ず、プランク [Max Karl Ernst Ludwig Planck] の理論物理学、一般力学から熱学まで、全部分からないところがないようになるまで読んだ」という。電磁気学はそれだけでは不十分であったので他の書物を読んだ。数学はとくに函数論、群論を勉強した。そして、それまでに出版された量子力学を理解するのに必要な原書を可能な限り買い集めて日本に持ち帰ることにした[82]。

　ある時兒玉は、ベルリン大学の物理学教室で開かれたコロキウムを傍聴した。そこでは、マックス・フォン・ラウエ（Max Theodor Felix von Laue）、ヴァルター・ネルンスト（Walter Hermann Nernst）、アルベルト・アインシュタイン（Albert Einstein）、プランク、そしてあのシュレーディンガーといった錚々たる大学者が討論しているのを目撃して、「歴史の歯車が音をたてて回っているのを、目のまえで見るような感激を覚えた」という[83]。桜田一郎が1931（昭和6）年初めまで留学していたカイザー・ヴィルヘルム化学研究所では、有機化学部門にヘス、無機化学部門にオットー・ハーン（Otto Hahn）、リーゼ・マイトナー（Lise Meitner）がいたが、マイトナーは化学者ではなく実験物理学者であった。そのグループが数年後にウランの核分裂現象を発見する。また、兒玉のいた物理化学電気化学研究所のハーバーの研究室でも、物理学の加速器を使った原子核反応の研究をしているのを見て、「ドイツの化学者が化学をやるのに原子核の変化にまで手を延ばしており、ドイツ人科学者の、根本まで徹底的に究明しようとする態度には圧倒される思いであった」という[84]。

　兒玉は2年間の留学生活を終えて、アメリカ経由で1932（昭和7）年12月7日に帰国した[85]。ヒトラー内閣が成立する2ヶ月前のことであった。ユダヤ系の

---

81)　兒玉信次郎「一物理学ファンの歩んだ道―上田良二氏『オバードクター問題への意見』を読んで」『日本物理学会誌』第35巻、第9号（1980）：735-737、「一撃」という表現は735頁から引用.

82)　兒玉信次郎「ミハエル・ポラニー先生の思い出」、大塚ほか『創発の暗黙知』（注76）248-275頁所収、263頁参照.

83)　兒玉『研究開発への道』（注74）254頁.

84)　兒玉「ミハエル・ポラニー先生の思い出」（注76）256頁.

198 | 第4章 燃料化学から量子化学へ

ポラニーは 1933（昭和 8）年 9 月、ドイツを去り、イギリスのマンチェスター大学に移った。後に同大学の社会学教授となり、科学哲学者として華々しい活動をすることになる[86]。

帰国した兒玉が、ドイツで見聞した最前線の化学の学問的状況を喜多に熱く語ったことは想像に難くない。兒玉はただちに住友肥料製造所の愛媛県新居浜工場に勤務した。住友肥料は 1934（昭和 9）年に住友化学工業株式会社に名称を変更した。同社に在籍中、与えられた主な仕事は尿素製造の中間工業試験とその結果に基づく工場の設計、建設と運転であった。「この仕事を完成するのに最も役に立ったのは、大学で習ったテクノロジーの知識でなく、ドイツ留学中に勉強した数学と物理学であった」という[87]。

1937（昭和 12）年、京都帝大の化学研究所喜多研究室に合成石油の中間工業試験工場が設置されると、喜多の要請で兒玉は非常勤講師として定期的に来て指導するようになった。喜多が福井に「数学が好きなら化学をやれ」とアドバイスしたのはこの頃であり、それはこれまでの文脈から見れば十分に根拠のある助言であったことが分かる。喜多はもともと量子力学など知る由もなかった。しかし、理化学研究所の主任研究員であった喜多は仁科芳雄を始めとする理研の物理学者と親交があり、彼らを通して量子力学については耳に入れていたはずである[88]。その上に留学から帰ってきた兒玉から得た情報から、量子力学や数学の影響を受けて発展する化学の新しい方向の重要性をはっきりと確信していたのである。

1939（昭和 14 年）3 月、兒玉は喜多に懇望され、住友化学を辞して正式に京都帝大に呼び戻された。最初は講師として採用され、翌年 3 月燃料化学科の第二講座の担当教授に就任した。福井が大学院生として兒玉研究室に入室したのはそ

---

85) 喜多源逸は 1932（昭和 7）年 6 月から 12 月までの半年間、ヨーロッパに滞在した．妻の裏と、かつての教え子、富久力松（当時東洋紡）を同伴しての外遊であった．10 月後半にベルリン郊外のダーレムのカイザー・ヴィルヘルム化学研究所のヘスを訪問しているので、帰国間際の兒玉にも再会したものとみられる．富久家所蔵のアルバムには、富久と兒玉の二人が写っている当時の写真がある．富久登、筆者とのインタビュー、2008 年 8 月 27 日（西宮）；喜多源逸「ベルリン便り」『我等の化學』第 5 巻、12 月號（1932）：429-430.

86) Nye, *Michael Polanyi and His Generation*（注 78）Chapters 6-8.

87) 兒玉「ミハエル・ポラニー先生の思い出」（注 76）272 頁.

88) 米澤、筆者とのインタビュー、2007 年 8 月 19 日（注 61）.

の 1 年後であった。兒玉がドイツから持ち帰った物理学や量子力学関連の原書は研究室に持ち込まれ、福井のその後の勉強に大いに役立った。福井は後年、「私は一度も留学したことが無かったが、兒玉先生がドイツからお持ち帰りになった統計熱力学や当時新しい学問であった量子力学などのよい本を読ませていただき留学したのと変わらない勉強ができた。」と語っている[89]。

　兒玉はドイツ留学の体験で得たことをもとに早速、工学部化学系のカリキュラムの変革に着手した。「物理化学各論」を新設し、自ら熱力学や統計力学、さらには古典量子論、マトリックス力学、波動力学など量子力学に関するテーマも講じた[90]。とりわけ注目されるのが、量子力学者を専任教官として採用し、本格的に数学と物理学の講義科目を学生に課すことを喜多に提案したことである。喜多はただちに賛同し、理学部物理学教室教授の湯川秀樹に人選を依頼した。湯川は最初、弟子で同学科講師であった坂田昌一を推薦したが、ちょうど名古屋帝国大学教授に決まったため、東京文理科大学（後の筑波大学）教授の朝永振一郎の下で教鞭をとっていた荒木源太郎を推薦した。

　荒木は苦労人であった。京都府出身で、京都師範学校を卒業し三重県や鹿児島県の師範学校に勤務した後、東京文理科大学に入学した。そこを 1932（昭和 7）年に 30 歳にして第一期生で卒業後、同大学に副手として残り、講師を経て助教授を務めていた。1940（昭和 15）年以降、理化学研究所の研究生、嘱託員の身分で仁科研究室に出入りして中間子理論や原子スペクトルの研究を行っていた。職に困っていた彼にとって、京都帝大からのオファーはたとえ所属が工業化学科であっても有り難かった。京都帝大では採用までに反論も出たが、喜多の強い意向に教授会も逆らえなかったという。今なら考えにくいことだが、これも喜多の裁量であった[91]。

　かくして 1943（昭和 18）年 2 月、荒木は助教授として迎えられ、翌年 4 月に

---

89)　紙尾康作「福井謙一先生の思い出」（注 11）から引用：福井『学問の創造』（注 7）125 頁.

90)　米澤・永田『ノーベル賞の周辺』（注 10）72 頁；『京都大学工学部燃料化学・石油化学教室五十年史』（注 55）34 頁.

91)　米澤、筆者とのインタビュー、2007 年 8 月 19 日（注 61）；荒木不二洋、筆者とのインタビュー、2009 年 8 月 27 日（東京）. 荒木不二洋は源太郎の息子で、湯川秀樹研究室で場の量子論を学び、後に京都大学数理解析研究所教授を務めた.

工業化学第九講座担任の教授となった。同講座は表向きには無機工業薬品製造を扱う新設の講座であった。当初、荒木は応用化学の学生に一体何を教えたらよいか戸惑ったようだが、結局、量子力学の基礎としての「数学概論」（必修）と「応用物理学」、そして量子力学とその化学への適用を扱う「化学物理学」の講義を開講することになった。それらは工学部4学科（工業化学科、燃料化学科、化学機械学科、繊維化学科）の全学生を対象とする講義で、理学部化学科でも教えていない科目であった。児玉は荒木に、授業のほかは学生に物理的問題の相談にのってもらえれば結構だと告げた。研究についても一切注文を付けず、これまで通り自由に原子スペクトルや素粒子などの研究を続けてよいと約束した[92]。

　工業化学科の中に理論物理学の研究室を作ったということは、学外の人々を大いに驚かせた。児玉の後に入れ違いでポラニーの研究室に留学した北海道帝国大学の堀内寿郎から「京大は偉いことをするなあ」と言われ、「当たり前のことでしょう」と児玉が切り返すと、「当然とは恐れ入った。新しい大学がやるのはとにかくとして、京大のような古い大学がこんなことをするのは恐ろしい」と褒めたという[93]。

　荒木は当時30代で張り切っていた。工学部化学系の学生であるからといって手加減することなく厳正かつ格調の高い講義をした。空襲警報が鳴っても、授業をやめようとはしなかった。ある時、試験中に空襲警報が鳴った。しかし荒木は落ち着かない学生たちに平然として、「爆弾が落ちるまではここで試験を続ける」と言い放ったという[94]。1944（昭和19）年秋に工業化学科に入学した米澤貞次郎と永田親義は、戦後、福井の門下で量子化学者として大成した。彼らは荒木の講義を聴いた最も初期の学生であったが、当時の受講生たちの反応をこう述懐して

---

92)　実際には、荒木は着任後に原子分子の化学寄りの研究も手がけるようになった．こうした研究は必ずしも本意ではなかったようだが、それは彼が所属する化学系学科への寄与を配慮したためと思われる．荒木の助手の藤永茂は、荒木の勧めで線形共役分子の長さと吸収光の波長との関係を量子力学的に解釈する研究を行った．藤永茂、筆者とのインタビュー、2013年10月11日（福岡）；坂本吉之「追悼　荒木源太郎先生を偲んで」『日本物理学会誌』第36巻、第1号（1981）：79-80.

93)　児玉「ミハエル・ポラニー先生の思い出」（注76）273頁．堀内については堀内寿郎『一科学者の成長』（北海道大学図書刊行会、1972）参照.

94)　米澤、筆者とのインタビュー、2007年8月19日（注61）；梶山茂、筆者とのインタビュー、2007年8月20日（大阪）.

いる。

　　荒木教授の講義は、周到に準備され、論理的に厳密な構成をもった完璧な
ものであったが、数学や物理の素養に乏しい化学系の学生にとっては容易に
理解できるものではなかった。というよりも、量子力学という学問が存在し、
それが化学とかかわりをもつということすら誰も知らなかった時代である。
……〈中略〉……そのためもあって、荒木教授の講義が終わって外にでた学生
たちは、溜息をつきながら異口同音に何をいっているのかさっぱりわからな
い、と語り合ったものである。そしていまからみれば信じられないような話
であるが、カンタムメカニックス（量子力学）を"カンタンなメカニック
ス"と聞き違えて、一体あれは何だ、といいだすものもいた。内容が何もわ
からず、お経を聞いているのと同じというところから"コンタム教"などと
いう言葉がはやったりした[95]。

　工学部の学生にとって、量子力学はまだまだ馴染みのない不可解な学問であっ
たのだ。しかし、こうした大胆な教育が結局は工学部の学生に基礎の重要性につ
いて覚醒させたのだと、彼らは言う。

　　荒木教授のこれらの講義が、化学系の学生に基礎の大切さ、とくに化学に
おける量子力学のもつ重要性を認識させるうえで大きな力になったことはい
うまでもない。さらにこれが化学系教室の研究者の研究のあり方に大きなイ
ンパクトを与えたのも確かである。このように、喜多、兒玉両博士の基礎重
視の考えは、工業化学科に理論物理の講座を設けるという、当時の学界の意
表をつく先駆的な方法で実現されたのである[96]。

　1946（昭和21）年に工業化学科に入学し、荒木の授業をとった吉田善一（後
に京都大学教授）は、量子力学が専門と何の関係があるのかが分からず当惑した
という。「荒木先生は化学をぜんぜん知らないし、学生は量子力学が自分たちの

---

95)　米澤・永田『ノーベル賞の周辺』（注10）69-70頁.

96)　前掲書、71頁.

専門にどう応用できるのかが全く分からなかった。だから最初、荒木先生の講義は学生にとっては迷惑だった」と吉田は率直に言う。しかし、後に吉田が有機合成化学の研究者として「量子力学に怖じ気づくことはなかったのは、この講義の体験があったためだ」と振り返る。吉田はその後、新しい電子系とその機能を指向した非ベンゼン系芳香族の化学研究を進めるなど有機量子化学の分野においても大きな成果をあげた[97]。

児玉は戦後、工学部化学系の重鎮として、量子力学の教育と量子化学の研究を督励する研究環境を守り続けた。荒木の工業化学科第九講座は京大内の素粒子論や物性論の研究者の集まりの場となった。福井も、喜多と児玉がつくったこの自由な環境の中で戦後、燃料化学教室で気兼ねなしに堂々と量子力学を学び、量子化学の探究を深化させ、さらにこの分野で弟子を育てることができたのである。こうした学問風土を福井は「類い稀な環境」と呼んだ[98]。

5　戦争のあとさき

児玉は喜多イズムの忠実な継承者であったが、米澤と永田は、児玉と喜多が人となりにも類似点があったと書いている。

　　もちろん両博士は外見はかなり異なっており、喜多博士が一見田舎の村長さんのような親しみやすい感じに対して、児玉博士は長身で、スマートなその所作は京都風の優雅さを漂わせていた。しかし、だからといって決して型苦しく近づき難いところはなく、学生とも気さくに接し、その点で喜多博士と変わらない親しみやすさがあった。学生を愛し、できの良い悪いの区別なくすべての学生の面倒をよくみたことも両博士に共通していた[99]。

---

97)　吉田善一、筆者とのインタビュー、2007 年 11 月 16 日（大阪）. 吉田については吉田善一先生定年退官記念事業会編『吉田善一教授定年退官記念誌』（吉田善一先生定年退官記念事業会、1990）；塩谷喜雄「独創の軌跡　現代科学者伝　吉田善一氏」『日本経済新聞』① 1992 年 10 月 25 日、② 11 月 1 日、③ 11 月 8 日、④ 11 月 15 日、⑤ 11 月 22 日、⑥ 11 月 29 日参照.

98)　「福井謙一名誉教授の講演『燃化―この類い稀な環境』の概要」『京都大学工学部燃料化学・石油化学教室五十年史』（注 55）303-308 頁所収.

99)　米澤・永田『ノーベル賞の周辺』（注 10）80 頁.

5　戦争のあとさき　｜　203

　とりわけ福井は喜多と児玉の二人の師から学者としての将来を嘱望され大事に
育てられた学生であった。

　1940（昭和15）年暮、京都帝大の楽友会館で喜多研究室の恒例の夕食会が開
かれた。その日、喜多は、大学院生として留まっていた福井謙一に今後の進路に
ついて重要なアドバイスをした。喜多は「いずれ大学へ残るのはいいとしても、
君は体格がいいから、どうせ兵隊にとられるだろう。ならば短期現役の試験を受
けておいたらどうか」と勧めたのである[100]。短期現役（略して「短現」と呼ばれ
た）とは、大学卒業者が志願でき、兵としての訓練を経ることなく、特定の専門
分野で2年間の期限付きで士官に採用する制度であった。海軍は文系、技術系と
もに採用したが、陸軍の場合は技術系のみに適用された[101]。海軍に漠としたあこ
がれを抱いていた福井が「海軍ですか」と聞くと、「君は陸軍だ」と即答した。
「やや不満ながら」も喜多の勧めに従い、福井は陸軍の試験を受けて合格した[102]。
実は、喜多は福井を東京の陸軍燃料研究所に配属させることを最初から考えてい
たのである。

　こうして、1941（昭和16）年8月、福井は短現の技術将校として陸軍燃料研
究所に赴任した。この研究所は陸軍燃料廠（1945年4月に陸軍燃料本部と改称）
の研究部門として同年春に府中に建設されたばかりであった。福井が驚いたこと
に、量子力学を含む最新の物理学や数学の原書を多数とり揃えた立派な図書室も
完備していた[103]。陸軍燃料廠は、陸軍に必要な燃料、石油及びその副生品の製造、
此等製品の検査燃料の購買及貯蔵並に燃料、石油の製造に関する調査及研究を行
うことを目的に、海軍燃料廠から遅れること20年にして創設された。液体燃料
の研究が急務であったが、廠長の長谷川基少将（後に中将）は、陸軍内で今すぐ
液体燃料の技術者を確保することは無理なので、その道の権威を顧問に招くとい
う策を講じた。そうすることにより、技術指導をしてもらうだけでなく、彼らを
通して広く人材を確保できるだろうと考えた。東京帝大の田中芳雄、東京工大の
矢木栄、京都帝大の児玉信次郎、理化学研究所の磯部甫らの学者、それに民間企

---

100)　福井『学問の創造』（注7）125頁.

101)　石井正紀『陸軍燃料廠』（光人社NF文庫、2003）139頁.

102)　福井「私の履歴書」（注6）152頁.

103)　福井『学問の創造』（注7）126頁.

204 | 第4章 燃料化学から量子化学へ

業の技術者たちからなる顧問会議を開いた。研究所はその後急速に組織を拡大していった。福井が赴任した当初は50名足らずだった人員も終戦時には1300名を超える大所帯になっていた[104]。

石井正紀の『陸軍燃料廠』によれば、廠長の長谷川は、有能な学徒をいたずらに戦線に送り出すことなく温存するのが国のためになる、それがリーダーとしての自分の責務だと考えていたという。そして喜多と兒玉は、福井がこのまま徴兵され戦場へ送られたら取り返しの付かない損失だと考え、事前に長谷川に相談を持ちかけていたことを同書は指摘している[105]。喜多は1939（昭和14）年から定期的に開かれた、軍官産学の代表者から構成される「人造石油関係研究実験当事者懇談会」を通じて、長谷川とは面識があった[106]。短現の期限が切れる1943（昭和18）年8月、福井は異例にも継続して軍務に就いたまま24歳にして京都帝大の燃料化学科の講師となり、1945（昭和20）年3月に助教授に就任した。これも若い福井を戦場に送ることなく研究者として内地に留め置くための喜多と兒玉の配慮であったと考えられる。こうして、福井は東京と京都の間を往復する生活をすることになった。

燃料研究所で福井は再び炭化水素を対象とする実験研究の機会を得た。そこで命じられた研究は、航空燃料のためのガソリンの性能を高める添加燃料（炭化水素）の合成であり、基礎研究を含んだ技術開発の研究であった。砂糖からつくったブタノール（ブチルアルコール）を、脱水、異性化、重合、水素添加させてイソオクタンを製造する実験に明け暮れた。「毎日アルコールの蒸気に満ちた実験室で実験をくり返し、このためにその頃は自分でも目立つほどに酒に強くなったものである」という[107]。この研究は中間試験まで完成を見て、それに対して1944（昭和19）年9月に陸軍技術有功章が授与された。この添加燃料は山口県岩国の陸軍燃料廠で工業化されたが、爆撃を受け、実際には大量には製造されなかった[108]。

---

104) 石井『陸軍燃料廠』（注101）81-82、100頁.

105) 前掲書、152、234頁.

106) 人造石油事業史編纂刊行会編『本邦人造石油事業史概要』（人造石油事業史編纂刊行会、1962）61頁.

107) 福井『学問の創造』（注7）139頁.

108) 前掲書、140頁. 福井はこの時の研究をもとに次の2報の論文を出している. 福井

1945（昭和20）年8月15日は朝から暑い日であった。正午に玉音放送があった。午後、兒玉は学生たち全員を燃料化学科の階段教室に集めて声涙ともに下る話をした。「日本の大学が存続できるかどうか分からない。どんな辺鄙な地でどんな仕事をしても、決して学問を捨てないで頑張って欲しい」という趣旨の話であった[109]。秋から大学は再開されたが、その時、兒玉は一回生を集めてこう演説した。

　　　日本は今、資源のある土地を全部失った。残ったのはこの島国だけ、これからの日本の生きる道はただ一つ、世界中からあらゆる資源、原料の一番安いものを購入して、自らの知恵［と］技術をもって加工し、その製品を輸出して国の繁栄を計ること、それ以外に方法はない。そしてそれは必ず出来る[110]。

　そして、「これにそなえて今のうちに充分基礎化学の勉強をしておくことが必要である」と説いた[111]。師の喜多が力説していたことを、戦後の文脈で語り直した言葉であった。兒玉の力強い訓示は、目標を失い途方に暮れていた学生たちを大いに勇気づけた。

　1947（昭和22）年春、GHQの命令で合成石油の研究は禁止され、構内東部にあった化研の中間プラントは撤去された[112]。東京帝大、東京工大、北海道帝大にあった燃料関係の学科はいずれも戦後間もなく応用化学科に変更または吸収され消滅した[113]。京都でも燃料化学という名前は軍国主義の臭いがして就職にも支障

　　謙一「ブチレンの異性化速度に關する一考察（第一報）」『日本化學會誌』第16帙、第3號（1944）：240-244；「ブチレンの異性化速度に關する一考察（第二報）」同、245-251．両論文の末尾に兒玉信次郎、長谷川基への謝辞が書かれている．

109）　岡崎達也「RCR（二十二）のころ（戦争末期から戦後）」『京都大学工学部燃料化学・石油化学教室五十年史』（注55）170-192頁所収、引用は172頁．

110）　吉田譲次「兒玉語録あれこれ」、兒玉先生をしのぶ会編『兒玉先生をしのぶ文集』（兒玉先生をしのぶ会、1996）、82-83頁所収、引用は82頁．

111）　「五十周年記念座談会　第一部　兒玉名誉教授を囲んで創設期を語る」（注72）233頁．

112）　城戸剛一郎「兒玉信次郎先生から始まる私の戦後」『兒玉先生をしのぶ文集』（注110）84-85頁所収、85頁参照．

206 | 第4章 燃料化学から量子化学へ

が出ると言って、一部の新入生が騒ぎ出したこともあったが、兒玉は頑として燃料化学科を存続させた[114]。

戦争直後、京大燃料化学教室に戻った福井が最初に兒玉の指導の下に取り組んだのが化学反応の工学であった。実験をやるにも装置も資材もなく、電気さえ自由に使えない状態であったため、兒玉は「紙と鉛筆」で仕事をすることを考えた。それが化学工学であった[115]。

喜多らの努力で京都帝大の工業化学科にわが国で最初の化学工学の講座である「化学機械学講座」が設置されたのは1922（大正11）年のことである。講座の担当者となったのは、大日本セルロイドから招かれた亀井三郎（1920年工業化学科卒業）であった。しかしその教育方法も当時はまだ手探りの状態で、亀井は最初の3年間を工学部機械工学科の聴講生として機械工学を勉強し、それを自分の講義に取り入れつつ自己流の授業を行うといった状態であった。1927（昭和2）年から2年間、亀井は欧米留学を命じられ、化学工学を本格的に学ぶ機会を与えられた。留学の前半に訪れたドイツの工科大学での教育は化学装置の解説に終始するだけのもので失望させられたが、後半に滞在したアメリカのマサチューセッツ工科大学（MIT）ではウィリアム・マクアダムス（William Henry McAdams）から丁寧な指導を受け、大いに眼を開かされた。帰国後はMITで学んだものを京大の授業に活用した。彼が受け持った工業化学科の必修科目「化学機械學第一部」「化学機械學第二部」は、MITのウィリアム・ウォーカー、ウォーレン・ルイス（Warren Kendall Lewis, 1882-1975）、マクアダムスの共著による教科書『化学工学の原理』（*Principles of Chemical Engineering*、1923）をベースとし、単位操作の教育を中心として行われた。その後、京大における化学工学の講座は拡充され、1940（昭和15）年に化学機械学科として工業化学科から独立することになる[116]。

---

113) 武上「兒玉先生を偲ぶ」（注55）11頁.

114) 吉田「児玉語録あれこれ」『児玉先生をしのぶ文集』（注110）82頁.

115) 児玉『研究開発への道』（注74）174頁.

116) 化学工学教室四十年史編纂委員会編『京都大学工学部化学工学教室四十年史』（京都大学工学部化学工学教室洛窓会、1983）8-14頁. ウォーカーらのテキストは、William H. Walker, Warren K. Lewis and William H. McAdams, *Principles of Chemical Engineering* (New York: McGraw-Hill, 1923).

児玉は、自分が大学を卒業した時には「化学工学の知識はまず皆無であった」と振り返る[117]。というのも、1928（昭和3）年に工業化学科を卒業した児玉は、在学中、亀井が留学中であったため、こうした最新の教育の恩恵に預かることはできなかったのである[118]。しかし、児玉には卒業後、企業のプラントでの勤務体験があった。住友化学在職中、アンモニア合成工場の近くで働いており、その反応塔を毎日眺めていたが、反応塔についての理論的研究は不十分で、その設計法も確立していなかったことに着目した[119]。第2章で見たように、京大に復帰してからは、人造石油製造のための中間試験工場での装置の運転体験があった。1941（昭和16）年に書いた報文の中で彼は、化学反応装置の設計に必要な理論を確立する必要があり、紙と鉛筆で設計ができるようにすべきであることを示唆していた[120]。戦時中から始めたポリエチレンの高圧合成の研究においても、反応装置の中で化学反応を円滑に進行させるためには、どのような温度分布が最も有効かを明らかにしたいと常々考えていた[121]。

　一方の福井は工業化学科の学生時代に亀井の化学機械や化学機械製図を履修していたので、化学工学には馴染みがあった[122]。化学工学には、得意の数学を使っ

117）　児玉『研究開発への道』（注74）198頁.

118）　児玉は次のように書いている.「担当される亀井三郎先生は、たしか大正十五年にちょっと講義をされただけで（私はその第一回の生徒である）海外留学にでられ、本格的講義をされたのはご帰朝になってからである. 大正十五年の亀井先生の講義は、まだ機械工学の入門についてなされたのみで、化学工学にははいられなかった.

　　私は三年生のときに化学機械学という講義を聞いたのであるが、この講義は［亀井の代理で］中沢良夫、喜多源逸、松本均、三先生が分担され、化学工業に使う装置の図面のようなものをたくさん示され、名称や使用法を話されたのがおもな内容で、装置を設計するのに必要な理論や計算法の話はほとんどなかったように記憶している.」児玉『研究開発への道』（注74）198頁.

119）　前掲書、200頁.

120）　児玉信次郎「合成石油中間工業試験報告」『化學機械』第5巻、第3號（1941）：124-141、とくに124頁.

121）　福井『学問の創造』（注7）141頁.

122）　福井の在学当時に工業化学科の学生に必修として課されていた亀井の授業科目は次の通りである. 第1学年：「物體輸送」（第1学年）、第2学年：「化學機械學第一部」「化學機械實驗及製圖」、第3学年：「化學機械學第二部」「設計製圖」.「児玉信次郎先生御生誕百周年記念特集」『洛朋』（注55）20頁に昭和14年入学者用履修要覧が掲載

208 | 第 4 章　燃料化学から量子化学へ

て解くことができる課題が山積していた。こうして、兒玉は福井にまずアンモニア合成を例にとって、効率のよい生産をするための最適温度分布を紙と鉛筆で計算することを指示したのであった。この温度分布にしたがって装置を運転すれば、一定の装置で最大のアンモニアが製造できることになるのである。福井はこの研究をもとに、「化学工業装置の温度分布に関する理論的研究」という題の学位論文を書き、1948（昭和 23）年 6 月に京都帝大で工学博士号を取得した。196 頁にも及ぶ手書きの長編論文であったが、全編数式で埋められていた。応用化学の分野で、実験なしの理論的・数学的研究で工学博士の学位が与えられたのは、全国で初めてのことだといわれる[123]。

　学位論文は手書きで 3 部つくる必要があったため、妻の友栄に清書を手伝ってもらった。旧姓堀江友栄とは 1947（昭和 22）年 2 月に結婚した。女学校を卒業し、キュリー夫人にあこがれ東京の帝国女子理学専門学校（現、東邦大学）で物理化学を勉強した才女であった。結婚式は喜多源逸を仲人にして上賀茂神社で挙げ、百万遍の近くの古びた家で新生活を始めた[124]。二人で出来上がったばかりの学位論文の 1 冊を持参して北白川の喜多邸に挨拶に行くと、喜多はそれをぱらぱらとめくり、一言「ああ、厚いな」と言っただけで閉じてしまったという[125]。

　当時の福井は毎晩、家で計算に熱中していた。友栄はこう書いている。

　　　されている.

123)　米澤・永田『ノーベル賞の周辺』（注 10）87 頁. 福井の学位論文は現在、京都大学に 1 部、国会図書館に 1 部保管されており、後者は閲覧が可能である. 福井は 1940年代後半から 1950 年代前半にかけて、兒玉と連名で化学工学に関する 20 編近くの論文を出している. 例えば、兒玉信次郎・福井謙一・田中秀男「最大収率を與える触媒層の温度分布について」『化學機械』第 15 巻、第 2 号（1951）：85-87；兒玉信次郎・福井謙一「反應塔の設計特に傳熱面積と入口溫度との決定について」『化學機械』第15 巻、第 3 号（1951）：145-147；兒玉信次郎・福井謙一・馬詰彰「アンモニア合成原料ガスの最適組成について」『工業化學雜誌』第 54 巻、第 2 冊（1951）：157-159.また、馬詰彰「五十年前の日本における化学反応工学」「兒玉信次郎先生御生誕百周年記念特集」『洛朋』（注 55）12-15 頁を参照.

124)　二人の出会いから新婚時代については、福井友栄『ひたすら』（講談社、2007）、31-52 頁；福井『学問の創造』（注 7）143-147 頁参照. 二人の間には一男一女が生まれ、長男の哲也は、1972（昭和 47）年京大薬学部を卒業し、後に星薬科大学教授になった.

125)　福井友栄、筆者とのインタビュー、2006 年 11 月 25 日（注 25）.

ある日の夜半か未明の頃、隣の小さい部屋で計算していた夫が、私の寝ている布団の衿を小さく振り動かし、声をかける。

「起きなさい。起きなさい」

　何事かと半睡のまま起きてゆくと、数十枚の計算用紙の最後のものらしい一枚の半紙を手に持ち、笑みを顔一杯に浮かべて私に見せる。

「これきれいだろう！　きれいだろう？」

　その最後の一枚は、紙幅一杯長い数式が、一段一段短くなってゆき、最後は三センチくらいの単純な数式で終わっている。

　数式全体は、長めの直角三角形で、私にもその美しさはわかる。

「ほんときれいね」と言って寝てしまうが、この経験が、同じパターンで数回繰り返され、時には眠いのでお愛想で「きれい、きれい」と言ったこともある[126]。

　友栄によれば、「夫は、『天は二物を与えず』の諺どおり、考える以外の日常性の不器用さには信じがたいところがあった」という。

　戦後の東海道線は混雑し、上京のたびに夫は席をとることができないのである。行列に並んでいても、必ずはじき飛ばされ、最後の最後になるので、徹夜した朝など心配でならない。……〈中略〉……

　バスなどは私が乗れても、夫は乗れないで取り残される。仕方がないので、次のバス停で降りて待つこともあって、これは新幹線が指定席になっても時々起こったのが信じられない。ホームに取り残された無念な表情を見て、私はバスの時の経験を思い出し、名古屋駅で降りて待っていると、次の電車の乗降口からニコニコと手招く[127]。

　友栄は結婚後も大学で勉強したいという希望もあったが、いつの間にか、こんな学者肌の夫の裏方として、その研究生活を守る方が大事だと考えるようになっ

---

126)　福井友栄『ひたすら』（注124）46頁.

127)　前掲書、47-48頁. 福井友栄「何もかも夢中」、福井『学問の創造』（注7）255-258頁所収も参照.

210 | 第4章　燃料化学から量子化学へ

た[128]。

6 フロンティア軌道理論をつくる

　1947（昭和22）年9月、京都帝国大学は京都大学と改称し、1949（昭和24）年7月より4年制の新制大学となった。燃料化学科も、それまでの人造石油中心の研究・教育から、反応機構や反応速度などの基礎化学、および石油化学やプラスチック、触媒化学、高温化学などへ重点とする分野を移すことにより新たな活路を見い出すようになった。こうした中で、基礎化学としての量子化学も今まで以上に研究しやすい雰囲気になっていた。福井は戦時中に職業軍人として勤務していたため、戦後GHQから公職追放に遭いそうになったが、兒玉の説得でそれを免れたといわれる[129]。

　福井は独立の研究室を持って卒業研究生を受け入れ始めた。米澤貞次郎は固体触媒の量子論（金属の表面準位と触媒作用との関係）に関する卒業論文を書き、1947（昭和22）年秋から、兒玉と福井の推薦を受けて大学院特別研究生（大学教官の養成を主目的に、成績優秀者の中から選抜して研究生として5年間奨学金を与える制度）として福井研に残った。この頃から、兒玉、福井、米澤を中心として、燃料化学教室で数名の有志が集まり、いわゆる「理論セミナー」を開くようになった。

　当時、湯川秀樹の『量子力学序説』（1947）や『素粒子論序説（上巻）』（1948）、荒木源太郎の『原子論』（1948）が相次いで刊行された。終戦直後の廃墟の中で「これらの名著は、さながら砂漠のオアシスのように、私のグループの研究者たちを潤してくれた」と福井は書いている[130]。福井のやり方は、多数の論文や本を広く読むのではなく、ごく少数の優れた文献を精選して、それらを一字一句も疎かにせず徹底的に読みこなすことであった。数式もひとつひとつ自分で導きながら納得するまで読んだ。セミナーでは、文献を輪読して討論したほか、福井が電磁気学の講義を、兒玉が相対性理論の講義を行った。後者は、ディラックの相対論的量子力学を理解するには相対性理論そのものを学ぶ必要があったために

---

128)　福井友栄『ひたすら』（注124）45頁.

129)　梶山、筆者とのインタビュー、2007年8月20日（注94）.

130)　福井「私の履歴書」（注6）160頁.

6 フロンティア軌道理論をつくる | 211

行った。こうして、工学部に属する化学者たちが教官・学生の垣根を超えて理論物理学の先端分野まで熱心に学び自由闊達に議論したのである。セミナーは1951（昭和26）年頃まで続いた[131]。「物理学の教室なら学生時代にやるような勉強ではないか、と言われても仕方がなかったし、こうした営みのなかから何かが生まれようとは、当時だれも期待していなかったかもしれない。それでも希望を持って明るく勉強できたのは、われわれの若さのせいだった」と福井は振り返る[132]。

永田親義もこのセミナーに学生として参加した。永田は米澤と同期であったが、病気休学したため、卒業が遅れた。復学後、体力的に実験は人並みにやれそうもなく、また理論が好きであったこと、荒木源太郎の応用物理学の講義を面白く感じたことなどから、工業化学科の荒木研究室に入った。卒業研究として図書室でX線回折に関する文献を調査してまとめることを命じられたが、あまり興味がもてなかった。そのような時期に、工業化学科主任であった舟阪渡から、「君は理論物理の研究室にいて将来どうするつもりなのか、理論をやりたいのであればもっと化学に近い理論を福井さんがやっているから、そちらに移ってやったらどうか」と勧められ、1950（昭和25）年の夏休みから福井研に移った[133]。卒論はポリメチレン色素の量子論的研究（電子状態の計算）を行い、その後1962（昭和37）年まで福井研に在籍した。なお、荒木は、1957（昭和32）年4月に大学院工学研究科原子核工学専攻の設置に伴い、原子核反応工学講座が開設された際、工業化学科より担任換えとなった。その結果、荒木のいた工業化学科第九講座はついに廃止に至ったのである[134]。

1951（昭和26）年は福井の研究人生にとって極めて重要な1年となった。その年の春、福井は助教授から教授に昇任した。春から初夏にかけてフロンティア

131）　米澤・永田『ノーベル賞の周辺』（注10）118-122頁.

132）　福井「私の履歴書」（注6）161頁.

133）　米澤・永田『ノーベル賞の周辺』（注10）112-113頁、引用は113頁；山邊編『化学と私』（注1）233頁；永田親義、筆者とのインタビュー、2008年9月16日（横浜）.

134）　京都大学七十年史編集委員会『京都大学七十年史』（京都大学、1967）717、732頁.荒木研究室には正規の工業化学科の卒研生はほとんど入ってこなかったという.藤永、筆者とのインタビュー、2013年10月11日（注92）.

図 4-5　研究室の福井謙一
教授に昇進したばかりの 1951（昭和 26）年頃の撮影。講義の直後に学生が撮った写真。福井家所蔵。

電子理論（当時の名称）を構想し、秋にアメリカの雑誌に投稿した。後のノーベル化学賞に繋がる論文の第一報である。

　同年 4 月、福井は 32 歳で教授となり、第四講座（高温化学）を担任した。この昇格で講座運営の権限を手にしたことが彼の理論研究を更にやりやすくしたことは確かであろう[135]。彼は学部では「物理化学演習」と「燃焼工学」を、大学院では「工業物理化学」そして後に「化学統計力学」の科目を講じた。

　その少し前の同年 2 月 8 日未明、燃料化学教室の建物で火災が発生した。午前 1 時 30 分頃、赤レンガ鉄筋二階建ての一階南隅の第三実験室から出火し、同実験室および 2 階の図書室、兒玉教授室、実験室、研究室など計 15 室を全半焼し、学科の 6 割程度に当たる約 250 坪を焼失した。京都市内の約 30 台の消防車が出動して消火に当たり、午前 3 時頃鎮火した。

　新聞報道によれば、「同教室内にはおびただしい実験器具、薬品等のほか喜多

---

135) この点は次の文献でも指摘されている．Bartholomew, "Fukui, Ken'ichi"（注 5）p. 87.

源逸名誉教授寄贈にかかる喜多文庫（有機化学に関する諸外国の文献類約五千冊を集めた貴重なもの）を始め図書約一万五千冊が焼失しており損害は建築五百万円、図書一千万円、設備薬品など一千万円、合計二千五百万円を上回ると推定される」[136]。兒玉がドイツ留学中に購入した物理学の原書もこの時すべて灰になった。

前夜10時過ぎまで第三実験室で有機合成の実験をしていた二人の三回生の学生の実験台のヒーターから出火したものとみられた。新聞報道によれば、第三実験室の責任者であった新宮春男は「実験は発火を伴う性質のものではない。ヒーターは使うがスイッチが切れたままの状態にあり、しかもヒーターはスレートと耐火レンガの上に置いて使うことを原則としているからこの点了解がつきかねる」と語った[137]。市消防局による現場検証の結果、出火原因は電熱器の余熱による自然発火と断定されたが、「出火点となった問題の八百ワット電熱器は家庭で通常使われているのとは違い足がなくレンガを足場に実験用長テーブルと接しているという危険なもので机と接する部分は長時間の使用のためにすでに黒こげ、同夜二学生がスイッチを切ったとしても余熱のために黒こげ部分は煙も出ぬままですでに小さな火のかたまりとなり帰宅したあと次第に火勢を強めたと考えられ」た[138]。新宮は責任を感じて辞表を出すことも考えていたという[139]。結局、工学部では調査委員会を組織し、原因を科学的に究明するとともに再び同じ事をくり返さないための対策を検討することを公に表明した[140]。

燃料化学教室の火災は世間の話題となり揶揄もされた。『朝日新聞』の天声人語は、「燃料化学教室だけに『実験』が少々派手すぎたのだ。旧正月でいまは吉田山にも月はないが、あれば、さぞや煙たかったことであろう」と書いた[141]。NHKラジオの人気番組「日曜娯楽版」の中の「冗談音楽」で、作詞作曲家の三

---

136) 「明治三十三年の建築　文献、圖書約二万が焼失」『みやこ新聞』1951年2月9日.

137) 「電熱器自然過熱か　今曉京大工学部の15教室を全半焼」『夕刊京都』1951年2月9日.

138) 「"貴重なる実験"京大教室かくて焼く」『朝日新聞』1951年2月10日.

139) 新宮秀夫、筆者とのインタビュー、2013年11月8日（京都）.

140) 「電熱器の責任は？　微妙な"四つの場合"京大教室失火事件」「電氣の火災発生　京大火災　六教授で調査委結成」『朝日新聞』1951年2月10日.

141) 「天声人語」『朝日新聞』1951年2月10日.

214 | 第4章　燃料化学から量子化学へ

木鶏郎は「教授、燃料化学教室が燃えています」「うーん、燃料化学教室もいい燃料になるな」というコントを入れた[142]。

　大学は建物の復旧のために350万円を投じ、4月の新学期までに間に合わせるよう、直ちに工事を始めることとした[143]。福井の教授室は1階にあり焼け残ったが、2階部分とその屋根が焼失したために、雨が降れば雨漏りを避けることができなかった。そこで、修復工事が完了するまでの2ヶ月間、部屋が焼けた者と、雨漏りのする部屋にいる者が、焼け残った部屋に同居せざるを得なくなった。その結果、新宮と福井、それに福井研究室の2人の大学院生である米澤貞次郎と永田親義が1階の実験室に同居することになった。こうして、理論化学者の福井と実験有機化学者の新宮が再び机を並べて議論する場がセットされたのである。「その一階のだだっ広い実験室は私の将来に決定的な方向を与えた論文の思想が胚胎した記念すべき場所となった」と福井は振り返る[144]。後に梅原猛との対談の中で、福井はその時のことをこう語っている。

　　　その［火災後の］時期にいろいろ新宮先生と雑談する機会ができました。炭化水素の反応を説明する理論があるかどうかという話になると、「その説明はまだない」と新宮先生がおっしゃった。先生は、電子説にお詳しい方であったので、この言葉が炭化水素の反応性質に私を向けたのです。炭化水素が量子論でしか説明できないとはわかっていないにしても、「まだ説明がついていないのなら、自分が量子論を使って説明を試みてみよう」と思い立ったわけです。……〈中略〉……

　　　そういう経過を振り返ると、火事で焼け出された先での雑談が、きっかけといえばきっかけですね[145]。

「新宮さんと福井さんは議論しだしたらもうとまるところを知らず、あきれてしまいます」と、彼らを知る者が漏らした[146]。

---

142)　鶴田、筆者とのインタビュー、2006年8月12日（注69）.

143)　「新学期までにまにあわす　化学教室復旧」『朝日新聞』1951年2月10日.

144)　福井『学問の創造』（注7）162頁.

145)　梅原・福井『哲学の創造』（注8）43-44頁.

146)　小方「無口で孤高、しかし思いやりに富む人柄」（注53）5頁.

図 4-6　燃料化学教室の建物の火災を報じる新聞の切り抜き
1951（昭和 26）年 2 月 9 日付。京都大学大学文書館所蔵。

216 | 第4章 燃料化学から量子化学へ

　この時の新宮は、既存の反応理論、すなわち有機電子論では、炭化水素の反応性をうまく説明できないという問題提起をした。有機電子論（単に電子説ともいう、electronic theory of organic chemistry）は、1910年代にアメリカのギルバート・ルイス（Gilbert N. Lewis）の研究に端を発し、1920-30年代にアーサー・ラプワース（Arthur Lapworth）、ロビンソン、クリストファー・インゴールド（Christopher Kelk Ingold）らのいわゆる「イギリス学派」（The English school of organic chemistry）が発展させたもので、化学結合の性質や反応機構をプラスとマイナスの電気の引き合う性質で説明する理論であった。分子中の電子が帯びている電気量の分布（電子密度）で反応が生じる位置や方向を推定するこの理論は、広範な有機化学の現象を統一的に簡単かつ分かりやすく説明する理論として化学者に大きな影響力を持っていた[147]。

　新宮の有機電子論批判は、彼が1949（昭和24）年末に『京都大學化研講演集』に発表した「有機化學反應性の電子論的解釋に就いて」に見ることができる。その中で彼は次のように書いている。

　　故に若しこの酸化・還元に於ける電子の受渡しの制限をゆるめて電子共有をも含めることにすれば、一見あらゆる化學反應はこの一般化された電子論的酸化・還元概念の中に包含されることになる。Lapworth、Robinsonから C. K. Ingold に至る英國の有機電子説は斯る一般化から出發した反應理論であると云える。彼等は反應性の基準を電子に對する電氣的親和力に從つて陰陽の對立するイオン的状態に求め、一般化された鹽基及び還元劑の反應性をアニオン性（anionoid）或は求核性（nucleophilic）酸及び酸化劑の夫れをカチオン性（cationoid）或は求電子性（electrophilic）と分類し、中性原子及び遊離基類を両性的としてその中間に置いた。然し、斯様な一般化が全く皮相的なものに過ぎないことは、反應性の基準を考察するに當つて正に有機化學に特有の共有結合が電氣的中性の原子、又は遊離基から生成する場合を除外せねばならぬことからも明かである。即ち、不飽和反應性の中で酸・鹽基の電子論によつて説明されずに殘された重要な部分——遊離基的若くは原子

――――――――――――――――――

147）　イギリス学派については、Nye, *From Chemical Philosophy to Theoretical Chemistry*（注80）Chapters 7, 8 参照.

6 フロンティア軌道理論をつくる | 217

的反應性をこの電子論はその出發點から無視してゐるのである[148]。

　この論文にはナフタレンという物質名の言及はないが、仮住まいの実験室で交わされた新宮と福井との会話の中で、電子説でその反応性を説明できない炭化水素の典型としてナフタレンが話題になったと思われる。米澤らによれば、

　　新宮教授がとくに問題にしたのは、有機電子説をはじめ当時広く流布していた量子化学的反応性理論は、ナフタレンの反応性をうまく説明できないということであった。たとえばナフタレンと硝酸を反応させると、硝酸のニトロ基がナフタレンの水素と置換してニトロナフタレンができるが、このようなニトロ化反応は圧倒的に α 位置に起こり、β 位置にはほとんど起こらない。ところが有機電子説やその他の反応性理論は、この事実をすっきりと説明できないから本当の理論といえないといいうのである。新宮教授のこの批判は確かに既存の理論の欠点をつく本質的なものであった。新宮教授はナフタレンのこのような反応性を説明できないようでは理論の存在理由はないとまでいい切った。この厳しい批判に対して福井先生は直ちに答えることはできなかったが、実験化学者が提起したこの問題に理論化学者としてはっきり答えなければならないと思い、そのことが強く頭に残ったことは確かである。そして、このことがフロンティア軌道理論を生む一つのきっかけになったといえる[149]。

　有機電子論以外にも当時、量子化学的な反応理論がいくつか提起されていた。例えば、イギリスの数学者チャールズ・クールソン（Charles Alfred Coulson）は静的な化学結合論を、その弟子のヒュー・ロンゲット＝ヒギンス（Hugh Christopher Longuet-Higgins）は「π 電子密度法」を提唱した。いずれも有機電子論の考え方を発展させて、反応試薬の接近による影響で電子密度分布が変化することを分子軌道法で計算する方法であった。また、ポーリングの弟子ジョー

---

148)　新宮春男「有機化學反應性の電子論的解釋に就いて」『京都大學化研講演集』第 19 輯（1949.12.20）：1 -10、引用は 3 頁．太字は原文のまま．

149)　米澤・永田『ノーベル賞の周辺』（注 10）123-124 頁．

218 | 第4章 燃料化学から量子化学へ

ジ・ウイーランド（George Willard Wheland）は、分子中の反応が起きる場所に電子を局在させるのに要するエネルギーをヒュッケル法で計算する「局在化法」を発表していた。しかし、これらの理論でもナフタレンの反応性はうまく説明できなかった。福井によれば、

　　そのような理論に触れても、私には何かぎくしゃくとした感じがした。……〈中略〉……夏目漱石の『夢十夜』に描かれた運慶の「仁王」のような、自然さを感じさせる理論に思えなかったのである。もっと無理なくこの現象を説明する理論はないか。もしもそれが見つかればより普遍妥当性をもった化学反応理論となるかもしれない。そう思うと、芳香族炭化水素の化学反応に長らくあたためてきたテーマの照準が定められた[150]。

　既存の理論に感じたこの違和感を、福井は「所与性の自然認識」から生じた感覚の一つであると述べている[151]。漱石の『夢十夜』（1908）の「第六夜」に出てくる話は、護国寺の山門で運慶が仁王像を彫っているところを見物した自分は、隣の男が「運慶は、木の中に埋まっている仁王を掘り出しているだけだ」と言っているのを聞き、自分も仁王像を彫ってみたくなり、家にある木を彫り始めるが仁王は一向に出てこないというものである。福井はこの話と自然科学における理論構築とを次のように結びつけている。

　　運慶が仁王を彫る手つきはいかにも無造作であり、荒削りであり、無遠慮であったが、そのように見えるのは、最初から木の中に埋まっている仁王を掘り出すかのような自然な無理のない創造であったからにほかならない。自然科学における創造の理想的な姿も、かくあらねばならない、と私は思う。自然科学者は、モデルの組み立てにおいても、その論理的処理においても、無理があってはいけない。極力不自然さを排さなければいけない。さもなければ観測結果に対する解釈は歪み、意味のない情報を針小棒大に受け取り、逆に、重要な情報を黙殺し、あげくにはきわめて不自然な感じを与える、力

150）　福井『学問の創造』（注7）161頁.
151）　前掲書、138頁.

6 フロンティア軌道理論をつくる | 219

でねじふせたようなぎくしゃくとした理論を構築してしまう結果になりかね
ないのである。そのような理論には、運慶が彫る仁王のような創造性は竟に
現れないに違いない[152]。

　結局、福井は既存理論の問題点を克服するには、量子力学を使うにしても、こ
れまでとは異なるアイデアに基づくものでなければならないと考えた。まず、福
井は π 電子の中に反応に特別に重要な役割を演ずるものがあるのではないかと考
えた。その役割の違いを決めるのは、電子のもつエネルギーであり、分子中で最
も高いエネルギーをもつ電子に着目したのである。原子内の電子のうち、原子核
の周りの一番外側の軌道にある最も高いエネルギーをもつ電子（価電子）が、原
子どうしの結合に重要な役割を果たすことは知られていた。福井は、分子軌道法
の発想と同じく、原子を分子に置き換えても成り立つと仮定し、分子と分子が化
学反応を起こす際、結合にあずかる電子——福井はそれを「にじみ出る電子」と
呼んだ——はエネルギーが最も高い軌道、すなわち「最高被占軌道」（Highest
Occupied Molecular Ortbital、略称 HOMO）を占有している電子が特別な役割
を果たすのではないかと考えた[153]。

　福井のいう分子中の「にじみ出る電子」の分布を調べるのに最適の方法は、当
然、分子軌道法である。そこで、分子軌道法の中でもとりあえず最も簡単な
ヒュッケル法により、計算尺と対数表を使って、ナフタレン分子のエネルギーの
最も高い軌道を占める電子だけの分布についてあらましの計算をしてみた。幸い、
ナフタレンのように分子の形が規則的なものは比較的計算がしやすかった。計算
してみると、α 位置の電子分布は β 位置に比べて圧倒的に大きく、反応が α 位置
だけに起こるという、文献上の実験事実と見事に一致した。

　この時の計算も家で行った。妻の友栄は回想録の中でこう書いている。福井は
夜中に寝ている友栄を起こし、丹前を着たまま計算式の紙を持ってヒラヒラさせ
ながら、

　　夫としては非常に珍しい、ちょっと浮かれた表情で、枕元を行ったりきた

---

152)　前掲書、83 頁.
153)　「にじみでる電子」については、前掲書、164-167 頁参照.

220 | 第4章 燃料化学から量子化学へ

りしている。そしてまた、「きれいだろう！」と鼻先で見せる。何かよほど嬉しいことがあるのだろう。寒いので、布団から首を持ち上げ、しばらく「ほんと、きれいね」と眺めていたが、眠いのでそのまま寝てしまったのである。

この夢うつつの未明の出来事が、三十年後にノーベル賞になるとは、まことに神のみぞ知る。

当時私は起き出しては、「きれいね」と同意していてよかったと思う[154]。

着想から計算を終えるまで数日とかからなかったが、彼はこの時点で「これはいけるぞ」と思ったという[155]。

大学ではその後さらに、米澤に手回しのタイガー計算機を使ってナフタレンを含む15の芳香族炭化水素について電子状態をより精密に計算させた。その結果、分子中で最もエネルギーの高い軌道の電子分布は、ことごとく既存の文献に記載されている反応性についての実験事実と見事に一致することが分かった。計算は一つの分子について2時間ほどかかったが、その度に米澤は「思わず感嘆の声をあげた」という[156]。こうして、5～6月には理論の骨格ができ上がっていった[157]。

論文の第一報は福井、米澤、新宮の連名で「芳香族炭化水素の反応性の分子軌道理論」と題して『化学物理学雑誌』（*Journal of Chemical Physics*、略 JCP）に1951（昭和26）年10月下旬に投稿し、翌年の4月号に掲載された。刷り上がりで4頁の短かくも中身の濃い論文であった[158]。福井にとって、海外の雑誌に投稿した最初の論文であった。『化学物理学雑誌』は、量子力学の興隆と量子化学の勃興を背景に、アメリカ物理学協会（American Institute of Physics、1931年設立）が1933（昭和8）年に創刊した雑誌である。初代編集長ハロルド・ユー

---

154)　福井友栄『ひたすら』（注124）47頁.

155)　福井『学問の創造』（注7）169頁.

156)　米澤・永田『ノーベル賞の周辺』（注10）126-129頁、引用は129頁；福井「私の履歴書」（注6）164頁；梅原・福井『哲学の創造』（注8）43-44頁.

157)　福井『学問の創造』（注7）162頁.

158)　Kenichi Fukui, Teijiro Yonezawa, and Haruo Shingu, "A Molecular Orbital Theory of Reactivity in Aromatic Hydrocarbons," *Journal of Chemical Physics*, 20 (1952): 722-725.

リー（Harold Clayton Urey）の表現を使えば、物理化学における「物理学寄り」の論文の受け皿である。すなわち既存の『物理化学雑誌』（*Journal of Physical Chemistry*）に載せるには「数学的過ぎる（too mathematical）」論文、『物理学レヴュー』（*Physical Review*）に載せるには「化学的過ぎる（too chemical）」論文を受理することを旨とした。したがって、量子化学関係の論文の多くは同誌に掲載され、この分野では最も権威のある雑誌であった[159]。

第一報では「フロンティア電子（frontier electron）」という名称が使われたが、その発案者は新宮であった。分子中で電子が占める最もエネルギーの高い軌道が、フロンティア（辺境）に相当し、その軌道の電子が反応の際に最前線で働くという意味で「この命名はまさにぴったりで、しかも何かスマートな感じがあった」という[160]。

福井は京大病院で死の床にあった喜多源逸に報告した。その時喜多は、これはもしかしてノーベル賞になるのではないかと呟いたという。福井は当時そんなことは思ってもいなかったので大変驚いた。彼はその時のことを後年こう書いている。「先生は……それ［私の理論］がストックホルムへの道につながることをかすかに夢みておられた。そのときの先生の目の動きを、私は決して忘れることができない」[161]。第一報が刊行された翌月の1952（昭和27）年5月21日、喜多は息を引き取った。

1954（昭和29）年、福井は、米澤、新宮のほかに永田を共著者に加えて第二報を『物理化学雑誌』に発表した。刷り上がりが第一報の倍以上の10頁になったこの論文は、審査に時間を要したためか、投稿してから掲載されるまでに1年以上かかった[162]。この論文では、置換芳香族炭化水素、異環化合物など広い範囲

---

159) Nye, *From Chemical Philosophy to Theoretical Chemistry*（注80）pp. 252-253、引用は p. 252.

160) 米澤・永田『ノーベル賞の周辺』（注10）133頁. 福井は *Journal of Chemical Physics* に第一報を投稿した直後に、『化學の領域』に総説記事を書いて自説を紹介した. 福井「不飽和炭化水素の反應性に關する量子力學的解釋の進歩」（注38）.

161) 福井謙一「スウェーデンを夢みた目の動きが忘れられない」、週刊朝日編『わが師の恩』（朝日新聞社、1992）19-22頁、引用は22頁；福井謙一「ノーベル化学賞を受賞して」『化学と工業』第34巻、第12号（1981）：907；Fukui, "Kenichi Fukui : Autobiography"（注7）.

162) Kenichi Fukui, Teijiro Yonezawa, Cjikayoshi Nagata, and Haruo Shingu, "Molecular

222 | 第4章 燃料化学から量子化学へ

の分子に適用範囲を広げ、そこでも理論と実験事実とが「ほとんど例外なくきれいに一致」することを示した[163]。ここでは、求電子置換反応では最高被占軌道HOMO の密度、求核置換反応では最低空軌道（Lowest Unoccupied Molecular Orbital、略して LUMO）の密度、ラジカル置換では両者を合わせたもので、それぞれ反応の方向性が決まるという重要な原理を提起した。この第二報から、HOMO と LUMO を合わせて「フロンティア軌道（frontier orbital）」という名称を使用するようになった。なお、第一報と第二報で使われた膨大な実験事実は、福井らが自ら実験を行って得たのではなく、米澤が何週間も図書館に籠もって19 世紀後半からのドイツ、イギリス、アメリカ、ロシアの既存の有機化学の論文を広範に調査し、そこから得たデータを使用したものであった。

7 反発から受容へ

　福井理論に早期から着目していた細矢治夫は、当時、日本人が外国雑誌投稿することの難しさについて次のように書いている。

　　福井グループが 1950 年代の初めに JCP に論文を投稿して半年程度で印刷されたというのは当時としては大変なことだった。しかも第 2 報も 2 年後のJCP に出ている。時は 1950 年代の初頭である。戦後間もない当時は、化学に限らず自然科学のあらゆる分野で日本の研究者たちは欧米の研究者や学術雑誌から冷たくいやらしい仕打ちを受けていたという。必死になって書いた論文の英語をくさされ、図がきたない、論文としての体裁も劣っている、大事な引用論文が落ちているなどの難癖をつけられ、揚げ句の果ては却下。幸い却下されなくても印刷までさんざん待たされたり、大事な情報をあちらのライバルに流されたりで、日本人学者が外国の雑誌への投稿を控えていたことを、著者［細矢］は多くの先輩化学者から聞かされていた。

Orbital Theory of Orientation in Aromatic, Heteroaromatic, and Other Conjugated Molecules," *Journal of Chemical Physics*, 22（1954）: 1433-1442. 1953 年 3 月 31 日に受理（received :「受け取り」の意）され、1954 年 8 月号に掲載された.

163)　米澤・永田『ノーベル賞の周辺』（注 10）137 頁.

図 4-7　燃料化学科の教官
1956（昭和 31）年頃撮影。右から福井謙一、新宮春男、兒玉信次郎、竹崎嘉真、武上善信。福井家所蔵。

　細矢は、福井論文が受理された理由は、まず「論文の英語も議論の進め方もきちんとできていたこと」、次に「徹底的な文献調査が行われていたこと」であると指摘する[164]。
　もちろん、論文が権威ある雑誌に掲載されることと、その内容が学界で受容されることは別の問題である。第一報の発表後から福井らの論文は研究者の注目するところとなり、別刷の請求もかなりの数に達したという。しかし反響の大半は福井理論に対する厳しい批判であり、積極的な支持はほとんどなかった。ウイーランドの局在化法やクールソンの静的方法が広く受け入れられていたところに、「日本の無名の研究者がそれらを批判するかたちで新しい理論を提起したので、皆一様に驚き、それをすぐには認めようとしなかったのはむしろ当然だったといってよい」と米澤と永田は書いている[165]。しかし、福井は守りに強かった。

　　「化学物理学雑誌」に理論を発表したのち同誌にでたいくつかの批判に対して［福井］先生はいちいち反論の論文を書いてこれらに答えた。批判者のなかで C. A. クールソンの弟子の H. H. グリーンウッド［Harry H. Greenwood］

---

164)　細矢「福井謙一と数学（その1）」（注11）80頁.
165)　米澤・永田『ノーベル賞の周辺』（注10）134頁.

224 | 第4章　燃料化学から量子化学へ

はとくに厳しく執拗であった。彼の主張は反応の際に重要な働きをするのは最高被占軌道の電子、つまりフロンティア電子ではなく、エネルギーの最も低い最低被占軌道の電子であるというものであった。何回かの批判と反論のやりとりのあと、彼はいずれ詳細な論文でこの問題を論ずるつもりだと述べたが、その後その論文はついにでなかった。こうしていくつかの批判に対して一つ一つきちんと反論したことによって、批判は次第に少なくなっていった[166]。

　フロンティア軌道電子の第一報の中心は分子内のフロンティア電子分布と実験結果が見事に一致するものであり、それだけでも論文として成り立つものであったが、なぜフロンティア電子が反応において特別に重要な役割を果たすのかについての理論的考察も加えた。投稿前に、その部分について工業化学科の理論物理学者である荒木源太郎にも何回か討論に参加してもらった[167]。そのため、第一報の謝辞には荒木の名も含まれていた。

　藤永茂（後にカナダのアルバータ大学教授）は荒木源太郎の助手として工業化学教室に勤務していた。彼はその頃の荒木の反応を「心から敬愛する故荒木源太郎先生の深層心理についての不遜な憶測」としながらも、こう回想する。

　　ある日、荒木さんが「福井君は分子軌道の一つだけを取り出して、その電子密度にえらく意味を持たせようとしているが、個々の分子軌道なんてユニタリー変換でどうにでも変わってしまうものだという点の認識が足らんみたいだね」と言われたことを、私は奇妙なほどはっきりと覚えている。この勝負、今から見れば、明らかに、福井さんの勝ち、荒木さんの負け、であるが、

---

166)　前掲書、134-135 頁．グリーンウッドの福井論文批判は、H. H. Greenwood, "Molecular Orbital Theory of Reactivity in Aromatic Hydrocarbons," *Journal of Chemical Physics*, 20 (1952): 1653; *idem.*, "Some Comments on the Frontier Orbital Theory of the Reactions of Conjugated Molecules," *ibid.*, 23 (1955): 756-757. 福井らの反論は、Kenichi Fukui, Teijiro Yonezawa, Chikayoshi Nagata, "Reply to the Comments on the 'Frontier Electron Theory'," *ibid*, 31 (1959): 550-551. 福井謙一「"Frontier Electron" その後」『化學の領域』第 8 巻、第 2 号 (1954)：73-74 も参照.

167)　米澤・永田『ノーベル賞の周辺』（注 10）133 頁.

私にとっては、荒木さんのコメントは依然として面白さを失わない。まず、いかにも鋭い理論家らしい発言である。専門の量子化学者は別として、ホモ [HOMO]、ルモ [LUMO]、ソモ [SOMO, Singly Occupied Molecular Obital, 半占軌道、ラジカル分子中の軌道のように一つだけの電子で占められている分子軌道] という用語を日常使用している化学者で、フロンティア軌道の実在性、不変性についての荒木さんのコメントの意味を正しく理解し、正しく反論できる人がどれだけいるだろうか。次に、当時の荒木さんが福井さんの新しいアイディアにつけた「いちゃもん」の中に、荒木さん自身もはっきり意識してなかった「しまった、やられた」という直感的反応がかくれていたのではないか、ということだ。若き福井氏が、その鋭いつるはしの先でカチンと掘り当てたのは埋もれた大金塊かもしれぬ、そして、掘り当てたのが自分ではなかった、という直覚があったのではあるまいか[168]。

　藤永はさらに、福井理論の海外の批判者たちも荒木と共通した意味での反応があったのではないかと論じている。

　　荒木さんはともかくとして、初期の福井理論に対してプルマン夫妻 [Bernard Pullman、Alberte Pullman]、グリーンウッド、ドーデル [Raymond Daudel] などの錚々たる連中が浴びせた、いらだちに満ちた反論や批判の奥にも「もしかすると、このフクイという男に、見事に一本とられてしまったのかも……」という不安を、私は嗅ぎつける。彼らがやっきになって示そうとしたように、フクイの新しい理論が、それまでの有機分子反応の諸理論にくらべて、特別には立ち勝っていないのなら、知らぬ顔をして放っておけばよかったのだ。それができなかったのは、フクイの釣針にかかった魚が大きいことを直感した彼らが「いや、大して大きくはあるまい」と、無理にも彼ら自身を納得させたかったのではなかったか？[169]

---

168)　藤永茂『おいぼれ犬と新しい芸―在外研究者の生活と意見―』（岩波現代選書、1984）103-104 頁．藤永は 1953（昭和 28）年から 4 年間、荒木の助手を務めた後、マリケンの招きでシカゴ大学理学部物理学科に 2 年間留学し、九州大学教養部教授を経て、1968（昭和 43）年カナダのアルバータ大学教授となった．計算化学の分野で顕著な功績を残している．藤永、筆者とのインタビュー、2013 年 10 月 11 日（注 92）．

226 | 第 4 章 燃料化学から量子化学へ

　福井自身述べているように、炭化水素の化学反応の仕組みも、一度このように解いてしまえば実に簡単に感じられた[170]。「こんな簡単なことをなぜ誰も気がつかなかったんやろ」と彼は後年、講義で語った[171]。欧米の最前線で長年活動してきた研究者たちからすれば、福井謙一はこの領域では全く無名の新参者であった。彼らの眼には、東洋の敗戦国日本、しかも工学部（論文の著者所属先は "Faculty of Engineering, Kyoto University" となっていた）という異質な場所から、自分たちが見落としていた「解いてしまえば簡単な」理論を携えて突然闖入してきた「よそ者」と映ったかもしれない。

　1953（昭和 28）年 9 月に国際理論物理学会が東京、日光、京都で開催された。1949（昭和 24）年に湯川秀樹がノーベル物理学賞を受賞し、日本の理論物理学のレベルが世界に認められたこともあって、敗戦から 10 年も経たない日本でこのような大きな国際会議を開くことができたといわれる[172]。マリケン、スレーター、クールソン、スウェーデンのペル-オロフ・レフディン（Per-Olov Löwdin）ら量子化学における錚々たる学者たちも参加した。

　とくにマリケンは、福井の最初の論文が出たのと同じ 1952（昭和 27）年、化学界に大きな影響を与えることになる「電荷移動（charge transfer）」の理論に関する論文を発表していた[173]。この理論は、電子を与えやすい分子と、電子を受け取りやすい分子があった場合、前者から後者へ電荷が移動して、前者には部分的正電荷、後者には部分的負電荷が生じ、分子化合物（錯体）ができることを説明した理論である。電荷の移動は、福井の考える分子間の電子の「にじみ出し」の一種に相当するものであり、それを分子化合物の面からも示したものであった。マリケンは東京で行った特別講演の中で、福井の論文を引用した。福井は次のよ

169）　藤永『おいぼれ犬と新しい芸』（注 168）104 頁.

170）　福井『学問の創造』（注 7 ）172 頁.

171）　紙尾「福井謙一先生の思い出」（注 11）.

172）　『日本物理学会誌』第 32 巻、第 10 号（1977）：760-766 所収の「〈特集〉日本物理学会のあゆみ」の「1953 年京都国際理論物理学会議の回想」に関する記事参照.

173）　Robert S. Mulliken, "Molecular Compounds and their Spectra. II," *Journal of the American Chemical Society*, 74（1952）: 811-824; *idem.*, "Molecular Compounds and Their Spectra. III. The Interaction of Electron Donors and Acceptors," *Journal of Physical Chemistry*, 56（1952）: 801-822.

うに回想している。

　　私の仕事が教授の仕事と密接な関連をもつであろうことを、教授は直ちに
　見通したのであろう。さすが慧眼というべきである。フロンティア軌道理論
　が世界的に定着するまでには、その誕生からおよそ十年の歳月を要したが、
　マリケンの講演は、私の論文をまず我が国の一般の化学者に知らしめ、その
　注意をひくのに役立つ結果となった[174]。

フロンティア軌道理論は国内でもまだ肯定的に見られていなかった、あるいは
関心を払われていなかった中で、世界的権威の学者が講演で取り上げたことに
よって、その評価が一気に高まった感があった。

　国内には東京大学の長倉三郎が中心になって始めた π 電子討論会という分子構
造や反応論の研究者の討論の場があった。1952（昭和 27）年 9 月に東大で開催
された第 1 回の討論会で福井が自説を紹介した時は反響はあったものの、「その
多くは既存の理論に比べてどこがすぐれているのかとか、なぜ全部の π 電子を考
えないで特定の電子だけを取りあげるのかといった批判的なものが多かった」と
いう[175]。この分野ではまだ東大勢の前で福井の京大グループは劣勢にあった。討
論会は 1956（昭和 31）年まで毎年開かれたが、以後福井は顔を出さず、代わり
に弟子たちが出席してフロンティア軌道理論に関する発表を行った。東京大学の
大学院生としてこの会に参加していた細矢治夫は、「当時の福井研は、米沢、加
藤［博史］、永田という三羽烏が研究室の若手を率いて学会に臨んでいたのであ
る。おそらくその頃は、関東の強者武士団が京都の異端グループ（？）を押さえ
込んでいたのではないかと、今にして思う」と述べている[176]。

　1962（昭和 37）年の学士院賞受賞によって福井の理論は日本中にさらに知ら
れるようになったといえる。受賞のきっかけを作ったのは福井理論の理解者で
あった高分子化学科教授の堀尾正雄であったという。学士院賞の受賞を通じて福

---

174)　福井『学問の創造』（注 7）180-181 頁．マリケンについては、Ana Simões, "Mul-
　　　liken, Robert Sanderson," *New Dictionary of Scientific Biography*, ed. Noretta Koertge,
　　　Vol. 5（Detroit: Thomson Gale, 2008）, pp. 209-214 参照.
175)　米澤・永田『ノーベル賞の周辺』（注 10）147 頁.
176)　細矢「福井謙一と数学（その II）」（注 11）107 頁.

228 | 第4章 燃料化学から量子化学へ

井は田中芳雄と知り合った。かつて東大応用化学科時代に喜多源逸とライバル関係にあった田中だが、当時はほぼ80歳の高齢であった。田中は、福井の論文に着目し、この理論は立体選択性（ある特定の立体異性体が優先的に生成する化学反応の性質）の問題に応用できないかと示唆した。当初福井は、それは無理ではないかと思った。しかし、数年後に田中の「科学的直感」が当たっていたことが分かることになる[177]。その経緯は次の通りである。

1964（昭和39）年、マリケンの60歳の誕生日を祝って出版された書物に、福井は「有機化合物の化学反応性についての単純な量子化学的解釈」と題する論文を寄稿し、ディールズ・アルダー反応を例にとってHOMOとLUMOの対称性が反応の選択性に結びつくことを論じた[178]。その年の1月にアメリカのフロリダ半島西岸に浮かぶ美しいサニベル島で開かれた量子化学シンポジウムで、福井は26歳前後の青年化学者ロアルド・ホフマン（Roald Hoffmann）と初めて会った。19歳年下の彼は、「口髭を生やし、まだ学生のような初々しさが感じられた」が、彼がハーバード大学で書いた拡張ヒュッケル法に関する学位論文は有名で、福井も注目していた。ホフマンも福井の論文を読んでいた。その時から2人の友情は終生続くことになる[179]。

ホフマンが師の有機化学者ロバート・ウッドワード（Robert Burns Woodward、1965年ノーベル化学賞受賞者）とともに、後に「ウッドワード＝ホフマン則（Woodward-Hoffmann rules）」と呼ばれることになる規則を発表したのは

---

177) 福井『学問の創造』（注7）193-194頁.

178) Kenichi Fukui, "A Simple Quantum-Theoretical Interpretation of the Chemical Reactivity of Organic Compounds," in P. -O. Löwdin, B. Pullman eds., *Molecular Orbitals in Chemistry, Physics, and Biology* (New York: Academic Press, 1964), pp. 513-537. 同書の2人の編者がかつてフロンティア軌道理論の批判者であったのは興味深い.

179) 福井『学問の創造』（注7）185-196頁. ポーランド（現在はウクライナ）のユダヤ系家庭に生まれたホフマンは過酷な少年時代を過ごした. ドイツ占領下にウクライナ人の家に匿われたが父をナチスに殺され、母とともにポーランドを脱出し1949年にアメリカにたどり着いた. この体験をもとに書かれた自伝的戯曲は翻訳され、日本でも上演されている. ロアルド・ホフマン（川島慶子訳）『これはあなたのもの─1943─ウクライナ』（アートデイズ、2017）. Roald Hoffmann、筆者とのインタビュー、2016年11月2日（名古屋）.

7 反発から受容へ | 229

図4-8　海外出張中の福井夫妻
1964（昭和39）年撮影。同年1月、福井は妻の友栄を連れてアメリカへ発ち、その後ヨーロッパ（スイス、フランス、イタリア）を回る2ヶ月にわたる長期旅行をした。フロリダ州サニベル島での国際会議でホフマンと知り合ったのもこの時である。福井は前年に続き2度目の渡航で、友栄は初めての海外旅行であった。福井家所蔵。

図4-9　ロアルド・ホフマン
1977年頃撮影。Roald Hoffmann氏所蔵。

この会議の翌年のことであった[180]。この法則は、フロンティア軌道理論が内包する可能性の全容を「世界の化学者の前に、目もさめるような形で示した」といわれる[181]。それはまだ解明されていなかった立体選択性のメカニズムをフロンティア軌道理論のアイデアを使って見事に説明したのである。すなわち、鎖状分子の両端が結合して環状になる反応は広く見られるが、その際、温度を上げて反応させるとシス体、光を照射するとトランス体ができるというように立体的に異なる生成物ができる。ウッドワードとホフマンは、熱的反応ではHOMOが光反応ではLUMOが反応に関わり、これらの軌道の対称性が保存される方向に反応が進むことを、福井のような厄介な数式を使わずに実験化学者にも一見してわかるような図式を使って示した。それはフロンティア軌道理論が実験分野を含めた有機

---

180) R. B. Woodward and Roald Hoffmann, "Stereochemistry of Electrocyclic Reactions," *Journal of the American Chemical Society*, 87 (1965): 395-397; Jeffrey I. Seeman, "Woodward-Hoffmann's *Stereochemistry of Electrocyclic Reactions*: From Day 1 to the JACS Receipt Date (May 5, 1964 to November 30, 1964)," *Journal of Organic Chemistry*, vol. 80 (2015): 11632-11671.

181) 藤永『おいぼれ犬と新しい芸』（注168）105頁．

化学の全分野にわたって関心を呼び広く受け入れられる契機を与えた[182]。

以後、福井のグループは、ウッドワード＝ホフマン則で扱われた多種類の反応を、福井理論の言葉である HOMO-LUMO 相互作用の観点から解釈し直すための論文を次々と発表した。フロンティア軌道の密度に加えて、電子が波の性質をもつところからくる「位相（phase）」が重要であり、位相が反応の対称性を決めることも示した。数式ばかりでなく、ホフマンらに倣って、軌道の「絵」を見せる可視化による表現も行うようになった。これを「Woodward-Hoffmann 則に触発された福井理論の見事な変貌」と評した者もいる[183]。

福井は後に、自分が電子分布だけでなく、軌道対称性の重要性をはっきり認識するようになったのは、ウッドワード＝ホフマン則が出たことによると素直に述べている[184]。ホフマンもまた、自分たちの理論における軌道対称性のアイデアは福井のフロンティア軌道論により啓発されたと述べている[185]。1981（昭和 56）年にノーベル化学賞が福井とホフマンの二人に与えられた際（ウッドワードはその 2 年前に他界していた）、『ケミカル・アンド・エンジニアリング・ニュース』誌は、ウッドワードとホフマンは福井のフロンティア軌道理論がなかったなら彼らの規則を着想しなかったであろうし、ウッドワードとホフマンがかくも簡明にアイデアを提示してくれなかったら福井への評価は更に多くの歳月を要したかもしれない、と報じた[186]。量子化学分野における受賞は、ポーリング（1954 年）、マリケン（1966 年）に次いで彼らが 3 番目であった。

藤永茂は福井のフロンティア軌道理論を「MO 法が咲かせた美しい花の 1 つ」と評した[187]。福井は VB 法や MO 法のような量子化学の根本概念を構築したわ

---

182) 米澤・永田『ノーベル賞の周辺』（注 10）165-166、201 頁.

183) 細矢治夫「福井理論の背景とその流れ」、日本化学会編『化学総説 No. 83　福井謙一とフロンティア軌道理論』（注 9）137-141 頁、引用は 140 頁. 例えば、Kenichi Fukui, "Recognition of Stereochemical Paths by Orbital Interaction," *Accounts of Chemical Research*, vol. 4（1971）: 57-64.

184) 福井「化学反応におけるフロンティア軌道の役割」（注 1）136 頁；米澤・永田『ノーベル賞の周辺』（注 10）169 頁.

185) Hoffmann, 著者とのインタビュー、2016 年 11 月 2 日（注 179）.

186) "Five Win Nobels for Chemistry, Physics"（注 3）p. 6.

187) 藤永茂「科学の 20 世紀　物質の科学 4　化学結合パズルへの挑戦—VB 法から MO 法へ—」『科学朝日』（1994.4）: 56-61、引用は 60 頁.

7　反発から受容へ　|　231

けではないが、既存の MO 法を使って「反応」のメカニズムを説明する理論を
作り上げた。その理論は多様な有機化学反応を一貫して説明しうる量子化学の一
つのパラダイムとなり、福井とその一門による論文の量産を促した。

　福井の弟子で講座の後継者となった山邊時雄は、京都大学教授として 30 年間
(1951-1982) 務めた福井の研究生活を 10 年ごとに区分し、初めの 10 年は「フロ
ンティア軌道理論の創生と展開」、次の 10 年は反論に対する「プロテクトに入っ
ていた時代」、最後の 10 年はさらなる理論を生み出して「攻めに転じていった」
時代であったと振り返る[188]。「攻めに転じた」時期の始まりは、1970（昭和 45）
年、アメリカの国家科学財団（National Science Foundation）の招きで、福井が
シカゴにあるイリノイ工科大学に客員教授として滞在した頃からであった。半年
間の滞在中に、福井は化学反応の最短経路を求める「極限的反応座標」（Intrin-
sic Reaction Coordinate、IRC）を着想し、同年『物理化学雑誌』に発表した[189]。
福井の弟子の加藤重樹と立花明知は、極限的反応座標の定式化と具体的な反応へ
の適用に大きな役割を果たした[190]。1976（昭和 51）年、福井はそれまでの考え
を『化学反応と電子の軌道』という著書にまとめた[191]。

　1980（昭和 55）年には、従来のフロンティア軌道理論と極限的反応座標の理
論を繋ぐものとして「相互作用フロンティア軌道（interaction frontier orbital）」
の理論を着想し、翌年第一報を『アメリカ化学会誌』（*Journal of the American
Chemical Society*）に発表した[192]。化学反応において、ある分子が、別種の分子

---

188)　山邊ほか「座談会：若手化学者師を語る」（注 11）18-19 頁.

189)　Kenichi Fukui, "Formulation of the Reaction Coordinate," *Journal of Physical
Chemistry*, 74（1970）: 4161-4163.

190)　Kenichi Fukui, Shigeki Kato, and Hiroshi Fujimoto, "Constituent Analysis of the
Potential Gradient along a Reaction Coordinate. Method and an Application to CH4 +
T Reaction," *Journal of the American Chemical Society*, 97（1975）: 1-7; Akitomo
Tachibana and Kenichi Fukui, "Differential Geometry of Chemically Reacting
Systems," *Theoretica Chimca Acta* 49（1978）: 321-347; *idem.*, "Intrinsic Dynamism
in Chemically Reacting Systems," *ibid.*, 51（1979）: 189-206; *idem.*, "Intrinsic Field
Theory of Chemical Reactions," *ibid.*, 51（1979）: 275-296.

191)　福井『化学反応と電子の軌道』（注 49）.

192)　Kenichi Fukui, Nobuaki Koga, and Hiroshi Fujimoto, "Interaction Frontier
Orbitals," *Journal of the American Chemical Society*, 103（1981）: 196-197.

232 | 第4章 燃料化学から量子化学へ

のある位置に近づき始めると、フロンティア軌道は他の軌道を寄せ集めて、その反応を最適に進めるような新たな軌道を作り出すというような状況をビビッドに説明する理論であった。こうして、福井がノーベル化学賞を1981年に受賞するまでには、フロンティア軌道理論は精緻化され、揺るぎないものとなっていた。

8　工学部の理論化学者たち

　物理学に実験物理学と理論物理学があるように、今日、化学にも実験化学と理論化学の区分がある。理論化学（theoretical chemistry）は、理論的モデルや数式をもとに、既知の実験事実を説明したり、未知の物質の性質や反応を予言する演繹的な化学である。それは、量子化学や計算化学（computational chemistry）に代表される。量子化学の発展と結びついて発展した計算化学は、コンピュータを用いて大量の計算を高速で行い、化学反応・分子機能の予測などを行う分野である。福井の化学を理論化するという学生時代からの夢は、序々に現実のものとなっていった。工学部における理論化学者は、全く新しいタイプの化学者であった。

　福井研究室は理論部門と実験部門の二つからなっていた。卒論生の多くは後者に属していたが、前者は少数ながら実質的に講座の中核部分を占めていた。理論部門は福井を筆頭に「試験管を振らない化学者」たちの集まりであった。喜多と児玉が築いた燃料化学科の研究環境には、それを認める自由な学風があった。米澤は京都大学教授として活躍していた時期に次のように語っている。

　　実験をやらない化学の研究者をつくろうという試作第一号は、おそらく私だと思います。今となっては「おまえは実験をせんでよろしい、理論だけやっておればよろしい」という［福井教授の］見識に、感謝すべきやないかとおもっています。幸いというべきか、卒業以来私は試験管を一度もにぎったことがない[193]。

とはいえ、工学部の教官の中にはこうしたやり方に理解を示さない者もいた。米澤と永田によれば、

---

193)　山邊編『化学と私』（注1）232頁.

図 4-10　福井謙一
1979（昭和 54）年頃撮影。1981（昭和 56）年秋のノーベル化学賞受賞発表時にノーベル賞委員会はこの肖像写真を使用した。山邊時雄氏所蔵。

　確か昭和二八、九年頃で、米澤が講師の頃だったと思う。
　ある日、米澤がすっかり落ち込んだ様子で部屋に戻ってきたので、何かあったのかと永田が聞いたところ、いま廊下である教官と会って話していたら「君、いつまでも理論みたいなことをやっていたら教授になれないよ」といわれたというのである。ポストの問題もさることながら、いまやっている理論研究に対してそのような評価しかしてもらえないのかと思ったら情けなくなったと米澤は嘆いた。……〈中略〉……
　当時の化学者のイメージは、白衣を着て試験管を振る姿であり、それ以外は化学者の名に値しなかったのである。このような時代に紙と鉛筆、そしてタイガー計算機を道具に仕事をする著者たちが、実験の人からみて化学者の仲間に映らなかったのは仕方がなかったともいえる[194]。

---

194)　米澤・永田『ノーベル賞の周辺』（注 10）171-172 頁；永田、筆者とのインタ

234 | 第4章　燃料化学から量子化学へ

　学生が卒業論文をする研究室を選ぶ際の研究室紹介で、福井は理論部門の研究
内容と欲しい学生について「量子化学…素質のある人」と書いたので、敷居が高
く感じた学生も多かったという[195]。理論部門の初期の学生には、実験が不得手で
あって、かつ理論や数学に惹かれるという動機から入室した学生が少なくなかっ
た。福井は学生に手取り足取り教えることはせず、研究テーマも自発性に任せる
方針を取ったので、自分で伸びる力を持った者は大きく伸び、それができないも
のは落伍するケースもあった[196]。

　1953（昭和28）年、専門のことについて何の予備知識も持っていなかったあ
る学生が、教室配属の時期に福井に質問をした時の問答が次のようであったと同
窓会誌に記録されている。「燃料化学は何の研究をするところですか。」「PURE
CHEMISTRY です。」「理学部の化学とどう違うのですか。」「理学部の化学より
PURE CHEMISTRY です。」[197] このエピソードには、工学部でありながら理学部
以上に純粋化学を探究する研究室という福井の自負がよく現れている。

　福井の講義は一風変わっていた。ポケットから原稿の紙片を取り出して、それ
を時折見るだけで、ひたすら黒板一杯に数式を書きつらね、それを消してはまた
書くことの繰り返しが授業が終わるまで続いた[198]。平尾公彦（1969年石油化学
科卒業）はある対談で、こう回想している。

　　先生の講義は、決して学生に理解させるというような、そんな講義では全
　　然ないんですよ。むしろ学生に「どうだ君らこれが理解できるか」という、
　　例えば学部であれば大学院に近いレベルの講義をされるのですよ。中には必
　　死に勉強する者もいるのですが、多くの学生は理解できませんでした。最近

───────────────

　　　ビュー、2008年9月16日（注133）.
195)　米澤・永田『ノーベル賞の周辺』（注10）219頁.
196)　前掲書、215-216頁.
197)　金井克至「PURE CHEMISTRY です」『燃化・石化・物質同窓会誌』第5号
　　　（1997）：26.
198)　米澤・永田『ノーベル賞の周辺』（注10）188-190頁；植村、筆者とのインタ
　　　ビュー、2010年8月3日（注61）. 宍戸昌彦（1967年高分子化学科卒業、宍戸圭一
　　　の子息）は福井の講義のノートをきちんと取り何度も推敲したので、他の学生からも
　　　よく見せてくれと頼まれた. そのノートを今でも保管している. 宍戸昌彦、筆者との
　　　インタビュー、2009年3月2日（東京）.

では、学生による教員の評価を行っている大学もありますが、学生にわかりやすい講義かどうかという観点ではバツっていう講義でした。でも私はそれに感銘を受け、是非この先生の下で勉強したいなと思いました[199]。

福井が1970（昭和45）年、アメリカのイリノイ工科大学で正課の科目を持ったとき、講義が難解すぎると学生たちから抗議されたのも、こうした授業の仕方によるものであった[200]。

　理論部門における福井の教え子たちの多くは、フロンティア軌道理論をさまざまな現象に適用し、その拡張と展開の研究を選んだ。米澤は、ポール・フローリー（Paul John Flory）の有名な *Principles of Polymer Chemistry* を読んで触発され、重合の問題に取り組み、分子軌道法に基づくラジカル重合に関する理論式を導いた。ちょうど高分子化学が脚光を浴びていた時代で、それはフロンティア軌道理論の拡張の成果の一つとなった[201]。

　永田は、生物現象にも関心をもつ福井の勧めで医学分野に進出した。ベンツピレンのような芳香族炭化水素系発がん物質については、その電子構造と発がん性とが関連することは既にフランスのプルマン夫妻らにより指摘されていたが、永田はそのフロンティア電子分布と発がん性がどのような関係にあるかを調べた。この研究の過程で、さすがに理論だけでは研究に限界があることを知り、実験、それも動物実験を併用することを思いついた。そこで、福井に実験用のネズミを飼いたいと申し出たところ、「先生は驚いて、それは止めてくれ、いまでも君が燃料化学でがんの研究をしていることに対して、いろいろいう人も教室のなかにいるが、それを自分が壁になって守っている。そのうえにネズミを飼ったら自分

---

199)　平尾公彦・熊谷信昭「対談　世界最高速のスーパーコンピュータ「京」への期待―幅広い分野への利用促進とシミュレーションの発展をめざして―」『ひょうごサイエンス』Vol. 29（2011.12）：1-10、引用は1頁.

200)　福井「私の履歴書」（注6）179頁.

201)　T. Yonezawa, K. Hayashi, C. Nagata, S. Okamura, and K. Fukui, "Molecular Orbital Theory of Reactivity in Radical Polymerization," *Journal of Polymer Science*, 14 (1954): 312-314；米澤・永田『ノーベル賞の周辺』（注10）217頁. フローリーの本は Paul J. Flory, *Principles of Polymer Chemistry* (Ithaca: Cornell University Press, 1953)；フローリ（岡小天・金丸競訳）『高分子化学　上・下』（丸善、1955-1956).

も守りきれなくなるからといわれて実験は諦めた」という[202]。永田は 1962（昭和 37）年に新設された国立がんセンター研究所に移り、その生物物理部の研究員（のちに部長）としてこの研究を継続することになり、この問題は解消された。

諸熊奎治は、1957（昭和 32）年に工業化学科を卒業後、大学院の 1 年間を古川淳二の研究室で高分子化学の実験をしていたが、実験が苦手で自信が持てなくなり、理論をやりたいと思うようになった。そこで古川から福井を紹介され、1958（昭和 33）年、修士 2 年生から福井の理論部門に加わった。福井からは「理論家になったら職はないものと思え」と言われ、さっそく高校の教員免許を取得したという。当時研究室はフロンティア軌道理論の根拠付けを行っていた頃で、「手回し計算機を使って朝から晩までヒュッケル法の永年方程式を解いた」[203]。諸熊は福井研で助手を務めていた 1964（昭和 39）年、フルブライト奨学金を得てコロンビア大学で博士研究員としてマーティン・カープラス（Martin Karplus、2013 年度ノーベル化学賞受賞者）の下で研究をした。米国での電子計算機の発展ぶりを見て彼我の差にカルチャー・ショックを受けた。分子の電子状態の計算はコンピュータの進歩により飛躍的に早まっていた。しかも世界最速の計算機を毎週 50 時間も使えるという恵まれた環境にも魅了された。1965（昭和 40）年 1 月に開催されたサニベル国際量子化学会議におけるマリケンを初めとする理論化学者たちの熱い討論を目撃したことも、彼をアメリカに留めさせる出来事だったという。諸熊は京大に辞表を提出し、ハーバード大学博士研究員を経て、1967（昭和 42）年にロチェスター大学に助教授のポストを得て 4 年後に教授となり、計算化学の発展に貢献することになる。分子科学研究所（1975 年愛知県岡崎市に文部省付属機関として設立され、現在は大学共同利用機関法人）の教授に就任するため日本に呼び戻されたのは、渡米から 13 年後のことであった。その後再びアメリカに渡りエモリー大学教授（1993-2006）として活躍する[204]。

---

202) 米澤・永田『ノーベル賞の周辺』（注 10）154 頁.

203) 諸熊奎治「私の分子科学 50 年」*Molecular Science*（分子科学会 web ジャーナル）Vol. 1, No. 1（2007）：A0003.

204) 諸熊奎治、筆者とのインタビュー、2009 年 3 月 12 日（京都）；同、2013 年 11 月 8 日（京都）；「この人に聞く　見えないものを理論と計算で探る　諸熊奎治博士」『現代化学』No. 507（2013.6）：20-25.

8 工学部の理論化学者たち | 237

　合成化学科（1960年創設）教授の吉田善一は、日本で生まれたフロンティア軌道理論が日本人研究者に広く知られていないのは残念なことだと言って、国内の雑誌に解説を書くことを米澤らに勧めた。これが契機になって、米澤、永田、諸熊は、加藤博史（後に名古屋大学教授）、今村詮（後に広島大学教授）とともに、1961（昭和36）年6月号から月刊誌『化学』に、フロンティア軌道理論を含む量子化学の入門シリーズの連載記事を9回にわたって執筆した。同シリーズは好評を博したため、1963（昭和38）年から『量子化学入門』上下2巻本として刊行された。初版以来3回の改訂が行われ、量子化学の入門書として化学の研究者や学生に広く読まれた[205]。わが国におけるフロンティア軌道理論の普及に同書が果たした役割も大きい。

　兒玉信次郎は京大の工学部長を務めたが、1957（昭和32）年7月に任期満了とともに大学を辞し、住友化学工業に中央研究所長として復職した。1964（昭和39）年の文部省令により、講座名を序数で表すことが廃止となり、分野（学科目）の名称で表すことになった。1965（昭和40）年、福井は兒玉が担任していた高圧化学講座（旧第二講座）を受け継ぎ、福井の後の高温化学講座（旧第四講座）は米澤が教授に昇任して担任した。翌年4月、燃料化学科は石油化学科と名称変更し、5講座から8講座に改組拡充された。新宮春男の強い意見で英語名称は Department of Hydrocarbon Chemistry としてハイドロカーボン化学という基礎学問的な意味合いを含ませた。これを機に、福井の高圧化学講座は炭化水素物理化学講座と改称された[206]。

　理論化学者であった福井は実験を疎かにしていたわけではなく、逆に重視していた。自らも戦中は陸軍燃料研究所でブタノールの合成実験、戦後は兒玉の下でポリエチレンの高圧重合などの実験を手がけてきた経験がある。米澤のように理論一辺倒であることをすべての学生に奨励したわけではなかった。福井は「私の履歴書」の中でこう書いている。

---

205)　米沢貞次郎・永田親義・加藤博史・今村詮・諸熊奎治『量子化学入門』全2巻（化学同人、上巻1963、下巻1964）；米澤・永田『ノーベル賞の周辺』（注10）180-185頁.

206)　『京都大学工学部燃料化学・石油化学教室五十年史』（注55）52-53頁.

238 | 第4章　燃料化学から量子化学へ

　　私は研究室に入ってきた学生に「理論をやりたい者は、まず実験をせよ」
と言い続けてきた。そんな次第で、いまは錚々たる分子物性論の専門家であ
る山辺時雄［ママ］教授やフロンティア軌道を図示して化学反応を視覚化す
るのに成功した藤本博助教授（ともに京大石油化学教室）も、まず実験室か
ら研究のスタートを切っている。

　　なぜそんなことを言ったかというと、自然に直接働きかけるには、実験し
かないからである。理論は自然認識の論理的側面を受け持つだけであり、自
然の法則性を見つける過程のなかでは、しばしば論理によらない選択を迫ら
れる。その能力を養うには、直接自然に触れることになじむ以外にないと信
じている。したがって私の研究室では、ずっと実験部門が絶えたことがな
い[207]。

　教授になってから自ら実験を行うことはなかったが、代わりに、有能な実験化
学者を講座のスタッフに揃えた。例えば、理学部の野津龍三郎の下で研究員をし
ていた北野尚男は、その実験の才を買われて 1955（昭和 30）年 9 月に高温化学
講座の助手に採用され、1961（昭和 36）年 3 月に大学を去るまで、有機合成の
実験を担当し卒研生の指導を行った。福井が高圧化学講座に移ってからは、住友
化学から助教授として迎えられた鍵谷勤が同講座の実験部門を担当し、重合や触
媒の研究を行った[208]。また、児玉の助手として同講座に残っていた清水剛夫は講
師として実験研究を行い、学生の指導をした。1968（昭和 43）年 4 月に鍵谷が
教授として触媒物理学講座に移ると、清水が高圧化学講座の助教授に昇格した。
清水はこう書いている。

　　昭和 40 年、［福井］先生は、第 2 講座［高圧化学講座］中興の使命をもって量

---

207)　福井「私の履歴書」（注 6）167 頁.
208)　鍵谷は北海道大学理学部化学科で堀内寿郎の下に学び、1952（昭和 27）年、住友
　　化学工業株式会社に就職した. 住友化学からの研究員として福井研で研究をした後、
　　児玉の推薦と福井の招きで助教授に就任した. 招聘に当たって福井は、鍵谷に何かい
　　い重合触媒でも見つけてみたらどうかと助言したという.「特集　鍵谷勤先生・鍵谷
　　研究室」『洛朋（燃化・石化・物質同窓会誌）』第 10 号（2001）：29-37；鍵谷勤、筆
　　者とのインタビュー、2010 年 2 月 22 日（京都）.

子化学の伝統の第 4 講座［高温化学講座］を残されて第 2 講座に移られた。爾来、先生はノーベル化学賞の関連で重要な分野の研究がありながら、それまで第 2 講座で行われていた実験化学の研究を保護育成され、その方に従事していた私に大事な助教授の籍を割かれた[209]。

実験部門が行った研究は、ゲル化反応、フッ化カリウムなどの無機塩を使った有機合成、ポリエチレンをはじめとするポリオレフィンの重合反応と触媒、反応性高分子触媒、光エネルギーの変換合成膜など多種多様であった。福井は講座内で、同時並行的に多彩なテーマの研究を実験部門の助教授や助手に自由に行わせていたのである。注意すべきは、それらはほとんどの場合、福井の量子化学の理論を実証する目的で行わせたものではなかったことである。米澤と永田によれば、

> 理論化学者である先生が研究室に実験部門をつくってそこに卒論生を受け入れたのは、先生自身が実験に興味をもっていたことにもよるが、ほかの理由としておそらく工学部化学系教室で卒論生の実験指導をしないで理論研究だけを進めることは、いかに自由な学風の燃料化学教室でも難しかったからではないかと思う[210]。

つまり、福井にとって実験部門は、化学者として実験を重視したためだけではなく、工学部で高温化学、高圧化学という看板を掲げる講座の維持存続のために必要な存在だったのである。さらに付言すれば、弟子たちの就職、産業界との繋がりも視野にあったと思われる。例えば、山邊時雄が理論化学を志望して福井研に来たところ、「先生は、先ず理論をする前に実験をせよという恐らくは親心と、それから、理論をしても当時は就職先はないから、おまえは実験的なことをしなさいということで」、最初はイソシアヌル酸を用いたゲル化の実験と理論の研究を行い、これが彼の学位論文になった。その後、山邊は量子化学の理論的研究に

---

209) 清水剛夫「露堂々」『燃化・石化・物質同窓会誌』第 5 号（1997）：26-27、引用は 27 頁．清水については、「特集　清水剛夫先生・清水研究室」『洛朋（燃化・石化・物質同窓会誌）』第 16 号（2007）：22-39 参照．

210) 米澤・永田『ノーベル賞の周辺』（注 10）110 頁．

240 | 第4章 燃料化学から量子化学へ

入った[211]。

　福井は生涯に 460 編以上の学術論文を出している。世界の化学論文の検索ウェ
ブサイトである SciFinder によれば、著者として福井謙一の名前が入っている論
文総数は 466 編で、そのうち量子化学に関するものは 264 編（57%）ある。次い
で、実験部門から出された有機合成、重合、触媒、有機反応、ゲル化などの論文
が 181 編（39%）、若い頃に書いた化学工学に関する論文が 21 編（4%）ある。
論文のうち約 330 編が英文で書かれている。量子化学に関する論文の大半が英文
であったのに対し、実験部門の論文の大半が日本語で書かれたのも特徴的であ
る[212]。

　図 4-11 に論文数の年毎の推移をグラフで示し、量子化学に関する論文とそれ
以外の論文を濃淡で分けた。量子化学に関する論文数には二つのピークがある。
一つの山は 1960 年代初めで、もう一つは 1970 年代後半である。福井は 1960 年
代後半に一時、量子化学の研究を休止し、理論部門の学生募集をしないことが
あった[213]。1968（昭和 43）年前後が谷になっているのはそのためとみられる。
しかし、院生たちからの強い希望もあり募集を再開し、さらに 1970（昭和 45
年）の渡米では多くの化学者たちと議論して知的刺激を受ける中、量子化学の研
究を更に展開し始めた。ウッドワード＝ホフマン則で扱われた多種の化学反応を
福井理論で説明し直すための論文や、化学反応経路に関する論文などを次々に発
表していくことになる。いわゆる「攻めに転じた」時期であり、これが 1978 年
前後に第 2 のピークとして現れている。

　図 4-11 からは、量子化学と実験部門の論文数の増減の仕方には相関関係がな
いことも分かる。両者の研究内容は相互に直接の関係はなかったので、当然のこ
とといえる。実験部門の論文は 1950 年代半ばから 1960 年代末までが多いが、北

---

211) 『福井謙一博士記念行事記録集』（注4）8-9 頁、引用は 8 頁．福井自身は理論部
　　門で研究を行っていたが、実験部門と接することで、自分の研究が「一人合点の数理
　　的興味に奔るのを防ぎ」、また海外で実験化学者たちと専門的な議論をするのにも役
　　立ったと回想している．福井『学問の創造』（注7）120 頁．

212)　英文論文のタイトルは "Publications of Professor Kenichi Fukui," *Theoretical
　　Chemistry Accounts*, Vol. 102, Issue 1-6（June 1999): 13-22 に 334 編がリストアップ
　　されている．

213)　田中一義、筆者とのインタビュー、2014 年 3 月 7 日（京都）．

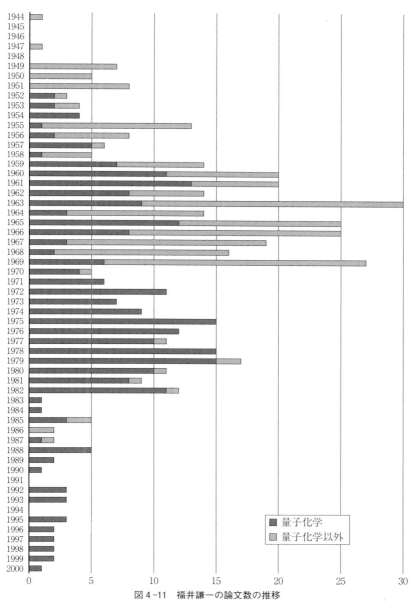

図4-11　福井謙一の論文数の推移

SciFinderにより作成。

野尚男が助手となった時期から鍵谷勤が福井研を出るまでの時期と符合する。鍵谷が講座を去った後の1970（昭和45）年以降は、実験部門の論文は激減する。

福井は、実験部門の弟子たちに自由に研究をやらせておきながら、彼らの論文に自分の名を入れることを求めた。この点は喜多源逸と対照的であった[214]。実験部門で福井との共著が最も多かったのは鍵谷である。両者の連名論文80編のうち、鍵谷が64編の筆頭著者（ファースト・オーサー）になっている。福井が筆頭著者になっているものは4編のみであり、70編が最終著者になっている[215]。原稿を実際に書いたのは鍵谷であり、福井は投稿前にその原稿を読まないこともあったという[216]。また、福井のある弟子が福井の名を入れずに論文を投稿しようとしたところ、福井に咎められたという[217]。教授の名を著者に含めるのは他の講座でも普通に見られることではあるが、福井の場合、喜多、兒玉の去った後の工学部における「理論化学教室」の生き残りのための戦略の一部であったと思われる。

また実験部門は、有機合成、重合、触媒などの実験研究から得られた実用的成果を可能な限り特許として出願した。福井が発明者として申請された特許は200件近くにのぼる。それらの大半は鍵谷、北野、清水らの実験部門の仕事から生まれた特許で、その多くは住友化学関係の企業が名義人になっている。発明者はすべて複数の連名で、福井が筆頭に記されているが、それは講座の代表者であったことによる。これらの特許は、論文同様、福井の量子化学研究とは直接の関係はなかったが、企業と福井研究室の間にギブアンドテイクの共生関係があったことを示している[218]。

---

214) 第1章参照.

215) SciFinderによれば、鍵谷の全論文数は337編にのぼり、そのうち福井との連名論文が80編ある. 福井は70編の最終著者になっている. 福井と実験部門のメンバーとの共著論文で次に多いのが北野尚男で54編、次に清水剛夫の23編である. 福井と理論部門のメンバーとの共著論文では、山邊時雄77編、藤本博64編、米澤貞次郎59編、加藤博史46編、永田親義41編、諸熊奎治23編の順である.

216) 鍵谷勤、筆者との電話インタビュー、2013年8月4日.

217) 森島績、筆者とのインタビュー、2011年4月17日（神戸）.

218) 西村「フロンティア軌道理論と産学協同」（注12）は、福井が199件の特許を取得したこと、それらの特許は彼の学術論文とほぼ同時並行的に出されていたことを指摘し、高度成長期において産学協同体制を活用して、彼の特許出願が「フロンティア軌道理論を豊富化させより普遍化させるための実験の過程で行われた」（15頁）と論じ

8 工学部の理論化学者たち | 243

　京大では 1960 年代末の学園紛争の後、1972（昭和 27）年 4 月に工学部化学系
で臨時職員をめぐる紛争が発生した。福井は 1971（昭和 26）年 4 月から 2 年間
工学部長を務めたが、臨時職員問題に端を発する紛争では、産学協同への批判の
矢面に立たされた。この経験から、以後企業との繋がりを意識的に絶つように
なったという[219]。70 年代から福井名の入った企業名義の特許が激減するのは、

───────────

　　ている．興味深く刺激的な論考であるが、これらの特許の内容は重合、高分子化合物、
　　有機化合物、触媒などであり、量子化学の研究と直接関係するものではなかったこと
　　は注意を要する．SciFinder に記載されている福井の名前が発明者に入っている特許
　　155 件のうち、鍵谷の名も入っている特許が一番多く 95 件、他は北野が 35 件、横田
　　久男が 33 件、清水が 29 件などであり、いずれも有機合成、重合、高分子化合物、触
　　媒などに関するものである．鍵谷によれば、福井の指示により講座の代表者である福
　　井の名を筆頭に入れたという．上述のように、西村は、福井の特許数と論文数の推移
　　に並列的な傾向があることを指摘し、実験部門の成果として出された特許を、理論部
　　門における量子化学の研究が関係していたかのように論じている．しかし、西村論文
　　のいう各年の論文数は、理論部門の論文と実験部門の論文（どちらも福井の名が入っ
　　ている）の合計であり、両者を区別せずに扱っている．実際には実験部門の論文がか
　　なり含まれている．本書の図 4-11 に示すように、例えば、トータルの論文数がピー
　　クに達した 1963 年の 30 編の論文のうち、量子化学に関するものは 9 編に過ぎない．
　　実験部門の論文の内容は、特許と同様、有機合成、重合、触媒などに関するものであ
　　り、実験部門における論文数と特許数の推移の仕方に何らかの相関関係があるのは当
　　然といえる．いずれにせよ、論文の内容を見れば、北野尚男や山邊時雄の一部の研究
　　を除いて、実験部門の仕事が総じてフロンティア軌道理論を「完成させるため」（3
　　頁）や「豊富化させより普遍化させるため」に行われたということはできないことは
　　明らかである．この点に関しては次の聞き取り調査でも確認した．鍵谷、筆者との電
　　話インタビュー、2013 年 8 月 4 日（注 216）；山邊時雄、筆者とのインタビュー、
　　2013 年 11 月 1 日（京都）；諸熊、筆者とのインタビュー、2013 年 11 月 8 日（注
　　204）；田中、筆者とのインタビュー、2014 年 3 月 7 日（注 213）．なお、北野が福井
　　研の助手として雇用された当初の意図には、理論的研究に実験面で協力するという含
　　みもあったことは可能性としてあり得る．北野はその後、理論部門の永田親義による
　　癌の量子化学的研究において発癌性物質の合成に協力し、数編の論文を出している．
　　しかし、結果的には、福井と北野の共著論文 54 編のうち量子化学と直接結びつくも
　　のは次の論文くらいである．Kenichi Fukui, Hiroshi Kato, Teijiro Yonezawa, and
　　Hisao Kitano, "A Molecular Orbital Treatment of Triallyl Isocyanurates and Related
　　Allyl Esters," *Bulletin of the Chemical Society of Japan* 34（1961）: 851-854.
219)　臨時職員問題の紛争は、石油化学教室の非常勤職員が、教官により常勤的目的で流

244 | 第4章 燃料化学から量子化学へ

鍵谷の異動に加えて、このことと関係しているとみられる。

　石油化学科における量子化学は、福井と米澤の二つの講座でその制度的基盤が保たれ、少なくない数の優れた理論化学者を生み出した。表4-1に福井門下（福井研、米澤研の出身者）の主な理論化学者（量子化学者・計算化学者）を示す[220]。福井研究室は、福井が退官した1982（昭和57）年までに194名の学部卒業生を輩出し、うち50数名が大学もしくは公的研究機関に勤務した[221]。米澤貞次郎、山邊時雄、藤本博、森島績、田中一義、立花明知をはじめとする理論化学者が京大工学部教授となり、研究伝統を継承した。加藤重樹は、東京大学教養学部教授を経て、京大理学部化学科教授、理学研究科科長を歴任した[222]。

　米澤貞次郎が1987（昭和62）年に退官するまで、米澤研からは117名の学部卒業生が輩出し、うち30名近くが大学もしくは公的研究機関に勤務した[223]。米澤研もまた実験部門を有していたが、理論部門で一連の理論化学者を育てた。計算化学の世界的権威である平尾公彦は東大の工学部長、副学長を務めた後、理化学研究所計算科学研究機構長としてスーパーコンピュータ「京」の運用責任者になっている[224]。京大工学部教授を務めた中辻博は、シュレーディンガー方程式を解析的に解く理論、励起状態の化学を研究するための理論を提起した。合成化学科出身の彼は、修士課程から燃料化学教室の米澤の下で理論的研究を始めた。福

　　　用されたとして内部告発したことから発生し、「職員に犠牲を強いる研究者の姿勢」が、石油職員有志、全学臨時職員闘争委員会（全臨闘）から団交で鋭く追及されるに至った．教官は臨時職員を犠牲にして産学協同を進め研究を私物化し独占資本に売っているとの批判も出た．福井は工学部長としてこの事態の渦中に立たされた．京都大学百年史編集委員会編『京都大学百年史　総説編』（京都大学、1998）645頁；『京都大学工学部燃料化学・石油化学教室五十年史』（注55）58-60頁；田中、筆者とのインタビュー、2014年3月7日（注213）.

220)　福井研究室、米澤研究室の卒業生のみをここに掲げたが、彼らの弟子にあたる第3世代の理論化学者・量子化学者も相当数いることを追記しておく.

221)　京都大学工化会編『工化会名簿』（京都大学工化会、2010）により調査.

222)　加藤重樹は京都大学教授在任中の2010（平成23）年3月に61歳で他界した．「訃報　加藤重樹　京大教授追悼」『分子研レターズ』62（2010）：20-21.

223)　京都大学工化会編『工化会名簿』（注221）により調査.

224)　平尾については、平尾・熊谷「対談　世界最高速のスーパーコンピュータ「京」への期待」（注199）参照.

表4-1　福井門下の理論化学者（大学・公的研究機関勤務者）

福井研究室

学部卒業年	氏　名（主な勤務先）
1947	米澤貞次郎（京都大学）
1948	加藤博史（名古屋大学）
1951	永田親義（国立がん研究センター）
1957	今村　詮（広島大学）
1959	山邊時雄（京都大学）
1963	諸熊奎治（M 分子科学研究所・エモリー大学・福井謙一記念研究センター）
1964	藤本　博（京都大学）、森島　績（京都大学）、川村　尚（岐阜大学）
1969	山辺信一（奈良教育大学）
1970	稲垣都士（岐阜大学）
1971	加藤重樹（京都大学）、永田進一（神戸大学）
1972	湊　敏（奈良大学）
1973	田中一義（京都大学）
1974	赤木和夫（京都大学）、立花明知（京都大学）
1976	小杉信博（分子科学研究所）、山下晃一（東京大学）、小林久芳（M 京都工繊大学）
1977	長村吉洋（M 慶応大学）
1978	有本　茂（津山工業高等専門学校）
1979	寺前裕之（城西大学）、堀　謙次（M 山口大学）
1980	古賀伸明（名古屋大学）
1982	長岡正隆（名古屋大学）、吉澤一成（九州大学）、浅井美博（産業技術総合研究所）

米澤研究室

学部卒業年	氏名（主な勤務先）
1964	小西英之（京都大学）
1966	中辻　博（M 京都大学）
1967	遠藤一央（D 金沢大学）、加藤　肇（M 神戸大学）
1969	平尾公彦（M 東京大学）
1971	吉川研一（京都大学）
1972	石田和宏（M 東京理科大学）
1973	古賀俊勝（室蘭工業大学）
1977	太田勝久（室蘭工業大学）
1985	北尾　修（M 産業技術総合研究所）

M・D は、他の研究室の出身者もしくは京大以外の大学出身者で修士課程（M）、博士課程（D）から入室した者の学部卒業年。田中一義氏の協力により作成。

246 | 第 4 章 燃料化学から量子化学へ

井の自由な気風を受け継いだ米澤研について、中辻はこう述べている。

　　　私達の理論グループの最大の特徴は「自由」にあった。……〈中略〉……量
　　子化学の京都学派は福井、米澤、加藤［博史］先生を始めとする諸先輩の温
　　かいリーダーシップによって育まれたものである。その本質は自由な発想で
　　本質を考えぬき、独創性を重んじるという事、常に自己の研究を客観化でき
　　る能力を養う事、世界のレベルで考え、真に良い研究を目指す事、云々であ
　　る。これらは［赤レンガ棟の］17 号室で米澤先生、加藤先生と夜遅くまで、談
　　笑しながら伺った話しの中に常々流れていた心であった。……〈中略〉……こ
　　の京都スクールの精神をより高揚させて、私の教え子たちに伝えることが、
　　私の大切な仕事であると考えている[225]。

　1962（昭和 37）年に創設された国際量子分子科学アカデミー（International
Academy of Quantum Molecular Science）の会員は、量子化学分野で重要な業績
を残した全世界の科学者から選出される。これまで 150 人近くの科学者がその会
員に選出されているが、9 人の日本人会員のうち 6 人（福井謙一、諸熊奎治、中
辻博、平尾公彦、加藤重樹、天能精一郎）が京都学派で占められているのが特徴
的である[226]。

　「多孔性配位高分子」の研究で世界的に注目される京大教授の北川進のように、
米澤研で理論化学を学んだ後に実験系の錯体化学に進んだ化学者もいた。絶えず
理論的に考えることを身に付けた彼は、「ものの考え方や捉え方が実験だけを
やっている人と違う、とよく言われる。出身を明かすと『ああ、それでか』。僕
は福井先生のノーベル賞の系譜のなかにはまりこんでいるようなものです。」と
語る[227]。

---

225)　中辻博「米澤貞次郎先生と京都学派」「特集：米澤貞次郎先生・米澤研究室」『洛朋
　　（燃化・石化・物質同窓会誌）』第 8 号（1999）：30-31、引用は 31 頁；中辻博、筆者
　　とのインタビュー、2010 年 11 月 13 日（京都）.

226)　天能精一郎は、1989（平成元）年に京大石油化学科を卒業、分子科学研究所、名古
　　屋大学を経て、神戸大学教授. 他の日本人は、小谷正雄、長倉三郎、永瀬茂である.
　　同アカデミーについては、http://www.iaqms.org/index.php 参照.

227)　「錯体化学　北川進教授」『京都大学 by AERA─知の大山脈、京大一』（朝日新聞

図 4 -12　福井謙一のノーベル化学賞受賞を祝って教授室に集まった石油化学教室の教官と学生
1981 年 10 月撮影。中央の椅子に座るのが福井謙一。福井の右上に立つのが米澤貞次郎（教授）、米澤から右に向かって鍵谷勤（教授）、清水剛夫（助教授）、川村尚（助手）。福井の右に座るのが藤本博（助手）、その右が中辻博（助手）。福井の左上に立つのが森島績（助教授）、左端に立つのが山邊時雄（助教授）、その右に立つのが田中一義（研究生）。福井の左に座るのが山下晃一（博士課程 4 年生）、その上が長岡正隆（学部 4 年生）。括弧内は当時の身分。田中一義「思い出の福井研究室」『化学』第 53 巻、第 4 号（1998）27 頁所収。

　福井門下以外にも理論化学者となった工学部の出身者もいる。それは喜多、兒玉が作った学問環境の下で、教官たちの研究が相互に影響を及ぼし合っていたことを示している。例えば、1969（昭和 44）年に燃料化学科触媒化学講座の多羅間公雄の研究室を卒業した榊茂好は、米澤研のメンバーとも交流して、博士課程で遷移金属錯体の電子理論に関する研究を行い理論化学者としての道を歩み始めた。後に熊本大学工学部教授を経て、京大工学部の教授となった[228]。工業化学科、後に合成化学科の古川淳二も量子力学や量子化学に深い関心をもっていた。1953（昭和 28）年に古川研究室を卒業した笛野高之は、アイリングの下に留学して反応速度論を研究し、京大助教授を経て 1966（昭和 41）年に大阪大学基礎工学部

　　　出版、2012）、36-37 頁、引用は 37 頁.
228）　榊茂好「定年にあたって」『京都大学工学広報』第 53 号（2010.4）.

248 | 第4章 燃料化学から量子化学へ

に移った。古川研で中辻と同期であった山口兆は、阪大の笛野研究室で博士課程に進み、助手、助教授として化学反応における「対称性の破れ」という福井理論とは異なる観点からの理論の構築で顕著な業績をあげている[229]。笛野門下からは永瀬茂（国際量子分子科学アカデミー会員）、巽和行（名古屋大学教授、2012（平成24）年より国際純正応用化学連合（IUPAC）会長）を始めとする一連の理論化学者が輩出している。

　福井は1982（昭和57）年4月に京大を定年退官した。翌1983（昭和58）年4月、京大工学部石油化学科、工業化学科、化学研究所が合同で、京大大学院工学研究科に分子工学専攻を新設した。かくして、量子化学・理論化学は形のうえで工学部石油化学科から独立した大学院の専攻になったのである。分子工学専攻には分子設計学講座、分子物性工学講座、分子エネルギー工学講座の3つの基幹講座が設置された。分子設計学講座は米澤貞次郎教授、森島績助教授、中辻博助手、分子物性工学講座はイギリスから招かれたジョージ・ホール教授（George Garfield Hall）と藤本博助教授、分子エネルギー工学講座は東京大学工学部から招かれた本多健一を教授とし、清水剛夫を助教授とした陣容で構成された[230]。

　福井は京大退官後、京都工芸繊維大学学長（1982-1985）、日本化学会会長（1983-1984）を歴任し、1983（昭和58）年には日本学士院会員に選ばれた。1985（昭和60）年、福井が退官後も研究を続けられるように、京都市と産業界の支援で財団法人基礎化学研究所が設立された。福井の死後、基礎化学研究所はその財政基盤や後継者をめぐって紆余曲折もあったが、2002（平成14）年に京都大学に寄贈され、福井謙一記念研究センターと改称され、榊茂好、諸熊奎治、永瀬茂を中心に理論化学・計算化学の研究活動が展開されている[231]。

229）　山口兆、筆者とのインタビュー、2009年11月7日（京都）. 大阪大学の量子化学研究室と山口については、山口兆編『化学結合の理論　回顧と展望—スピン・電子間相互作用を中心として—』（大阪大学大学院理学研究科化学専攻量子化学研究室、2007）；同編『分子磁性の理論』（大阪大学大学院理学研究科化学専攻量子化学研究室、2007）；大阪大学五十年史編集実行委員会編『大阪大学五十年史　通史』（大阪大学、1983）636頁を参照.

230）　『京都大学工学部燃料化学・石油化学教室五十年史』（注55）143-148頁.

231）　諸熊、筆者とのインタビュー、2009年3月12日（注204）；中辻、筆者とのインタビュー、2010年11月13日（注225）；植村、筆者とのインタビュー、2010年8月3日（注61）.

9 創造の源泉

1997（平成10）年1月、福井は胃がんの摘出手術を受けたが、その1年後の1月9日、がん性腹膜炎のため京都大学医学部付属病院で79歳で没した。遺志により、終生の師、喜多源逸と同じ法然院に葬られた。

福井謙一は、自分がもし物理学者になっていたらならノーベル賞を貰うような仕事はできなかっただろうと述べている[232]。先端の物理学を学びながら化学を究めたからこその結果だと言う。また、理学部ではなく工学部のしかも燃料化学科という応用化学の学科に身を置いていたからこそ基礎化学である量子化学の探究が実を結んだのだと言う。応用と基礎の間の双方向的な知的刺激が彼の創造性を高めたのであった。京大工学部に喜多がつくり児玉が育てた独特の学問的雰囲気の中で、福井の非凡な数理的才能が見事に開花し、燃料化学から量子化学への道を歩むことができたのである。

福井は教え子たちに、「自分が進もうとしている道には関係なさそうに見える学問、否、もっと極端に、逆の方向の学問を一生懸命勉強することを勧めることにしていた。自分のやりたい学問と距離のある学問であればあるほど、後になって創造的な仕事をする上で重要な意味をもってくるからである」と書いている[233]。ベクトルの異なる分野の学び、「逆方向の学び」が創造力の源泉になるという福井の学問観——それは広い意味で教養とは何かの問題にもつながる——は、彼の原体験から生まれたものであった[234]。

実際、福井の研究人生そのものが異分野との往来によって形作られたものであった。これまで見てきたように、中学時代の福井は歴史や文学を好み、将来歴史学者になることを夢見た。しかし、旧制高校では理系に進んだ。数学が得意であったが、化学は苦手であった。物理学への進路を考えたが、喜多源逸から「数学が好きなら化学をやれ」という意外なアドバイスを受け、工業化学科に入学した。京大在学中の福井は、「応用をやるなら基礎をやれ」というまたしても矛盾

---

232) 福井『学問の創造』（注7）114頁.

233) 前掲書、87-88頁.

234) 古川安「福井謙一に見る『逆方向の学び』と創造性」『化学』第67巻、第7号（2012）：11.

250 | 第4章　燃料化学から量子化学へ

するような喜多のアドバイスを受けた。そこで、喜多のいう「基礎」を物理学と解釈し、ヨーロッパで誕生したばかりの量子力学に関する本や論文を読み漁った。燃料化学教室では、喜多に加えて、ドイツでポラニーに師事した兒玉信次郎、炭化水素化学や有機電子論に精通した新宮春男という二人の良き指導者・理解者に恵まれた。学部時代から戦中にかけて燃料の研究を通してハイドロカーボンに親しむ機会を持った。戦後は燃料化学科で応用的色彩の強い科目を担当する一方、経験的学問であった化学を「非経験化」することを目論み、物理学と数学を駆使した理論的色彩の極めて強い量子化学の探究に勤しんだ。結果としてのフロンティア軌道理論はノーベル化学賞受賞に繋がったのであった。理論化学者の彼が自分の研究室に、理論部門と実験部門の両方を設け、学生に「理論をやるなら実験をやれ」と指示したのも、「逆方向の学び」の教育の一形態と見ることもできる。それは同時に、工学部の中で理論化学を専攻できるシステムを維持するための彼の研究室マネージメントでもあった。日本における量子化学の一大拠点はこうして誕生したのであった。

　経験偏重の化学を数学化・理論化するという、福井の学生時代からの「大それた夢」は、彼が歩んだ燃料化学から量子化学への旅の中で実現に向かった。その実現の礎となったのが量子力学への信念であった。化学反応の神秘は量子力学の概念でのみ解き明かされるという彼の確信は、次の文章から読み取れる。

　　化学反応は原子・分子のレベルで起こるものであるが、その原子・分子の世界を支配する法則は、ほかならぬ量子力学である。それは、たとえ宇宙空間や他の天体で起こっている化学反応であろうと、昆虫の体内で起こっている化学反応であろうと変わらない。したがって、すべての化学反応は、原理的には量子力学の言葉（概念）で説明できる。というよりは、個々の化学反応を正確に記述するには、量子力学が唯一無二の言葉なのである。この言葉は、複雑な計算を要するためにそれを読み取るのがきわめて厄介であるが、私が化学反応の仕組みを理論で解明しようとした時に、耳を澄まして聞こうとしたのは、やはり量子力学の言葉であった[235]。

---

235)　福井『学問の創造』（注7）163頁.

量子力学が化学へ応用される場合、二つの用途があるという。一つは経験的に得られた化学の成果への非経験的な理解を通じての寄与である。すなわち、既知の化学構造、物性、反応性などを電子の振る舞いから理論的に説明づける役割である。もう一つは、一歩進んで理論面から経験化学そのものを推進する役割である。つまり理論から、経験化学では知られていない新たな反応や物性などを定量的に予測するものである。それには信頼できる理論的基礎と計算方法が不可欠である。福井はノーベル賞受賞講演で後者の寄与の難しさに触れてこう述べた。

　　[その] 恐るべき複雑さのため、化学にはどうしても経験による類推に頼らなければならない面があります。これはある意味では、化学に与えられた宿命ともいうべきもので、物理学と性格的に大きく異なる根源になっているのです。量子化学もそれが化学である以上、さきほど述べた経験化学を推進していくうえで役立たなければならないのです[236]。

　1980 年代以降、コンピュータ能力の飛躍的な向上を背景に、計算化学が急速に発達し、量子化学も簡単なモデルの分子だけでなく、多種多様な有機化合物、高分子化合物、生体物質などに適用対象を広げている。非経験的分子軌道法（ab initio MO 法）による計算を用いて電子構造を解明するソフトウェア Gaussian が開発され、有力な研究ツールとして世界中で利用されている[237]。それにより、福井のいう量子化学による経験化学の推進は確実に進みつつあるといえる。

---

236)　福井「化学反応におけるフロンティア軌道の役割」（注 1）156 頁.

237)　分子軌道法の ab initio 計算の元祖で Gaussian の開発者であるジョン・ポープル（John Anthony Pople）と分子軌道法の密度汎関数法による ab initio 計算法の開発者ウォルター・コーン（Walter Kohn）は、その計算化学分野の業績により 1998（平成 10）年のノーベル化学賞を受賞した. 2013（平成 25）年には、カープラス、マイケル・レヴィット（Michael Levitt）、アリー・ウォーシェル（Arieh Warshel）の 3 人が、非常に複雑な化学反応を予測するプログラムの開発研究でノーベル化学賞を受賞した. かくして 2016 年までに、ポーリング、マリケン、福井、ホフマン、ルドルフ・マーカス（Rudolph Arthur Marcus、電子移動反応理論で 1992 年受賞）、ポープル、コーンを含め、理論化学（量子化学・計算化学）の分野で 10 人がノーベル化学賞を受賞している.

エピローグ

◆

有機合成化学の系譜

——ラウエルから野依良治まで——

　昭和 14 年、何の予備知識もなく至極のん気に京大工化にはいった一学
生が、祖国どん底の苦難時代を経て、昭和 40 年復興の春、教授として京
大合成化学教室を去る時までの二十有余年間、私を育ててくれた京都の土
地柄は、「喜びも悲しみも」のうちに私の生涯の在り方を方向付けた心の
ふるさとであります。

　　　　　　　　——鶴田禎二「合成化学科創設への胎動と草創期」（2012 年）[1]

　1960 年代日本は右肩上がりの驚異的な経済成長を維持していた。バラ色
の将来を信じかつ、何かをしたいと思いつつ大学院で研究に励んだ。

　　　　　　　　　　　　　　——小林四郎「定年退職雑感」（2005 年）[2]

　化学は何よりも素晴らしい。化学そのものだけでなく、先生や先輩との
交わり、研究生活——といえるかどうか怪しかった——が楽しかった。は
じめて生涯没頭できるものに出会った。こうして私は五十年にわたる化学
の道を歩みはじめた。

　　　　——野依良治「恩師に出会う」『事実は真実の敵なり—私の履歴書—』（2011 年）[3]

1) 鶴田禎二「合成化学科創設への胎動と草創期」、京都大学合成化学科 合成・生物化学専攻同窓会記念誌編纂委員会編『伝統の熟成と深化—京都大学合成化学科 合成・生物化学専攻 50 年の歩み—』（京都大学合成化学科　合成・生物化学専攻　同窓会記念誌編纂委員会、2012）125-127、引用は 127 頁.

2) 小林四郎「定年退職雑感」『京都大学工学広報』43 号（2005）：5 - 7 、7 頁.

3) 野依良治『事実は真実の敵なり—私の履歴書—』（日本経済新聞社、2011）72 頁.

はじめに

2001（平成13）年に野依良治がノーベル化学賞を受賞した時、マサチューセッツ工科大学教授の有機化学者・正宗悟から、日本の有機化学はこれでようやく世界に認知されたと祝福を受けたという[4]。野依は、福井謙一、白川英樹に次いで3人目の日本人ノーベル化学賞受賞者で、有機化学者としては初めての受賞であった。当時、名古屋大学教授の職にあったが、受賞対象となった「キラル触媒による不斉反応の研究」の原点となる研究は京都大学工学部の助手時代に行ったものである。野依らの俊英を生み出した京都学派の有機合成化学の系譜を探り、また彼のように京都を出て行った研究者は古巣をどう見たかを考察して、結びの章とする。

1　合成化学科への道──小田良平と古川淳二──

京大工学部における有機合成化学の伝統は、オーストリア出身の有機化学者カール・ラウエルの招聘に始まる。喜多源逸はラウエルを工業化学科第三講座（有機製造化学）の講師として招き、「本講座の將來の擔當者の育成と當時諸外國に比して著しく遜色のあつた我が邦の有機合成化學の進歩を促す」ことを目論んだ[5]。この講座は、理工科大学製造化学科の時代に漆の研究で有名な吉田彦六郎が担当していた講座に始まり、工業化学科となってから福島郁三が担当し、福島の病気退官後は喜多が兼担していた。1934（昭和9）年9月から1937（昭和12）年5月までのラウエル在任中、直接教えを受けた弟子に、堀尾正雄、小田良平、新宮春男、古川淳二がいる。

堀尾正雄は1928（昭和3）年3月に工業化学科を卒業した。1934（昭和9）年6月に喜多の下で染料および油脂の光化学に関する研究で学位を取得した後、1年間ラウエルの下で有機化学反応に関する研究をした。その後、倉敷絹織に就職してヴィスコース法レーヨンの研究を行った。1938（昭和13）年に京都帝大に呼び戻されてからは人造繊維および人絹パルプの研究を進め、有機合成の分野

---

4)　野依『事実は真実の敵なり─私の履歴書─』（注3）119頁．正宗悟の岳父はヒノキチオールなど天然物有機化学の研究で国際的に知られる野副鐵男である．

5)　京都帝國大學編『京都帝國大學史』（京都帝国大學、1943）542頁．

図エピローグ-1　カール・ラウエル
1934年頃。京都大学工学部所蔵。

からは離れていった[6]。

　小田良平は、喜多が京大工学部における有機合成化学の将来の指導者と見込んだ人物であった。彼は1930（昭和5）年、工業化学科の喜多の下で油脂化学に関する卒業論文を書いて卒業した。ラウエルの着任と同時に、その助手を命じられ、有機合成化学や染料化学の研鑽を積んだ。その間の研究討議等はすべてドイツ語で行われたため、小田のドイツ語の能力は著しく上達したといわれる。ラウエルは在任中、24編の論文をドイツの雑誌に発表したが、そのうち15編が小田との共著論文であった。小田は1936（昭和11）年に講師となり、その翌年、ラウエル離任の後を受けて助教授に、さらに1940（昭和15）年に教授に昇格して第三講座を引き継いだ[7]。

---

6) 堀尾は後に桜田一郎とともに繊維化学科の中心的教官となり、京都大学化学研究所所長（1953-1956）も務めた．堀尾門下から、小野木重治（1944年卒業、京都大学教授）、稲垣博（1946年卒業、京都大学化学研究所教授、化学研究所所長）、西島安則（1949年卒業、京都大学教授、京都大学総長1985-1991）らの高分子化学者が輩出した．堀尾については、稲垣博・平見松夫・山本雅英編『昭和繊維化学史の一断面—化学者堀尾正雄生誕100周年に因む—』（非売品、2005）参照．

1　合成化学科への道――小田良平と古川淳二――　|　257

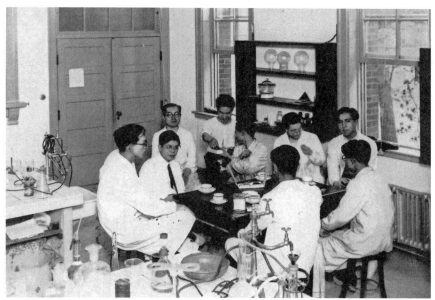

図エピローグ-2　研究室の小田良平（ネクタイ姿）と学生たち
1940年頃。梶慶輔氏所蔵。

　1941（昭和16）年、小田は文部省在外研究員として合成ゴム研究のため1年間ドイツに留学することが決定したが、独ソ開戦でシベリア鉄道が使えなくなったため急遽中止となった[8]。戦時中は、ナイロン6の合成から、イオン交換樹脂、軍の委託で火薬用トルエンや催涙性化合物の合成の研究まで手がけた[9]。戦後は、

7）　吉田善一「小田良平先生―有機合成化学の立場から高分子化学を開拓―」、高分子学会編『日本の高分子科学技術史』（高分子学会、1998）8‐9頁；松井悦造「小田研が生まれるまでのこと」『小田研会会報』No.2（1971）：7‐9；森嶋陽太郎「小田先生と私」同：9‐12.

8）　「京大の三氏、ドイツへ」『大阪毎日新聞』1941年4月13日；「『ゴムは戦争と共に』獨逸留學中止の小田京大教授語る」『日出新聞』1941年7月3日．

9）　次の文書には、小田が戦時研究員として大阪帝国大学理学部の小竹無二雄、千谷利三、赤堀四郎とともに「毒物製造法合理化ノ研究」に従事していたことが記されている：「戦時研究実施計画　毒物ノ研究（其ノ一）」（1944年4月1日提出）、「戦時研究動員計画（第一回ノ五）」（1944年4月20日、研究動員会議）、『井上匡四郎文書』（マイクロフィルム版）文書00131『研究動員会議（実施計画）』所収．催涙性化合物につ

有機合成反応の基礎研究、染料とその中間体の合成、蛍光増白剤の合成、蛍光の理論、界面活性剤などの研究を行った。

鶴田禎二（1941 年卒業）によれば、小田は学生に対しても「でございます」といった敬語で接した。誠実で謙虚で丁寧なところから、学生たちに人望があったという。工業化学科の鶴田の同級生 40 名のうち 10 名もが小田研究室を希望して入った。鶴田自身は高分子化学を学びたいと思っていたので、厳しいと噂された桜田一郎の研究室に行くか迷ったが、結局人柄に惹かれて小田の研究室に行くことに決めたという。その年、桜田研に行ったのは 3 人だけだった[10]。後に京大教授になった小田研の卒業生には、鶴田のほか、熊田誠（1943 年卒業）、吉田善一（1949 年卒業）、三枝武夫（1950 年卒業）、庄野達哉（1952 年卒業）、田伏岩夫（1956 年卒業）がいる[11]。

新宮春男は 1936（昭和 11）年にラウエルの指導で有機反応に関する卒業論文を書いた。後に燃料化学科で福井謙一の量子化学研究を有機化学の側面から助けたことは、第 4 章で述べた通りである。

古川淳二は新宮の一学年下であった。1934（昭和 9）年に工業化学科に入学し、三回生の卒業研究に喜多研究室を選んだ。実際の指導はラウエルが行い、溶液中のナフタリンの会合についての研究テーマを与えられた。1937（昭和 12）年 1 月、卒業を間近に控えて卒業研究に忙しかった時、突然喜多から呼び出され、合成ゴムの研究をやれといわれた。古川はその時のことをこう回想している。

　　急いでラウエル博士に下手なドイツ語で話をしたが答えは「ナイン」。合成ゴムは喜多研究室全員でやっても大変なのにお前一人でできる仕事ではないといわれた。私は両先生の板ばさみで想い悩んだ。喜多先生は当時、合成繊維を桜田一郎教授に、合成石油を児玉信次郎教授……（中略）……にやらせ

───────────

　　いては、黒木宣彦「二、三の印象深い思い出」『小田研会会報』No. 2（1971）：15-17 参照.

10)　鶴田禎二、筆者とのインタビュー、2006 年 8 月 12 日（横浜）.

11)　三枝武夫は小田の有機合成化学や染料化学の整然とした講義に魅せられ、小田研に入った. 小田研で有機合成化学の立場から高分子化学の研究をできたことがよかったと述べている. 三枝は高分子科学の国際的なオーガナイザーとして活躍した. 三枝武夫、筆者とのインタビュー、2011 年 2 月 17 日（京都）.

ておられ、合成ゴムを私に命ぜられたのである。しかも、アセチレンから造れといわれるだけで、方法もお前が考えよといわれた[12]。

　卒業論文はラウエルのテーマで仕上げた。ラウエルからはパラフィンの空気酸化により脂肪酸を作るのが面白いからそれもやってみるように命じられた。喜多にそのことを相談すると、日本には油脂資源の不足はないからそれは駄目だと釘を刺された。古川によれば、「ラウエル先生には隠れて合成ゴムの研究をやることになったが、先生のご機嫌はますます悪くなっていったようである。」[13] ラウエルは古川が卒業した2ヶ月後に任期を終えて日本を去ったため、2人の師の「板ばさみ」から逃れることができた。ラウエルは、その後ドイツで大学教授資格を取り、終戦までブレスラウ工科大学の教授を務めた。戦後はエジプトのアレクサンドリア大学教授、アメリカのアラバマ大学教授を歴任し、1968年に70歳で米国で没した[14]。

　ラウエルが去った後、喜多は当時大阪帝大理学部長だった眞島利行に相談して、同大の小竹無二雄に週1回まる一日、講師として工業化学科の学生に有機合成化学の研究指導をしてもらうことにした。ウルシオールの研究で知られる眞島は日本で本格的な有機化学研究を始めた第一世代の化学者であり、東北帝大、東京工大（兼任）、北海道帝大、大阪帝大の教授を歴任したほか、喜多と同じく理化学研究所主任研究員を務めていた。その門下からは、小竹のほか、赤堀四郎、村橋俊介、金子武夫（以上大阪帝大）、黒田チカ（お茶の水大）、杉野目晴貞（北海道帝大）、星野敏雄（東京工大）、野副鐵男（台北帝大）、久保田尚志（大阪市立大）ら多数の優秀な有機化学者が輩出した[15]。小竹はドイツの有機化学者ハインリッ

---

12) 古川淳二「私の合成ゴム物語」第2回、『週刊ゴム報知新聞』1996年3月25日.

13) 古川淳二「ゴムと人生」『日本ゴム協会誌』第57巻、第1号（1984）: 3-14、4頁.

14) "Dr. Karl Lauer Dies; Professor At University," *The Tuscaloosa News*, February 11, 1968.

15) 久保田尚志『日本の有機化学の開拓者　眞島利行』（東京化学同人、2005）；梶雅範「日本の有機化学研究伝統の形成における眞島利行の役割」『化学史研究』38巻（2011）: 173-185. 梶雅範は、眞島に始まる日本の有機化学研究の伝統を「ヨーロッパの最新の手法を利用して日本とその周辺特産の天然物に含まれる有機化合物の性質と構造を研究する天然物化学」と特徴づけている. 梶雅範「眞島利行と日本の有機化学研究伝統の形成」、金森修編『昭和前期の科学思想史』（勁草書房、2011）185-241

ヒ・ウィーラント（Heinrich Otto Wieland）の下に留学した経験（1923-1925）
があり、天然物有機化合物の構造決定と合成の研究を手がけていた。「まだ私が
充分獨り歩きが出來ないのでさらに小竹先生にお世話になることになりました。
これも喜多先生の御盡力です」と小田は当時を謙虚に回想している[16]。小竹は小
田が教授になる 1940（昭和 15）年まで講師を務めた[17]。

　古川は卒業後、化研の喜多研究室に助手として採用され、1940（昭和 15）年
に助教授に昇任する。化研では合成ゴムの研究を本格的に始めたが、ラウエルが
忠告した通り、平坦な道のりではなかった。大爆発の危険をはらむ幾多の困難を
乗り越えて、カーバイドをアセチレンに変え、それを原料としてブタジエンとメ
チルビニルケトンを合成、それを共重合して新しいゴムを合成する方法を確立し
たのは 3 年後であった。生成物は、アメリカで生産されていたクロロプレンや
GR-S、ドイツのブナ N、S とも異なる新しい耐油性ゴムであった。この技術は
1943（昭和 18）年、帝国発明協会の懸賞で一位になり恩賜発明奨励金 1 万円
（現在の約 2 千万円に相当）を獲得した。住友化学の協力を得て化研で日産 200
kg のパイロットプラントの生産を行った。その後、プラントは住友化学の新居
浜工場に移され、終戦までに 3 t のニトリルゴムが製造され、戦闘機の引込脚
シールなどに使用された。古川は喜多と連名で、理化学研究所もしくは有機合成
化学研究所の名義で 44 件の合成ゴムに関する特許（1941-1949）を申請している。
古川にとって、合成ゴムはゴムを中心とした高分子化学研究の始まりであり、生
涯の仕事へと続いていった[18]。

　　頁、引用は 212 頁．大阪大学理学部の有機化学については、日本化学会編『化学語り
　　部第 1 回　芝哲夫先生インタビュー』（日本化学会、2007）：芝哲夫「芝研究室（大阪
　　大学）の源流」『化学』第 59 巻（2004）：19-21 参照．
16）　小竹無二雄・櫻田一郎・兒玉信次郎・小田良平・古川淳二「座談會　喜多先生を偲
　　ぶ」『化学』7（1952）：434-441、434 頁．この座談会で小竹は、喜多が化研所長
　　だった時、喜多は小竹を化研に招聘しようとしたが、小竹の都合で実現しなかったと
　　述べている．小竹については、小竹無二雄「夢翁夜話―有機化学を中心にして―」
　　『化学』（一）：第 25 巻・第 11 号（1970）：1066-1070；（二）：第 25 巻・第 12 号
　　（1970）：1173-1181；（三）：第 26 巻・第 1 号（1971）：41-46；（完）：第 26 巻・第 2
　　号（1971）：154-159 参照．
17）　松井「小田研が生まれるまでのこと」（注 7）　9 頁．
18）　古川淳二「合成ゴム試験工場報告」『日本化学纖維研究所・有機合成化學研究所合同

1 合成化学科への道——小田良平と古川淳二—— | 261

　終戦直後、GHQ の命令で合成ゴムの開発研究が禁止されると、古川は、ゴム物性、ゴムの加工理論、流動触媒、アセチレン化学などの基礎的・理論的研究に専念した。1948（昭和 23）年に化研の教授となり、その 2 年後に工業化学科に新設された第七講座の教授に任ぜられた。1950 年代半ばからは、新しい重合反応の発見と開発の研究を行い、ニッケル錯体触媒による 1,4-シス-ポリブタジエンの合成など目覚ましい成果を出した。研究室には俊秀の学生や研究員が集まり、活発な研究活動を展開した。

　古川研究室は、化研時代から 1971（昭和 46）年の定年退官までに、約 150 名の卒研生、40 名近くの修士を出した[19]。卒研生には、山下晋三（1951 年卒業、後に京都工芸繊維大学教授）、井上祥平（1956 年卒業、後に東大教授）、小林四郎（1964 年卒業、後に東北大教授、京大教授）がいる。第 4 章で見たように、量子化学にも関心が深かった古川の研究室からは、笛野高之（1953 年卒業、後に阪大教授）、諸熊奎治（1957 年卒業、後にエモリー大学教授）、中辻博（1966 年卒業、後に京大教授）、山口兆（1966 年卒業、後に阪大教授）といった後の理論化学者が輩出しているのも特徴的である。彼らはいずれも有機化学のバックグランドをもつ理論化学の研究者として大成した。古川が在任中に書いた原著論文は 582 報にのぼる。そのテーマは、開環重合、ビニル重合、ジエンの重合、立体特異性重合、不斉誘導重合、交互共重合、ゴム材料、エラストマーのレオロジー、物理有機化学など多岐にわたる[20]。

　古川は小田とともに、1960（昭和 35）年の合成化学科の創設に重要な役割を果たした。文部省による大学理工系拡充計画が出され、また高度成長期の化学工業ブームの中で新設された同学科は拡充され、1963（昭和 38）年までに六つの

　　第 3 回講演會講演集』第 8 輯（1942）：233-253；同「合成ゴム工業化試験報告」『化學機械協會年報』6（1945）：109-184；同『化学への情熱』古川淳二先生を囲む「21 世紀を拓く日本の化学」講演会資料、1997 年 10 月 8 日；井上祥平「91 歳の現役化学者　古川淳二博士」『現代化学』393 号（2003 年 12 月号）：59；鶴田禎二「古川淳二先生の学恩」『高分子』58 巻（2009）：419. 古川は喜多源逸の兄源治郎の孫・喜多信_{のぶ}と結婚した.

19)　「古川研究室卒業生卒業論文リスト　旧古川研究室保管論文より」（1988 年 11 月、プリント）.

20)　古川淳二先生退官記念会編『古川淳二先生　退官記念記録』（非売品、昭和 51 年 9 月）の 3 -28 頁に論文の一覧表が掲載されている.

講座が設置された。小田良平が第一講座（有機合成化学）、古川淳二が第二講座（重合化学）、吉田善一が第三講座（物理有機化学）、熊田誠が第四講座（有機金属化学）、鶴田禎二が第五講座（有機接触化学）、松浦輝男が第六講座（遊離基合成化学）を担当した[21]。すべてが有機合成化学の講座であった。1960年代、合成化学科は人気を博し、京大でも最も入試の難関な学科の一つとなり、合格最低点が医学部を上回ったこともあったほどである[22]。理学部化学科と工業化学科の赤煉瓦の歴史的建物は一部を残して取り壊され、「工化総合館」と称する鉄筋コンクリートの建屋が建設された。学生たちは新しい実験室、講義室の恵まれた環境のもと勉学に励んだ。合成化学科の第一期生だった小林四郎は、「我々は格別に熱のこもった教育を受けたと思う。先生方は大変張り切っておられ、目が輝いていた」と当時を振り返る[23]。

　第三講座の吉田善一は、蛍光の研究に取り組み、化学構造と蛍光性という機能の関係を徹底的に調べて「吉田の蛍光則」を見出した。また60個のπ電子をもつ、炭素がつながった分子C_{60}の存在を1970（昭和45）年に予言した[24]。第四講座の熊田誠は有機ケイ素化学の先駆者であり、教え子で助手の玉尾皓平（1965年卒業、後に京大教授、理研基幹研究所所長）とともにニッケル系触媒を使った「熊田・玉尾カップリング反応」で世界的に知られる成果を残した。その研究は、その後大きく発展する種々のクロスカップリング反応研究の先駆けとなる[25]。第

21）　合成化学科の歴史については、同窓会記念誌編纂委員会編『伝統の熟成と深化―京都大学合成化学科　合成・生物化学専攻50年の歩み―』（注1）参照.

22）　「京都　まなびの系譜　有機化学5」『京都新聞』2010年7月27日.

23）　小林「定年退職雑感」（注2）；小林四郎、筆者とのインタビュー、2008年7月22日（京都）.

24）　塩谷喜雄「独創の軌跡　現代科学者伝　吉田善一氏①～⑥」『日本経済新聞』①1992年10月25日；②11月1日；③11月8日；④11月15日；⑤11月22日；⑥11月29日；吉田善一、筆者とのインタビュー、2007年11月16日（大阪）；吉田善一先生退官記念事業会編『吉田善一教授定年退官記念誌』（吉田善一先生退官記念事業会、1990）.

25）　フランスのロバート・コリュー（Robert J. P. Corriu）らのグループの研究も独自に同じ発見をしたので、「熊田・玉尾カップリング」は「熊田・玉尾・コリューカップリング」（Kumada-Tamao-Corriu coupling）とも呼ばれている. 玉尾皓平、筆者とのインタビュー、2012年6月9日（和光）.

六講座の松浦輝男は小竹無二雄の弟子で、阪大理学部を卒業し、大阪市立大理工学部化学科の助教授を務めた後に招かれた。生体類似反応による天然物合成という新分野の開拓、有機合成に光反応を取り入れる有機光反応の研究を行った[26]。

1964（昭和39）年、東大工学部から古川淳二に招聘の要請があった。戦後の化学工業の急進展に伴い、東大でも工学部応用化学系で学科の拡充が行われていた。1959（昭和34）年に合成化学科と化学工学科が新設された。1961（昭和36）年には、工業化学科と燃料工学科が新設され、明治時代からあった応用化学科は遂に廃止された。かくして、東大工学部も、京大工学部と同名称の工業化学科、合成化学科、化学工学科を持つことになったのである。燃料工学科は、まだ戦前の火薬学科の色彩が強く、石油化学に重点を置く京大の燃料化学科とは異なる性格を持っていた[27]。

東大の合成化学科は高分子化学が手薄だったため、古川に白羽の矢が立った。しかし、古川が辞退したため、代わりに鶴田禎二が行うことになった。1964（昭和39）年10月、鶴田は東大に転任し合成化学科第二講座（合成樹脂・合成ゴム化学）を担当した。助手の井上祥平（後に東大教授）は講師として採用され、博士課程の大学院生も連れて行った。合成化学科のその他の講座は、第一講座（高分子合成化学）、第三講座（石炭化学）、第四講座（石油化学）、第五講座（工業触媒化学）から構成されていた。

鶴田は、「東大の応用化学は応用偏重だった。基礎ができる応用化学者を補強したいとの意図もあって、わざわざ京大から呼んだのではないだろうか」と語っている[28]。井上は、「京大合成化学科に比べるとかなり『工学部的』な匂いのする仕事がどちらかと云えば多いようである。わが鶴田研などはぐっと基礎的という感じである」という感想を着任早々、京大合成化学科のプリント誌『ごうせい』に報告している[29]。

---

26)　「訃報　松浦輝男」『京大広報』593号（2004年9月）：1764.

27)　東京大学百年史編纂委員会『東京大學百年史　部局史三　工学部』（東京大学出版会、1987）478-480頁；鶴田禎二「Letter to the Editor」『ごうせい』3号（1966年2月23日）：23-24.

28)　鶴田禎二、筆者とのインタビュー、2007年4月16日（横浜）.

29)　井上祥平「東大合成化学科のこと」『ごうせい』3号（1966年2月23日）：34-36、引用は34頁．井上は1978（昭和53）年に東大工学部教授に昇格した．CO_2からの高

人は外に出て初めて彼我の違いを強く感じ取るものである。京大と他大学の工学部化学系の違いは、小林四郎によっても明快に語られている。古川研で博士課程を終え、アメリカ留学の後、京大合成化学科助手、講師となった彼は、講座制の閉塞感を少なからず感じていた。1986（昭和61）年、東北大工学部応用化学科の公募で教授に採用された[30]。着任後の印象を彼はこう書いている。

> 学生時代から工学部でありながら基礎研究の重要性をたたき込まれていたし、自分でもそう思っていた。研究テーマを考える時、先ず科学として独創性を第一の問題とし、役に立つかどうかは二の次にして研究を推行してきた。福井謙一先生も「役に立たない基礎研究はない」と基礎重視を強調しておられた。これは京大の伝統ある学風と思っていた。そして東北大学工学部応用化学科に教授として呼んで頂いて驚いた。工学部は実際工業生産にそして社会に役に立つ研究をするのが本来の姿であるという。赴任当初私の研究に対して、どのように役立つのか、理学部の研究とどう違うのか、再三聞かれたのである。京大工学部では当たり前と思っていた研究は東北大学工学部では虚学と写ったのであった。他大学に移って初めてこのようなことを気付かされた。これは良し悪しの問題ではなく工学部における研究の性格に対する考え方の相違に基づく。むしろ世間的には京大工化学系の方が特殊なのかも知れなかった。事実、東北大工化学系では工業生産に直結する製造方法、現に使用されているプロセスに代るものやその改良等すぐに役立つ言わば実学の研究テーマが多かった。科学論文よりも特許の報が高く評価されていた程であり、企業からも重宝されていた[31]。

こうした「実学」偏重の雰囲気の中でも、小林は京大流を貫いて「虚学」とされた基礎的研究を行った。酵素を触媒に用いる研究を始め、「役に立たない基礎研究はない」ことを裏付ける業績をあげた。

　　分子合成の研究で知られている.
30)　小林、筆者とのインタビュー、2008年7月22日（注23）.
31)　小林「定年退職雑感」（注2）. 小林四郎は古川淳二の娘婿であり、東北大教授を経て、京大工学研究科教授、京都工芸繊維大学客員教授を歴任した.

鶴田も東京大学で京大流を貫き、アニオン重合の世界的権威となった。「私はあのとき京大で教授でしたから、ずっといれば、好きな京都でじっとしていることもできたんですけれども、結果的に言えば移ってよかったと思います」と振り返る[32]。京大と東大との違いを様々な面で感じた。京大では教授は「殿様のように偉く、一国の城主」の感があったが、同時に運営・講義・雑務の仕事も教授がすべて行った。助教授・講師には特論以外には講義もなく、会議出席もなく、心ゆくまで研究に没頭できた。「私は十数年間助教授だったから、京都でその良さを十分味わうことができた」という[33]。

京大工学部では、すべてを教授会だけで決めていた。助教授は、大学運営に対する発言権はなく、学位論文の審査権もなかった。一方、東大では助教授も正規の講義をもち、学位論文審査権もあり、教授総会には助教授も出席した。「東大に移ってきた直後、教授としての自分のステイタスが低くなった気がしました。反面、非常にのびのびとやれましたし、学生たちも自由だったと思います」と鶴田は述懐する[34]。また、「京大は自分が教わった偉い先生ばかりがいて、例えば、この研究はあの先生がやっているからやめようなどと縮んでしまったでしょう」。東大では京大のような厳しい上下関係がないので、気兼ねなくテーマを選んで研究することができたという。他学部の教官とも気楽に交流ができたし、また東京にいて学会の仕事を通して首都圏の多くのバイオ関係の研究者たちと知り合えたことも鶴田には収穫だった[35]。

2　有機化学者・野依良治の誕生

京大の有機合成化学の伝統は、もう一つ、工業化学科の宍戸研究室の系譜を抜きには語れない。宍戸圭一は1930（昭和5）年に喜多研を卒業した。三菱化成

---

32)　日本化学会編『化学語り部第5回　鶴田禎二先生インタビュー』（日本化学会化学遺産委員会、2008）20頁.

33)　鶴田、筆者とのインタビュー、2006年8月12日（注10）. 実際には、京大工学部化学系では講義はすべて教授が担当したが、助教授・講師は特論および演習・実験の一部を担当した. 科目配当表を見る限り、こうした原則が崩され助教授・講師も講義をもつようになるのは大学紛争を経た1970年代以降とみられる.

34)　鶴田禎二から筆者宛、電子メール、2010年5月3日.

35)　鶴田、筆者とのインタビュー、2007年4月16日（注28）.

工業に就職後、1939（昭和 14）年に燃料化学科第一講座に転じた喜多の後を受けて工業化学科第五講座の講師として招かれ、翌年助教授、1942（昭和 17）年に教授に昇格した。宍戸には戦時研究の呼び出しがかからなかった。「戦時中、軍に研究をやらせていただくよう『御用聞き』に伺わなかったため、戦時研究員にはしてもらえず、軍事訓練に出され、招集の心配に明け暮れした」と皮肉混じりに書いている[36]。学位論文は「フリーデル・クラフツ反応に依る合成樹脂縮合反応の機構」（1942）で、その後も有機反応化学の研究を進める一方、香料やホルモンなどの天然物有機化学の研究も手がけた。

　宍戸はさほど社交的ではなかったが、洒脱で趣味も豊かで、鉄道模型の収集家としても知られていた。小田良平と同期生で、分野も近かったせいか、学内では互いにライバル意識を持っていた。子息の宍戸昌彦（京大助手、東京工業大学助教授、岡山大学教授を歴任）によれば、宍戸研の学生の卒論や修論の発表時、あの温厚そうな小田がいつも宍戸の学生たちに厳しい質問を浴びせたという。宍戸もまた小田の学生たちに同じように対応した。そのため、双方は事前に相手方の質問や批判を予測し、それに対する周到な答えを学生たち準備させた。昌彦は、こうした相互批判は学問のためには却って良かったのではないかと語る[37]。宍戸の門下からは、福井三郎（1942 年卒業、後に京大教授）、野崎一（1943 年卒業、後に京大教授）、内本喜一郎（1958 年卒業、後に京大教授）、野依良治（1961 年卒業、後に京大助手、名古屋大学教授）らが出た。

　野依良治は神戸の灘中学に入学する直前、化学技術者の父に連れられて大阪で開かれた東洋レーヨン（現、東レ）のナイロンの製品発表会に行った。そこで行われた社長講演でデュポン社のナイロンの話を聞き、化学に深く関心を抱き始めた。灘高校を卒業し、湯川秀樹やビニロンの開発者桜田一郎のいる京都大学に憧れた彼は、1957（昭和 32）年に工学部の工業化学科に入学した[38]。野依は当時を

---

36)　宍戸圭一「ファイン・ケミカルの道」『有機合成化学協会誌』第 27 巻、第 11 号（1969）：1120-1123、1121 頁．宍戸圭一先生退官記念事業会編『宍戸圭一先生記念論文集』（非売品、1971）も参照．

37)　宍戸昌彦、筆者とのインタビュー、2009 年 3 月 2 日（東京）．

38)　野依『事実は真実の敵なり』（注 3）第 1 章、第 2 章参照．父の野依金城は鐘淵化学工業の化学技術者であった．東京帝大の応用化学科を卒業し亀山直人や牧島象二に学んだが、東大の応用化学より京大の工業化学をよく言っていたという．野依良治、筆

2　有機化学者・野依良治の誕生　｜　267

次のように振り返る。

　　入学当初の二年間はまず教養課程を過ごすが、その後に学部生として進学
　する工業化学科は当時の日本の戦後復興を支える花形学科で、入学試験は医
　学部よりも難関だった。工業化学科を中心に関連の三学科が加わって総合運
　営され、おそらく全国一の陣容を誇っていただろう。石油化学の興隆期に化
　学を志す若人たちにとって憧れの的であった[39]。

　良治は父のような産業界の化学技術者になることを夢見ていたので、理学部で
化学を学ぶ気はさらさらなかった。なぜ桜田のいる繊維化学科ではなく工業化学
科に進んだかについては、工学部化学系の中で工業化学科が一番規模が大きく最
も優秀な学生が集っていたこと、また工学部化学系は「総合運営」すると聞いて
いたので、工業化学科に入っても桜田の授業は受講できると思っていたからだと
いう[40]。

　4回生の時に宍戸研に入ったが、実際に卒業研究を指導したのは助教授の野崎
一であった。アメリカのコーネル大学への留学から帰国したばかりの30代後半
の野崎は、京大きっての俊英と謳われた。講義のレベルも非常に高く、学生たち
に「新しい有機化学を拓け」というのが口癖であった。厳しい指導で宍戸研の学
生たちからは怖れられていたが、率直な気持ちで飛び込んでいった野依には温か
く心を開いた。野依が化学の素晴らしさを感じ、化学を自分の天職と信じて、猛
烈に勉強し始めたのはこの時からであった[41]。野崎は1963（昭和38）年4月、
教授に昇格して新しい講座を持った。合成化学科新設により、工業化学科の講座
に空きができたためである。彼の研究室からは、山本尚（1967年卒業、後にシ
カゴ大学教授）、檜山爲次郎（1969年卒業、後に京大教授）、大嶌幸一郎（1970

────────────
　者とのインタビュー、2008年1月8日（和光）．野依については、野依良治『人生は
　意図を超えて　ノーベル化学賞への道』（朝日選書、2002）；同『研究はみずみずしく
　ノーベル化学賞の言葉』（名古屋大学出版会、2002）；大嶌幸一郎・北村雅人編『ノー
　ベル賞受賞者野依良治博士　学問と創造』（化学同人、2002）も参照．
39)　野依『事実は真実の敵なり』（注3）57頁．
40)　野依、筆者とのインタビュー、2008年1月8日（注38）．
41)　野依『事実は真実の敵なり』（注3）67-73頁．

図エピローグ-3　学部卒業時の野依良治
1960（昭和35）年。後列中央が野依良治、手前左が野崎一、右が宍戸圭一。野依良治『事実は真実の敵なり―私の履歴書―』（日本経済新聞社、2011）69頁所収。

年卒業、同）らの気鋭の有機化学者が出ている[42]。

　野依は大学院に進み、修士課程修了とともに野崎の助手に抜擢された。彼は野崎に劣らないほど厳しく学生を指導したので、工業化学科中に「鬼軍曹」という渾名で知れ渡った。助手になって早々、実験室でポリプロピレンとアジド化合物の反応をしていた時、フラスコが突然爆発して京大病院で18針を縫う出来事があった。彼によれば、

　　　三日目に包帯を巻いたまま京大の研究室へ戻った。1カ月くらいは休むだろうと考えていた学生たちには驚きと、もう少し休んでいてくれれば……と

---

42) 野崎一「野崎研究室（京都大学）の源流」『化学』59巻、12号（2004）：22-25；同、「卒業二十年に想う」関西工化会、講演原稿、2005年4月26日；野崎一、筆者とのインタビュー、2008年8月28日（高槻）.

でも言いたげな残念顔で迎えられた。「鬼軍曹」に加えて「不死身の野依」と呼ばれるようになった。とにかく、いっときも化学から離れたくなかった[43]。

こうして満身創痍のまま研究に復帰した。日曜祝日も大学の実験室に通った。とはいえ、研究一筋の生活を送っていたわけではない。大学と街の文化は相関関係があるという。彼にとって、京都の夜の街は談論風発の「教養教室」であった。当時をこう振り返る。

　　どこにあのようなエネルギーがあったのだろうか。化学に熱中する一方で、私はふたたび夜の京文化も熱心に学ぶようになった。
　　先斗町や祇園の花街で薄給の大学助手にできることはごく限られる。しかし、精神文化全盛の昔とは比べるべくもないが、酒場には名物女将や才媛マダムがいて、同好の士を集め、将来の社会の担い手を育てる場があった。理系文系を問わず、多岐にわたる名物学者に加え、名刹の僧侶、活躍中の映画監督、脚本家、俳優、女優、指揮者、ジャーナリスト、画家、陶芸家、骨董商、西陣織の旦那衆が集まっていた。普段着の一流人の会話を聞きながら、明日の一化学者は成長していった[44]。

後のノーベル化学賞の対象になった「不斉触媒反応」の原点になる「不斉カルベン反応」（左右分子を作り分ける反応）の実験に成功したのは、この刺激に満ちた助手時代の 1966（昭和 41）年であった。

1963（昭和 38）年、米国ペンシルヴェニア大学教授チャールズ・プライス（Charles Coale Price）がフルブライト奨学金招聘講師として来日し、4 ヶ月滞在した。当時「日本の有機化学はまだ経験主義で推移して」いた状況だったが、それを一変させたのがプライスの系統的で明快な講義だったと野依は言う。

---

43)　野依『事実は真実の敵なり』（注 3）78 頁.
44)　前掲書、80-81 頁；野依良治「魅力 競争力に直結　文化の発展置き去りに」中部発、Yomiuri Online, 2017 年 1 月 3 日.　http://www.yomiuri.co.jp/chubu/feature/CO0272　11/20170102-OYTAT50166.html

図エピローグ-4　チャールズ・プライスの講義風景
1963（昭和38）年、京都大学にて。上：最前列左から福井謙一、小田良平、プライス。諸熊奎治、熊田誠、吉田善一の顔も見える。下：手前左から鶴田禎二、プライス、古川淳二。日本化学会編『化学語り部第5回　鶴田禎二先生インタビュー』（2008）20頁所収。

[プライス教授は] 京都大学、大阪大学の両大学院生に対して連続講義をし、
物理有機化学の基礎を論理的かつ定量的に解説した。大学院生たちは毎週試
験を課され、二つの大学で成績を競い合っていた。講義は教官たちにも公開
され、京大では世話役の古川淳二教授をはじめ、主要教授たちも最前列に陣
取り、学生たちは同様に必死でノートを取った。助手になったばかりの私に
ははじめての英語講義だったが「化学の耳」があれば相当に聞き取ることが
できた[45]。

　1968（昭和43）年、名古屋大学に助教授として招かれた野依は弱冠29歳で
あった。しかも工学部ではなく理学部の化学科で、教授不在の反応有機化学講座
を担当した。大学院生だった高谷秀正（後に京大教授）、加藤正雄を助手として
連れて行った。化学科には、フグ毒のテトロドトキシンの構造解明で有名な平田
義正がいた。平田は山口県出身で、1941（昭和16）年に東京帝大理学部化学科
を卒業した。指導教官だった久保田勉之助は理研で眞島利行の指導を受けたので、
平田は眞島の孫弟子にあたる。平田の門下には、コロンビア大学教授の中西香爾
や、2008（平成20）年にオワンクラゲの発光研究でノーベル化学賞を受賞した
下村脩がいる。平田からは「私は天然物有機化学をやります。それ以外は野依さ
んにお願いします。そして名古屋の有機化学を良くしてください」と要請され
た[46]。かくして、眞島と喜多の後裔が名古屋で合流した。セミナーは平田研と野
依研が合同で開催し、専門の違う若き研究者たちが進行中の研究を題材に闊達に
議論する場となった。
　野依は名古屋に移って京都との違い、工と理の違いを実感した。新しい職場の
環境は、彼には想像以上に好ましいものであった。

　　実際に転任して、京都と名古屋両大学そして工学部と理学部の違いに驚い
　　た。京都では街の風情とともに、赤レンガの建物に囲まれて育ったが、教授

---

45)　野依『事実は真実の敵なり』（注3）、83-84頁. 三枝武夫もプライスの周到に準備
　　された理路整然とした講義に感銘したと語る. 三枝、筆者とのインタビュー、2011
　　年2月17日（注11）.
46)　前掲書、117頁.

の先生方には旧帝大の権威をまとった雰囲気が漂い、またほとんど自校出身なので先輩後輩関係も厳しかった。もちろん助手だった私などは一人前扱いされるはずがない。それに引き換え、著名な物理学者である坂田昌一理学部長や颯爽たる早川幸男教授（のちに学長）が率いる名大の理学部は、清新で自由な気風に満ちていて、様子が違うのである。……〈中略〉……

　はじめて中から見る理学部の風景は、自然界の真理を求め、知の旅を楽しむ風情が漂っていた。教授陣の出身校は多様であり、老若を問わず好奇心に導かれて「なぜ」を大切にし、自然科学研究を突き詰める気概にあふれていた。工学部育ちの私にはいささか腑に落ちないものがあったが、大学の教育研究は産業経済とは一線を画すべきとして、技術関連の研究を見下す風潮さえあった。そして有力な数学者はむしろ、一般社会からの隔絶ぶりゆえに尊敬を集めていた[47]。

　着任早々、念願のハーバード大学の有機化学者エリアス・コーリー（Elias James Corey）の下に博士研究員として留学を許された。当時のハーバードには、ロバート・ウッドワード、ルイス・フィーザー（Louis Frederick Fieser）、コーリーをはじめ超一流の有機化学者がひしめいており、「ハーバード大学の有機化学の黄金時代」に居合わせ、鮮烈な14ヶ月の留学体験を送った。1972（昭和47）年に彼は名古屋大学教授に昇格した。京大時代に発見した「不斉カルベン反応」と、ハーバード大で行った「水素化反応」の経験とを結びつけ、「不斉水素化反応」の研究に着手したのはその2年後であった。これがノーベル化学賞の対象となった研究に発展したのである。基礎的研究から生まれたこの技術は製薬産業や食品産業で広く使われている。

　野依は、若き日に京都学派の伝統の中で学べたことが本当に幸せだったと言う。理学部とは異なり、工学部における基礎重視は基礎のための基礎ということではない。やみくもに基礎をやれば必ず産業や工業につながるというわけでもない。実社会で何が起きているか、何が必要とされているかをまず十二分に理解した上で基礎をやることの大切さを京都で教えられた。喜多とその直弟子たちは、みな基本的にそうしたスタンスで研究を実践してきた。量子化学者の福井ですら理論

47）　前掲書、109-111頁.

のための理論を探求したのではなく、実践をビジョンに持ったうえで基礎をやったから、その社会的フィードバックもすぐにあった[48]。今日では、有機工業化学は理論化学と密接に結び付いている。野依は1960年代を振り返って、「当時の京大工学部は、我が国の産業経済構造の中核としてしっかり組み込まれていたと考えられる。社会的価値の追求と経済復興発展への貢献を目指した教育研究がなされ、工業界で一定の役割を果たしていた」と評価する[49]。

1960年代から70年代にかけて、ベトナム戦争、大学紛争、公害問題、オイルショック、等々——その後起きる社会と科学技術の変化を人々は体験する。時代が変わって、化学のパブリックイメージは大きく変わり、化学自体も細分化・専門化の度を強めていった。

1993（平成5）年、京大では大学院重点化のための組織改革が行われ、教育・研究・運営は、それまでの学部の学科単位から大学院の専攻をもとに行われるようになった。それに伴い、工学部化学系の5学科は、喜多の時代からあった「工業化学科」に再び一本化された。こうして、学部学生はすべて工業化学科の学生として教育を受けることになった。学科のウェブサイトには、「現在の工業化学科は、伝統ある名称を引き継ぎ、新生した総合化学科であり、狭い専門にとらわれず基礎化学と基礎工学を重視する教育を実施し、伝統ある学風をますます発展させています」と謳われている[50]。大学院工学研究科の化学系は、材料化学、物質エネルギー化学、分子工学、高分子化学、合成・生物化学、化学工学の6専攻から構成され、「創造的な基礎技術・先端技術の開発や学際領域の研究の推進を含めて学術研究の高度化を目指す場とする」とされる[51]。

喜多の直弟子から曾孫弟子までのほとんどは、喜多が京都大学工学部に植えた学風のことを伝え聞いていた。彼らは口をそろえて喜多の指導者としての研究哲学を称賛した。その中に時空を越えて正しいと信ずるものがあったからこそ、そ

---

48) 野依、筆者とのインタビュー、2008年1月8日（注38）.

49) 野依『事実は真実の敵なり』（注3）110頁.

50) 京都大学工学部工業化学科／学科紹介／沿革 https://www.s-ic.t.kyoto-u.ac.jp/ja/information/history

51) 京都大学工学部化学系百周年記念事業実行委員会編『伝統の形成と継承—京都大学工学部化学系百年史—』（京都大学工学部化学系百周年記念事業実行委員会、1998）7頁.

れを受け継ぎ次の世代に伝えようとしたのであった。時は流れ、今、キャンパス
の学生たちや若い研究者たちに喜多源逸の名を知る者はほとんどいない。京都学
派を強力に支えた桜田一郎・堀尾正雄・小田良平・兒玉信次郎・宍戸圭一・古川
淳二・新宮春男・岡村誠三・福井謙一のような、あの個性的で才気溢れる直弟子
たちの群像もいずれは歴史の流れの中に埋もれていくのかもしれない。しかし、
今もう一度自分たちの源流を振り返り、その歴史の中から未来のあり方を考える
ヒントを探ることも意義があるのではないだろうか。

謝　辞
——あとがきに代えて——

　喜多源逸と化学の京都学派が歩んだ約半世紀の道のりをたどった。京都学派の全貌を描いたということではなく、喜多とその直近の弟子たちの群像を一科学史家の問題意識と視点から描いた。自分なりに納得の行くまで調査して書き上げたつもりであるが、書き足りなかった事柄や記述が浅くなった部分は少なからずある。その点は、筆者の力不足としてご海容頂きたい。ともあれ、長期間取り組んできた研究をこのような形にまとめて、読者諸氏にお届けすることができて嬉しく思っている。本書の中に少しでも興味をもって頂くことがあったならば、大変幸せである。

　本書の執筆にあたって、多くの方々のご協力を頂いた。

　プロローグに記したように、稲垣博先生（京都大学名誉教授）にはこの研究を開始するきっかけを与えて頂いた。ドイツでの先生との偶然の出会いがなかったならば、私はきっと別の研究をしていただろうし、この本は生まれなかったであろう。先生が他界されてからもう10年が経ってしまった。遅筆な私には、「どうや、古川さん、喜多先生の本はまだかいな」という先生の明るい声が聞こえてきそうな感じが何度もした。その声に後押しされるように今ようやく完成したこのささやかな書を、感謝を込めて京都黄檗の山に眠る稲垣先生の墓前に供えたい。

　鶴田禎二先生（東京大学名誉教授）には、この研究の趣旨に早期から賛同して頂き、終始暖かく激励して頂いた。一昨年に95歳で他界されるまで、先生のお住まいに近い新横浜のホテルで幾度となくお目にかかり、お話ししたことが懐かしく思い出される。

　京都には何度足を運んだことだろう。その度に、平見松夫（元ユニチカ中央研究所所長）、山本雅英（京都大学名誉教授）の両氏には、京都大学関係者とのインタビューの手配や資料収集のお手伝いをして頂いた。お二人の長きにわたる献身的かつ情熱的ご支援・ご協力がなければ、本書はこのような形で世に出ることはなかったであろう。心から感謝申し上げる。

奈良県大和郡山市にも訪れた。喜多源逸の生家は同市額田部南町に今もそのまま残っているが、現在お住まいの喜多洋子さんには訪問の度に大変お世話になった。洋子さんは敷地内の蔵を改修して「喜多ギャラリー」という素敵な画廊を運営している。大和郡山市筒井にある、喜多一男さん経営の喜多醬油株式会社の工場も見学させて頂いた。建物、装置のレイアウト、醸造法などは、昭和初期の創業時のままであるという。一男さんは高校時代に京都北白川の喜多邸に下宿していたこともあり、晩年の源逸に接した数少ないご存命の親族である。

インタビューを通して多くの貴重な情報を提供して頂いた以下の皆様（五十音順）に厚く御礼を申し上げる。荒木不二洋（京都大学教授）、筏義人（京都大学名誉教授）、櫟原四郎（元三菱モンサント社長）、故稲垣博、故乾智行（京都大学名誉教授）、今西幸男（京都大学名誉教授）、植村榮（京都大学名誉教授）、岡勝仁（大阪府立大学教授）、故岡村誠三（京都大学名誉教授）、故小野木重治（京都大学名誉教授）、故鍵谷勤（京都大学名誉教授）、梶山茂（元松下電工株式会社）、喜多一郎・時生（喜多家）、喜多真由美（喜多家）、喜多洋子（喜多家）、小辻義男・賢子（元日東紡株式会社）、小林四郎（京都工芸繊維大学教授）、小林文夫（元ユニチカ株式会社）、故近土隆（元山形大学教授）、三枝武夫（京都大学名誉教授）、宍戸昌彦（岡山大学教授）、故清水祥一（名古屋大学名誉教授）、新宮秀夫（京都大学名誉教授）、武上久代（故武上善信名誉教授夫人）、田中一義（京都大学教授）、玉尾皓平（理化学研究所研究顧問）、中條利一郎（東京工業大学名誉教授）、故鶴田禎二、富久登（富久力松子息）、故永田親義（元国立ガン研究センター）、中辻博（京都大学名誉教授）、西本清一（京都大学名誉教授）、野崎一（京都大学名誉教授）、野依良治（元理化学研究所理事長）、廣田襄（京都大学名誉教授）、福井友栄（福井謙一夫人）、藤永茂（アルバータ大学名誉教授）、前田一郎（前田家）、森島績（京都大学名誉教授）、諸熊奎治（京都大学福井謙一記念研究センター・シニアリサーチフェロー）、山口兆（大阪大学名誉教授）、山邊時雄（京都大学名誉教授）、吉田善一（京都大学名誉教授）、故米澤貞次郎（京都大学名誉教授）、Roald Hoffmann（コーネル大学教授）。

化学史の研究仲間である梶雅範（東京工業大学教授）、菊池好行（名古屋経済大学教授）の両氏をはじめ化学史学会の皆様には、研究内容に関して専門家の立場からさまざまなご質問、ご意見を頂き、それが大いに役立った。梶氏の早過ぎるご逝去は悔やまれてならない。心理学者の秋山道彦氏（ミシガン大学名誉教

授）からは、本書の登場人物の心の内面についての示唆に富んだご意見を頂いた。筆者の学問の恩師であり今も良き研究仲間である Mary Jo Nye 博士（オレゴン州立大学名誉教授）にも、この場を借りて謝意を表したい。

　次の皆様（五十音順）からは、いろいろな形で有益な情報や知見を提供頂いた。伊藤和行（京都大学教授）、井上祥平（東京大学名誉教授）、井上正志（京都大学教授）、任正爀（朝鮮大学校教授）、植村榮、唐木田健一（元富士ゼロックス株式会社基礎研究所所長）、上仲博（元広栄化学工業株式会社）、川島慶子（名古屋工業大学教授）、白井重有（滝川市郷土研究会会長）、愼蒼健（東京理科大学教授）、新宮秀夫、武平時代（京都大学化学研究所広報室）、武山高之（京大アイソマーズ）、田中浩朗（東京電機大学教授）、永井芳仁（滝川市美術自然史館）、中根美知代（日本大学理工学研究所）、中村恵（同志社女子大学史料センター）、西田幸次（京都大学化学研究所准教授）、Buhm Soon Park（韓国科学技術院教授）、橋本久美子（東京藝術大学大学史史料室）、藤田英夫（元京都大学総合人間科学部）、古林祐佳（元東京工業大学大学院）、三浦晃裕（三浦華園）、村田靖次郎（京都大学化学研究所教授）、吉原賢二（東北大学名誉教授）。本書執筆の間、猪野修治氏（湘南科学史懇話会代表）から終始励ましの言葉を頂いた。記して御礼を申し上げる。

　研究にあたって、次の機関の一次資料、二次資料を活用させて頂いた。京都大学附属図書館、京都大学大学文書館、京都大学化学研究所、京都大学理学部物理学教室図書室、京都大学工学研究科事務部、国立公文書館、国立国会図書館、東京大学総合図書館、東京大学駒場図書館、東京大学文書館、東京大学工 5 号館図書室、理化学研究所記念史料室、滝川市郷土館、東京藝術大学大学史史料室、同志社女子大学史料センター、成城学園教育研究所、岡山理科大学図書館、マサチューセッツ工科大学アーカイヴ、ドイツ博物館特別文書室、ニューイングランド音楽院アーカイヴ、カリフォルニア工科大学アーカイヴ、アラバマ大学アーカイヴ、マックス・プランク協会アーカイヴ、日本大学生物資源科学部図書館。

　喜多、福井の両家、故近土隆、野崎一、梶慶輔（京都大学名誉教授）、野依良治、松本平（元日活取締役専務）、故 Magda Staudinger（Hermann Staudinger 夫人）の各氏からは、個人蔵の写真を拝借して掲載させて頂いた。

　本研究の一部は日本学術振興会科学研究費補助金（基盤研究 C、課題番号 19500861）および学術研究助成基金助成金（基盤研究 B、課題番号 24300295）

の援助を受けた。

　研究途上で、化学史学会化学史研究発表会、日本化学会化学遺産市民公開講座、京都大学ポバール会、東京工業大学サイエンスカフェ、滝川市美術自然史館企画展講演会、日本ゴム協会関西支部講演会、名古屋工業大学シンポジウム、化学史国際ワークショップ（IWHC 2015 Tokyo）、環太平洋国際化学会議（Pacifichem 2015 Honolulu）で本研究の一部を発表した。それぞれの発表後の質疑に啓発されるところが多々あった。また、京都大学大学院文学研究科および東京工業大学院理工学研究科で行った集中講義で、本書のテーマに関する事柄を院生諸君と議論する機会を得たのも楽しい思い出となった。

　本書のプロローグの一部は日本科学史学会の会誌『科学史研究』に掲載された記事を、第1章、第3章、第4章は化学史学会の会誌『化学史研究』に掲載された論文を骨子として加筆修正したものである。両学会の許可を頂いた。

　京都大学学術出版会の鈴木哲也編集長には、本書の出版にご理解を頂き、お会いするたびに機知に富んだ助言を頂いた。編集者の高垣重和氏には、本書完成までの間、面倒な編集作業を丁寧に担当して頂いた。厚く御礼申し上げる。

2017 年夏　著者

文 献 一 覧

未刊行資料

京都大学大学文書館、官制改正関係書類.
京都大学化学研究所、人事関係資料.
京都大学化学研究所、人造石油関係資料.
京都大学工学部、人事関係資料.
京都大学附属図書館、学位論文.
国立公文書館、公文類聚.
国立国会図書館、学位論文.
成城学園教育研究所、澤柳政太郎私家文書.
滝川郷土館、北海道人造石油関係資料.
東京藝術大学大学史史料室、喜多襄関係資料.
同志社女子大学史料センター、喜多襄関係資料.
理化学研究所記念史料室、人事関係資料・桜田一郎留学関係資料.
California Institute of Technology Archives, Arthur Amos Noyes Papers.
Massachusetts Institute of Technology Archives、講義関係資料.
New England Conservatory Archives、受講記録.
Deutsches Museum, Hermann Staudinger Archiv、書簡.
個人蔵（野崎一）、喜多源逸手記.
個人蔵（近土家）、近土隆書簡.

刊行文献

厚木勝基『人造絹絲』（丸善、1927）.
厚木勝基・石原昌訓・石井直次郎「櫻田一郎氏の質疑に就て」『工業化學雜誌』35
　　（1932）：195-199.
厚木勝基・石原昌訓「櫻田一郎氏の再質疑に答ふ」『工業化學雜誌』35（1932）：1102-
　　1103.
天野郁夫『大学の誕生―上巻　帝国大学の時代―』（中公新書、2009）.
アメリカ合衆国戦略爆撃調査団・石油・化学部編（奥田英雄・橋本啓子訳編）『日本にお
　　ける戦争と石油』（石油評論社、1986）.
飯島孝『日本の化学技術―企業史にみるその構造―』（工業調査会、1981）.

筏義人「桜田一郎に関する質問事項とその回答」『ポバール会記録』第 135 回（2009）：
　　38-47.

石井正紀『陸軍燃料廠』（光人社 NF 文庫、2003）.

石田亮一『石炭液化物語』（中央出版印刷、1990）.

井関九郎編『大日本博士録　第 5 巻　工学博士之部』（アテネ書房、2004：1930 の復刻
　　版）.

市川新『人造石油政策の破綻と大島義清』（私家版、2013）.

李泰圭「有機置換基の反應性への影響（第Ⅰ報）置換基の影響に關する理論的考察」『物
　　理化學の進歩』第 17 巻、1 号（1943）：3 -15.

──「有機置換基の反應性への影響（第Ⅲ報）置換有機酸の酸度理論」『物理化學の進歩』
　　第 17 巻、1 号（1943）：32-47.

──「有機置換基の反應性への影響. 第Ⅰ篇置換基の影響に關する理論的考察」『化學研
　　究所講演集』第 13 巻（1944）：233-243.

伊藤孝夫「京都帝大の朝鮮人学生」『京都大学大学文書館だより』10 号（2006.4）：4 - 6 .

伊藤道次「鉛市太郎先生を憶う─欺の人を─」『経済人』第 14 巻、第 12 号（1960）：
　　1202-1204.

伊藤萬株式会社編『伊藤萬百年史』（伊藤萬株式会社、1983）.

稲垣博・平見松夫・山本雅英編『昭和繊維化学史の一断面─化学者堀尾正雄生誕 100 周
　　年に因む─』（非売品、2005）.

稲垣博「弟子の一人から見た堀尾先生の人と学」、稲垣ほか編『昭和繊維化学史の一断面』
　　100-113 頁.

稲垣博先生退官記念事業会編『稲垣博教授定年退官記念誌』（稲垣博先生退官記念事業会、
　　1988）.

稲垣先生を偲ぶ文集刊行会『稲垣博先生を偲んで』（非売品、2009）.

乾智行「秘話　人造石油─鉄からゼオライトへ─」『化学と教育』第 37 巻（1989）：282-
　　285.

──「石油合成の歴史を築いた人々：第Ⅰ部「人造石油」と呼ばれた草創期」*Petrotech*,
　　第 23 巻、第 5 号（2000）：377-381.

井上祥平「91 歳の現役化学者　古川淳二博士」『現代化学』393 号（2003 年 12 月号）：59.

──「東大合成化学科のこと」『ごうせい』3 号（1966 年 2 月 23 日）：34-36.

井上尚之『ナイロン発明の衝撃─ナイロンが日本に与えた影響─』（関西学院大学出版会、
　　2006）.

──「高分子産業のオールジャパン体制を造った男─荒井渓吉」『化学史研究』第 43 巻、
　　第 1 号（2016）：1 -13.

今西幸男「第 2 章 基礎研究」岡村誠三編『独創性開発のケース・スタディー─合成繊維
　　ビニロンについて─』、19-46 頁.

任正爀「李升基博士の生涯と研究活動」、任正爀編『現代朝鮮の科学者たち』8 -19 頁.

──「李升基博士の生涯と科学的業績」『科学技術』50 号（2005）：84-88.

──編『現代朝鮮の科学者たち』（彩流社、1997）.

──編『朝鮮近代科学技術史─開化期・植民地期の諸問題─』（皓星社、2010）.

井本立也「二八ビナロン工場覚え書」『高分子加工』16（1967）：420-424.

──「印象日記：朝鮮の咸興にて」『化学』22 巻、8 号（1967）：739-742.

──「朝鮮の高分子化学工業」『高分子』17 巻、192 号（1968）：238-239.

──「朝鮮に旅して」『化学経済』14 巻、10 号（1967）：73-75.

上山明博『ニッポン天才伝─知られざる発明・発見の父たち─』（朝日選書、2007）.

「江口孝回想録」編集委員会編『江口孝回想録』（私家版、1986）.

馬詰彰「五十年前の日本における化学反応工学」「児玉信次郎先生御生誕百周年記念特集」
　　『洛朋』12-15 頁.

梅原猛・福井謙一『哲学の創造─21 世紀の新しい人間観を求めて─』（PHP 研究所、
　　1996）.

榎本隆一郎「終戦前後に於ける人造石油事業に就て」『燃料協會誌』第 25 巻、第 269 號
　　（1946）：68-73.

──『回想八十年─石油を追って歩んだ人生記録─』（原書房、1976）.

大河内正敏『持てる國日本』（科學主義工業社、1939）.

──『科學宗信徒の進軍』（科學主義工業社、1939）.

大阪大学工学部醸造・発酵・応用生物工学科百周年事業会編『百年誌─大阪大学工学部
　　醸造・発酵・応用生物工学科─』（大阪大学工学部醸造・発酵・応用生物工学科百周
　　年事業会、1996）.

大阪大学五十年史編集実行委員会編『大阪大学五十年史　通史』（大阪大学、1983）.

大阪府立大手前高等学校百年史編集委員会編『大手前百年史』（金蘭会、1987）.

大阪府立大学 10 年史編集委員会編『大阪府立大学十年史』（大阪府立大学、1961）.

大嶌幸一郎・北村雅人編『ノーベル賞受賞者野依良治博士　学問と創造』（化学同人、
　　2002）.

大塚明郎・栗本慎一郎・慶伊富長・児玉信次郎・廣田鋼蔵『創発の暗黙知─マイケル・
　　ポランニーその哲学と科学─』（青玄社、1987）.

岡崎達也「RCR（二十二）のころ（戦争末期から戦後）」、燃料化学・石油化学教室五十
　　年史編纂委員会編『京都大学工学部燃料化学・石油化学教室五十年史』170-192 頁.

──「打合せ風景─プラットフォーミング─」「特集　新宮先生・新宮研究室」『燃化・
　　石化同窓会誌』30-31.

岡村誠三「蛋白質人造繊維概観」『光綿研究』7 編、8 号（1939）：11-24.

──『私の埋め草』（高分子刊行会、1977）.

──編『独創性開発のケース・スタディー─合成繊維ビニロンについて─』（財団法人二
　　十一世紀文化学術財団、1980-1982）.

──「高分子化学─ビニロンを独創開発した桜田一郎」『日本の「創造力」─近代・現代

282 | 文 献 一 覧

　を開花させた四七〇人―14　復興と繁栄への軌跡―』250-259 頁.

――『科学者の良心―科学には限界がある―』（PHP 研究所、1998）.

――「新旧の境目に会って」『高分子加工』第 50 巻（2001）: 258-259.

岡村誠三先生退官記念事業会編『岡村誠三先生　研究生活の回顧と記録』（岡村誠三先生
　退官記念事業会、1977）.

岡本邦男「若き日の新宮先生―研究と学問―」「特集　新宮先生・新宮研究室」『燃化・
　石化同窓会誌』28-29.

小野木重治「堀尾正雄先生―パルプとレイヨンの研究を中心に―」高分子学会編『日本
　の高分子科学技術史』46-48 頁.

「化學京大の誇り、工業界への飛躍、京大の純日本式石油人造法、愈よ北海道に大工場」
　『京都日日新聞』1939 年 12 月 12 日.

『化學研究所要覽（昭和十七年）』（京都帝國大學、1942）

化学工学教室四十年史編纂委員会編『京都大学工学部化学工学教室四十年史』（京都大学
　工学部化学工学教室洛窓会、1983）.

『學友會誌』（京都帝國大學）.

梶雅範「日本の有機化学研究伝統の形成における眞島利行の役割」『化学史研究』38 巻
　（2011）: 173-185.

――「眞島利行と日本の有機化学研究伝統の形成」、金森修編『昭和前期の科学思想史』
　（勁草書房、2011）、185-241 頁.

「ガソリン合成中間工業試験　第一回～第十回報告」『化學研究所講演集』第 8 輯（1938）、
　第 9 輯（1939）、第 10 輯（1939）、第 11 輯（1941）.

「ガソリン新合成法に凱歌　京大喜多研究室で見事成功　愈よ工業化の運び」『大阪毎日新
　聞』1937 年 6 月 19 日.

金井克至「PURE CHEMISTRY です」「特集　福井謙一先生・福井研究室」『燃化・石
　化・物質同窓会誌』: 26.

兼田麗子『戦後復興と大原總一郎―国産合成繊維ビニロンにかけて―』（成文堂、2012）.

鎌谷親善『技術大国百年の計―日本の近代化と国立研究機関―』（平凡社、1988）.

――「京都帝国大学附置化学研究所―戦時期―」『化学史研究』21（1994）: 109-151.

紙尾康作「福井謙一先生の思い出」（2011 年 8 月 20 日）「技術力向上プロジェクト　紙尾
　康作氏の技術コラム・レポート（11）」http://www.gijuturyoku.com/doc/doc11.html.

亀山直人「弔辞」『化学と工業』第 5 巻、第 7 号（1952）.

川上博「ビニロン外史"合成一号Ａ"時代」『高分子加工』18（1969）: 264-268；「ビニロ
　ン外史"合成一号Ｂ"時代（1）」: 329-332；「ビニロン外史"合成一号Ｂ"時代
　（2）」: 391-394.

――「ビニロン研究のはじまりとポバール会」『ポバール会記録』第 90 回（1987）: 37-49.

――「恩師李升基先生を偲んで」『科学技術』1 号（1996）: 49-50.

河喜多能達「化學工業と化學工業教育（年会演説概要）」『工業化學雜誌』第 19 編

（1916）：557-559.

川嶋憲治「数々の教え」『ポバール会記録』第 113 回（1998）：38-44.

喜多源逸「工業化學者の教育」『工業化學雜誌』第 17 編（1914）：918-924.

――『石油代用液體燃料』（カニヤ書店、1925）.

――「油脂化學及び油脂工業最近の進歩」、中瀬古六郎編『現代化學大觀』（カニヤ書店、1926）487-498 頁.

――「ベルリン便り」『我等の化學』第 5 巻、12 月號（1932）：429-430.

――「獨逸及佛蘭西に於ける人造石油及石油代用燃料」『燃料協會誌』第 12 巻、第 5 號（1933）：587-593.

――編『ヴィスコース式人造絹絲』（紡績纖維社、1936）.

――「フィッシャー法ベンジン合成用觸媒に關する研究」『燃料協會誌』第 176 號（1937）：497-511.

――「過去 1 年間の研究概要」『日本化學纖維研究所講演集』第 3 輯（1938）：5 - 7.

――「時評　時局と工業化學者」『工業化學雜誌』第 42 編、第 1 冊（1939）：1.

――「ナイロンの出現―序にかえて―」『ナイロン』表頁.

――「會長演説　時局と工業化學者」『工業化學雜誌』第 43 編、第 5 冊（1940）：306-308.

――「鐵觸媒による水性ガスより石油の合成」『化學評論』第 7 巻、第 4 號（1941）：203-206.

喜多源逸・阿部良之助「石油の熱化学研究」『工業化學雜誌』第 28 巻（1925）：956-951.

喜多源逸・馬詰哲郎・櫻田一郎・中島正「纖維素高級脂肪酸エステルの研究　第 1 報」『纖維素工業』1（1925）：227-232.

喜多源逸・馬詰哲郎・櫻田一郎・中島正「纖維素高級脂肪酸エステルの研究　第 2 報　脂肪酸塩化物とアルカリ纖維素よりエステルの生成」『纖維素工業』1（1925）：261-265.

喜多源逸・大角實「リパーゼに關する研究」『東京化學會誌』第 39 帙（1918）：387-422.

喜多源逸・富久力松・岩崎振一郎「ヴィスコースの熟成變化と組成との關係に就て」『纖維素工業』1（1925）：129-134.

喜多源逸・長瀬義治・勝村福次郎・影村拙郎「酢酸纖維素製造試驗（第一報）」『工業化學雜誌』26（1923）：854-869.

『喜多源逸先生への便りと写真　岡村誠三先生傘壽記念』（第 15 回谷口コンファレンス実行委員会、1994）.

「喜多博士の家」『新建築』3 巻、10 号（1927）：2 -9.

喜多義逸「アミノ酸調味料製造に關する研究（第 7 報）大豆粕を原料とするグルタミン酸の製造」『醸造學雜誌』第 14 巻、第 2 号（1936）：123-129.

北原文雄「戦前の日本人留学生と巨大分子論争：櫻田一郎、野津龍三郎、落合英二について」『化学史研究』33（2006）：161-171.

「"貴重なる実験" 京大教室かくて焼く」『朝日新聞』1951 年 2 月 10 日.

城戸剛一郎「児玉信次郎先生から始まる私の戦後」、児玉先生をしのぶ会編『児玉先生を
　　しのぶ文集』84-85 頁.

木下圭三・後藤良造「吉田彦六郎と彼の研究」『化学史研究』31（1985）：86-94.

金兒豪「李升基のビナロン研究と工業化―植民地期の連続と断絶を中心に―」、任正爀編
　　『朝鮮近代科学技術史―開化期・植民地期の諸問題―』388-430 頁.

「京大の三氏、ドイツへ」『大阪毎日新聞』1941 年 4 月 13 日.

「京都　まなびの系譜　有機化学」『京都新聞』1 ～ 7：2010 年 7 月 23 日～29 日.

京大理学部化学・日本の基礎化学研究会編『日本の基礎化学の歴史的背景―関西におけ
　　る基礎化学の発展を中心にして―』（京大理学部化学・日本の基礎化学研究会、
　　1984）.

京都大学工化会編『会員氏名録』（京都大学工化会、1960）.

――『工化会名簿』（京都大学工化会、2010）.

京都大学工学部化学系百周年記念事業実行委員会編『伝統の形成と継承―京都大学工学
　　部化学系百年史―』（京都大学工学部化学系百周年記念事業実行委員会、1998）.

京都大学工学部工業化学科／学科紹介／沿革 https://www.s-ic.t.kyoto-u.ac.jp/ja/informa
　　tion/history

京都大学工学部高分子化学科編『繊維化学教室・高分子化学教室創設史』（京都大学工学
　　部高分子化学科、n.d.）.

京都大学合成化学科 合成・生物化学専攻同窓会記念誌編纂委員会編『伝統の熟成と深化
　　―京都大学合成化学科 合成・生物化学専攻 50 年の歩み―』（京都大学合成化学科
　　合成・生物化学専攻 同窓会記念誌編纂委員会、2012）.

京都大学創立九十周年記念協力出版委員会編『京大史記』（京都大学創立九十周年記念協
　　力出版委員会、1988）.

京都大学七十年史編集委員会編『京都大学七十年史』（京都大学、1967）.

京都大学百年史編集委員会編『京都大学百年史　総説編』（京都大学後援会、1998）.

京都帝國大學編『京都帝國大學史』（京都帝国大學、1943）.

京都帝國大學工學部纖維化學教室編「纖維に關する研究業績　第 3 版　昭和 17 年 4 月」
　　『京都帝國大學日本化學纖維研究所・有機合成化學研究所　講演集』7 輯（1942）：1-
　　75.

近畿化学工業会記念誌編集委員会編『50 年のあゆみ』（近畿化学工業会、1970）.

草柳大蔵『実録満鉄調査部　下』（朝日新聞社、1979）.

久保田尚志『日本の有機化学の開拓者　眞島利行』（東京化学同人、2005）.

栗林敏郎『科學の巨人　大河内正敏』（東海出版社、1939）.

黒木宣彦「二、三の印象深い思い出」『小田研会会報』No. 2（1971）：15-17.

慶伊富長「科学者マイケル・ポランニー」、大塚ほか『創発の暗黙知―マイケル・ポラン
　　ニーその哲学と科学―』12-52 頁.

高分子学会編　『日本の高分子科学技術史』（高分子学会、1998）.

文 献 一 覧 ｜ 285

「國策科學振興に御垂範の思召　京大の研究業績・ご熱心に天覧」『日出新聞』1940 年 6
　　月 13 日.

小坂茂「聞き語り 2」『留萌市海のふるさと紀要』第 6 号、39 頁.

「五十周年記念座談会　第一部　兒玉名誉教授を囲んで創設期を語る」、燃料化学・石油化
　　学教室五十年史編纂委員会編『京都大学工学部燃料化学・石油化学教室五十年史』
　　223-237 頁.

故新宮春男先生追悼文集編纂委員会編『故新宮春男先生追悼文集』（京都大学工学部石油
　　化学教室、1989）.

小竹無二雄「夢翁夜話―有機化学を中心にして―」『化学』（一）：第 25 巻・第 11 号
　　（1970）：1066-1070；（二）：第 25 巻・第 12 号（1970）：1173-1181；（三）：第 26 巻・
　　第 1 号（1971）：41-46；（完）：第 26 巻・第 2 号（1971）：154-159.

小竹無二雄・櫻田一郎・兒玉信次郎・小田良平・古川淳二「座談會　喜多先生を偲ぶ」
　　『化学』7（1952）：434-441.

小谷正雄『量子化學―原子價の理論―』、仁科芳雄編『量子物理學』第 6 巻（共立社、
　　1939）.

兒玉信次郎「一酸化炭素の常壓接觸的還元の研究（第三報）―コバルト、銅、トリヤ觸
　　媒による液狀炭化水素の生成―」『工業化學雜誌』第 32 編（1929）：959-965.

―――「一酸化炭素の常壓接觸的還元の研究（第六報）―鐵觸媒の炭化水素生成作用―」
　　『工業化學雜誌』第 33 編（1930）：1150-1156.

―――「合成石油中間工業試驗報告」『化學機械協會年報』第 5 巻（1941）：20-46.

―――「合成石油中間工業試驗報告」『化學機械』第 5 巻、第 3 號（1941）：124-141.

―――「喜多源逸博士の訃」『化學の領域』第 6 巻（1952）：437-438.

―――「喜多源逸先生」『化学』第 17 巻、第 6 号（1962）：578-580.

―――『研究開発への道』（東京化学同人、1978）.

―――「日本化学工業の学問的水準の向上に尽くされた喜多先生」『化学と工業』第 33 巻、
　　第 10 号（1980）：652-654.

―――「一物理学ファンの歩んだ道―上田良二氏『オバードクター問題への意見』を読ん
　　で」『日本物理学会誌』第 35 巻、第 9 号（1980）：735-737.

―――「ミハエル・ポラニー先生の思い出」、大塚明郎ほか『創発の暗黙知―マイケル・ポ
　　ランニーその哲学と科学―』247-276 頁.

兒玉信次郎・福井謙一「反應塔の設計特に傳熱面積と入口温度との決定について」『化學
　　機械』第 15 巻、第 3 号（1951）：145-147.

兒玉信次郎・福井謙一・田中秀男「最大収率を與える觸媒層の温度分布について」『化學
　　機械』第 15 巻、第 2 号（1951）：85-87.

兒玉信次郎・福井謙一・馬詰彰「アンモニア合成原料ガスの最適組成について」『工業化
　　學雜誌』第 54 巻、第 2 冊（1951）：157-159.

兒玉信次郎・藤村健次「一酸化炭素の常壓接觸的還元の研究（第七報）―鐵銅觸媒に對

するアルカリの影響―」『工業化學雜誌』第 34 編（1931）：32-38.

「兒玉信次郎先生御生誕百周年記念特集」『洛朋（燃化・石化・物質同窓会誌）』第 15 号
（2006）：9 -23.

兒玉先生をしのぶ会編『兒玉先生をしのぶ文集』（兒玉先生をしのぶ会、1996）.

後藤良造・丸山和博「野津先生とシュタウディンガー教授」『高分子』32（1983）：48-51.

「この人に聞く　見えないものを理論と計算で探る　諸熊奎治博士」『現代化学』No. 507
（2013.6）：20-25.

小林四郎「定年退職雑感」『京都大学工学広報』43 号（2005）：5 - 7 .

小松茂「歐米に於ける化學研究の現狀」『工業化學雜誌』第 34 編、第 3 冊（1931）：
336-342.

「『ゴムは戦争と共に』獨逸留學中止の小田京大教授語る」『日出新聞』1941 年 7 月 3 日.

「歳月流れて　北海道の 60 年　北海道人造石油株式会社」『毎日新聞　空知版』「③鉄の
塊」1985 年 8 月 1 日；「④渡辺四郎」1985 年 8 月 2 日；「⑤留萌研究所」1985 年 8 月
3 日.

斎藤憲『新興コンツェルン理研の研究―大河内正敏と理研産業団―』（時潮社、1987）.

――『大河内正敏―科学・技術に生涯をかけた男―』（日本経済評論社、2009）.

齋藤省三「追悼の辞」『浪速大學學報　故総長追悼號』3 - 4 頁.

坂本吉之「荒木源太郎先生をしのんで」『日本物理学会誌』第 36 巻、1 号（1981）：79-80.

「錯体化学 北川進教授」『京都大学 by AERA―知の大山脈、京大―』（朝日新聞出版、
2012）.

櫻井錠二「中澤教授ニ答ヘ且ツ質シ兼テ化學教育上ノ意見ヲ詳述ス」『東洋學芸雜誌』第
7 巻、第 109 号（1890）：553-565.

――『思出の数々―男爵櫻井錠二遺稿―』（九和會、1940）.

櫻井錠二・高松豊吉ほか「理化学研究所設立ニ關スル草案」『東洋學藝雜誌』第 32 巻、第
406 号（1915）：435-587.

櫻田一郎「纖維素分子の大さ及構造（Ⅰ）―化學的に見た纖維素分子―」『我等の化
學』4 （1931）：262-272.

――「纖維素分子の大さ及構造（Ⅱ）―纖維素は如何なる形及び大さで溶解して居るか
―」『我等の化學』4 （1931）：273-287.

――「厚木氏等の纖維素エステルの粘度の研究及び酢酸纖維素の研究に就て」『工業化學
雜誌』35 （1932）：192-195.

――「再び厚木氏等の纖維素エステルの粘度の研究及び酢酸纖維素の研究に就て」『工業
化學雜誌』35 （1932）：1093-1102.

――「高級分子量化合物のコロイド化學的研究」『科學』3 （1933）：445-448.

――「人造絹絲のコロイド化學」『纖維工業學會誌』2 巻、2 号（1936）：65-78.

――「纖維のミセル及分子構造と化學纖維の將來」（第 1 回講演會、昭和 11 年 10 月 3 日）
『日本化學繊維研究所講演集　第 1 、2 輯』（1938 年 4 月）：27-49.

───「人造繊維將来の展望」『工業化學雑誌』41（1938）：478-482.

───「純合成纖維の出現とナイロン」『ナイロン』（1939）1 -41 頁

───「合成纖維ナイロンについて」『化學評論』5 巻、8 號（1939）：409-419.

───「溶液中に於ける絲狀分子の形並に溶液粘度と分子量の關係」『日本化学纖維研究所講演集第 5 回講演会』（1940）：33-44.

───「時評：科學動員に對する希望」『工業化學雑誌』第 43 編・第 3 冊（1940）：149.

───「合成纖維の出現と纖維工業の將來」『工業化學雑誌』43（1940）：134-138.

───『高分子の化學　工業化學雑誌附録　第 22 號』（工業化學會、1940）.

───『纖維化學教室より』（文理書院、1943）

───「素描　纖維と高分子の科学」『高分子』第 1 巻、第 3 号（1952）：3 - 5 .

───「ビニロンの話─合成一号が生まれるまで─」『化学』7 （1953）：38-42.

───『第三の繊維』（高分子化学刊行会、1955）.

桜田一郎『繊維・放射線・高分子』（高分子化学刊行会、1961）.

───「今日と明日をつなぐ糸：ビニロンの回顧（その 1 ～ 3 ）」『化学工業』19（1968）：その 1 ：103-110；その 2 ：209-217；その 3 ：313-320；209-217.

───『高分子化学とともに』（紀伊国屋書店、1969）.

───「研究回顧」『化学』27（1972）：「（ 1 ）私の卒業論文」1 号、12-17；「（ 2 ）Wo. Ostwald 教授の下に学ぶ」2 号、170-177；「（ 3 ）ダーレムのカイゼル・ウイルヘルム研究所」3 号、284-291；「（ 4 ）高分子の X 線図的研究法を習う」4 号、393-398；「（ 5 ）セルロースの化学反応をX線で調べる」5 号、478-483；「（ 6 ）合成繊維の先駆者ナイロン」6 号、571-577；「（ 7 ）ビニロンの発明」7 号、657-663；「（ 8 ）合成繊維に対する関心」8 号、758-764；「（ 9 ）高分子溶液の粘度と分子量」9 号、867-873；「(10) 共重合」10 号、974-979.

───「ある化学者の横顔─“合成一号”と彼と私─」『帝人タイムス』44 巻、4 号（1974）：50-56.

───「キム・イルソン（金日成）総合大学訪問」『高分子加工』24（1975）：284-285.

───「ビニロンの研究から工業化へ」『化学教育』26（1978）：443-448.

───『化学の道草』（高分子刊行会、1979）.

───「高分子科学を築いた人びと　桜田一郎」『高分子』第 31 巻（1982）：「第 1 回　高分子化学への道」72-75；「第 2 回　高分子化学の夜明け」138-141；「第 3 回　ビニロンの誕生」242-245.

櫻田一郎・塚原巖夫・森田武雄「纖維素の纖維狀酢酸化と化學纖維」『日本化學纖維研究所講演』第 1 、2 輯（1938）：105-124.

桜田一郎・祖父江寛・呉祐吉・荒井渓吉・矢沢将英・星野孝平・岩倉義男「座談会：高分子のおいたちとその行方」『高分子』第 14 巻（1965）：1038-1057.

桜田洋「ビニロンを開発した高分子化学の先覚者」『日本の「創造力」─近代・現代を開花させた四七〇人─14　復興と繁栄への軌跡─』260-262 頁.

288 ｜ 文 献 一 覧

「座談会　理工学部を中心とした立命館史に関する座談会」『立命館百年史紀要』第 4 号
　　（1996）.

塩谷喜雄「独創の軌跡　現代科学者伝　吉田善一氏」『日本経済新聞』① 1992 年 10 月 25
　　日、② 11 月 1 日、③ 11 月 8 日、④ 11 月 15 日、⑤ 11 月 22 日、⑥ 11 月 29 日.

宍戸圭一「ファイン・ケミカルの道」『有機合成化学協会誌』第 27 巻、第 11 号（1969）：
　　1120-1123.

宍戸圭一先生退官記念事業会編『宍戸圭一先生記念論文集』（非売品、1971）.

芝哲夫「化学大家 391 吉田彦六郎」『和光純薬時報』70（3）（2002）：2 - 4 .

──「芝研究室（大阪大学）の源流」『化学』第 59 巻、第 12 号（2004）：19-21.

渋沢青淵記念財団竜門社編『渋澤栄一傳記資料』第 47 巻（渋沢栄一伝記資料刊行会、
　　1963）.

「静かなり化学の巨峰─燃料化学・繊維化学・工業化学の喜多源逸博士─」、京都發明協
　　会編『發明の京都』（發明協会支部京都發明協会、1956）53-58 頁.

島尾永康『人物化学史』（朝倉書店、2002）.

清水剛夫「露堂々」、「特集　福井謙一先生・福井研究室」『燃化・石化・物質同窓会誌』
　　26-27.

白山隆起「人石を顧みる」『我らが人石　人石会の集い』（私家版、1984）.

東海林浩太「北海道人造石油への回想─現場技術者として─」第 7 回北人会講演要旨
　　（1960 年 3 月 11 日）、『そうらっぷち』第 30 号（1984）：98-113 所収.

「小特集　小谷正雄先生の物理学への貢献をふりかえって」『日本物理学会誌』第 49 巻、
　　第 6 号（1994）：455-478.

「職員名簿」『理化學研究所彙報』第一輯、第一號（1922）：98-101.

「新学期までにまにあわす　化学教室復旧」『朝日新聞』1951 年 2 月 10 日.

新宮春男「有機化學反應性の電子論的解釋に就いて」『京都大學化研講演集』第 19 輯
　　（1949.12.20）：1 -10.

「人石滝川工場　なぜ爆撃されなかった」『北海道新聞』1984 年 10 月 8 日.

人造石油事業史編纂刊行会編『本邦人造石油事業史概要』（人造石油事業史編纂刊行会、
　　1962）.

「進歩賞受賞候補者報文審査報告」『工業化學雑誌』第 43 編・第 5 冊（1940）：304-305.

杉浦義勝「水素分子の基本状態─ゲッティンゲンの思い出─」『化学の領域』第 8 巻、第
　　1 号（1954）：11-15.

杉崎啓「日本の繊維科学および繊維学会の創始者　厚木勝基先生」『繊維と工業』52 巻、
　　3 号（1996）：139-142.

──「厚木勝基先生─高分子学会の初代会長─」、高分子学会編『日本の高分子科学技術
　　史』2 - 3 頁.

杉田望『満鉄中央試験所』（徳間文庫、1995）.

スタウディンガー（小林義郎訳）『研究回顧』（岩波書店、1966）.

「生産的擴充と技術的問題　如何にして立遅れを克服するか」『讀賣新聞』1937 年 6 月 21 日.

「世界一の新繊維　京大李博士にまた世紀の凱歌輝く『新合成一號B』」『京都日日新聞』1940 年 10 月 9 日.

「戦時科學に殊勲甲　合成繊維の強靱性、羊毛の一倍半　受賞に輝く櫻田京大教授語る」『京都新聞』1943 年 12 月 24 日.

「戦時研究實施計畫　毒物ノ研究（其ノ一）」（1944 年 4 月 1 日提出）、「戦時研究動員計畫（第一回ノ五）」（1944 年 4 月 20 日、研究動員會議）、『井上匡四郎文書』（マイクロフィルム版）文書 00131『研究動員會議（實施計畫）』所収.

『そうらっぷち　冬の巻一五周年記念、人石特集号―』滝川市郷土研究会、第 19 号（1971）.

祖父江寛「厚木勝基先生」『化学』18 巻、2 号（1963）：130-133.

第三高等學校編『第三高等學校一覧』.

大丸二百五十年史編集委員会編『大丸 250 年史』（大丸株式会社、1967）.

竹井政夫「フィッシャー式石油合成工場に就て」『燃料協會誌』第 180 號（1937）：931-940.

―「フィッシャー式油合成工業の日本導入裏話」『燃料協会誌』第 44 巻、461 号（1965）：644-645.

武上善信「喜多源逸とその流れ」『化学と工業』第 51 巻、第 6 号（1998）：875-878.

―「兒玉先生を偲ぶ」「兒玉信次郎先生御生誕百周年記念特集」『洛朋（燃化・石化・物質同窓会誌）』第 15 号（2006）：10-11.

田中一義「回想 思い出の福井研究室」『化学』第 53 巻、第 4 号（1998）：27-29.

―「福井謙一先生ノーベル化学賞受賞 30 周年、HOMO-LUMO 概念の誕生―フロンティア軌道理論は化学に何をもたらしたか―」『化学』第 66 巻、第 11 号（2011）：26-29.

田中正三「小松茂先生」『化学』第 19 巻、第 6 号（1964）：556-559.

田中芳雄「河喜多能達先生」『化学』第 16 巻、第 12 号（1961）：1070-1071.

田中芳雄・喜多源逸『有機製造工業化學』全 3 巻（丸善、1913-1914）.

田辺振太郎「量子化学への動きはじめについて」『化学史研究』第 2 号（1974）：3-10.

谷口政勝・櫻田一郎「高分子化合物並に其の關係物質の擴散に依る研究（第 1 報）グルコーズペンタアセテート及びハイドロキノンの諸有機液體中に於ける擴散試験」『工業化學雜誌』38（1935）：584-590.

谷脇由季子「京大沢柳事件とその背景―大正初期の学制改革と大学教授の資質―」『大学史研究』第 15 号（2000）：79-93.

玉蟲文一「近時に於ける膠質科學の進歩」『科學』3 巻、11 号（1933）：449-452.

―「概説：物質粒子の大さ形及び運動」『綜合科學』1（8）（1934）：35-42.

丹治輝一・青木隆夫「昭和 10 年代の北海道における人造石油工場と戦後民需生産への転

換―北海道人造石油滝川工場と滝川化学工業―」『北海道開拓記念館紀要』第 25 号
　　（1997）：171-192.

朱炫暾「李升基先生と私」『科学技術』50 号（2005）：89-108.

「追悼特集　福井謙一博士が遺したもの」『化学』第 53 巻、第 4 号（1998）：14-39.

辻和一郎「繊維・高分子科学界の巨峰　桜田一郎先生」『繊維学会誌』52 巻、6 号（1996）：
　　253-257.

――「繊維・高分子化学における桜田一郎先生の業績点描」『化学史研究』24（1997）：
　　205-217.

常岡俊三『合成液體燃料―特に Fischer 法に就て―』（共立社、1938）.

――「人造石油製造事業法等の改正」『科學ペン』第 6 巻・第 5 号（1941）.

――『人造石油講話』（科學主義工業社、1942）.

――「南方石油と人造石油」『帝國大學新聞』1942 年 4 月；常岡俊三『人造石油講話』
　　171-181 頁所収.

鶴田禎二「Letter to the Editor」『ごうせい』3 号（1966 年 2 月 23 日）：23-24.

――「合成化学科創設への胎動と草創期」、京都大学合成化学科 合成・生物化学専攻同窓
　　会記念誌編纂委員会編『伝統の熟成と深化―京都大学合成化学科 合成・生物化学専
　　攻 50 年の歩み―』125-127 頁.

――「古川淳二先生の学恩」『高分子』58 巻（2009）：419.

「鐵を觸媒に無敵の合成石油」『大阪毎日新聞』1942 年 9 月 4 日.

寺崎昌男『東京大学の歴史―大学制度の先駆け―』（講談社学術文庫、2007）.

「天声人語」『朝日新聞』1951 年 2 月 10 日.

「電熱器自然過熱か　今曉京大工学部の 15 教室を全半燒」『夕刊京都』1951 年 2 月 9 日.

「電熱器の責任は？　微妙な"四つの場合"京大教室失火事件」「電氣の火災発生　京大火
　　災　六教授で調査委結成」『朝日新聞』1951 年 2 月 10 日.

東京音樂學校編『東京音樂學校一覧』.

東京芸術大学百年史刊行委員会編『東京芸術大学百年史　演奏会編』第 1 巻（音楽之友社、
　　1990）.

東京大学百年史編集員会編『東京大學百年史　部局史 3　工学部』（東京大学出版会、
　　1987）.

『同志社女學校期報』（同志社女學校同窓會）.

東洋経済新報社編『昭和産業史　第 2 巻』（東洋経済新報社、1950）.

「特集　鍵谷勤先生・鍵谷研究室」『洛朋（燃化・石化・物質同窓会誌）』第 10 号（2001）：
　　29-37.

「特集　清水剛夫先生・清水研究室」『洛朋（燃化・石化・物質同窓会誌）』第 16 号（2007）：
　　22-39.

「特集　新宮先生・新宮研究室」『燃化・石化同窓会誌』第 1 号（1992）28-35.

「〈特集〉日本物理学会のあゆみ」「1953 年京都国際理論物理学会議の回想」『日本物理学

会誌』第 32 巻、第 10 号（1977）：760-766.

「特集　福井謙一先生が遺した言葉と思想―生誕 95 周年の今、その哲学を振り返る―」『化学』第 68 巻、第 11 号（2013）：12-33.

「特集　福井謙一先生のノーベル化学賞ご受賞を記念して」『化学と工業』第 34 巻、第 12 号（1981）：907-915.

「特集　福井謙一先生・福井研究室」『燃化・石化・物質同窓会誌』第 5 号（1997）：24-37.

「特集　福井謙一博士―その人と業績―」『化学』第 37 巻、第 1 号（1982）：1-41.

「特集：米澤貞次郎先生・米澤研究室」『洛朋（燃化・石化・物質同窓会誌）』第 8 号（1999）：25-40.

「独創の軌跡　現代科学者伝　吉田善一氏①～⑥」『日本経済新聞』① 1992 年 10 月 25 日；② 11 月 1 日；③ 11 月 8 日；④ 11 月 15 日；⑤ 11 月 22 日；⑥ 11 月 29 日.

富久力松『蝸牛随想 1』（東洋ゴム工業、1954）.

『友成九十九君を憶う』（総理府科学技術庁資源調査会繊維部会、1959）.

『ナイロン』（紡織雑誌社、1939）.

中込闊「フィッシャー法の思い出」『化学工業』第 28 巻、第 8 号（1977）：96-111.

中澤良夫「友人喜多を語る」『浪速大學學報　故総長追悼號』6-7 頁.

中沢良夫「中沢岩太先生」『化学』第 18 巻、第 6 号（1963）：492-495.

中島章夫「先生を偲んで」『高分子』35（1986）：745-746.

中辻博「米澤貞次郎先生と京都学派」、「特集：米澤貞次郎先生・米澤研究室」『洛朋（燃化・石化・物質同窓会誌）』30-31.

中根美知代「杉浦義勝と新量子力学の応用―物理学史と化学史のはざま―」『化学史研究』第 43 巻、第 2 号（2016）：72-81.

――「手紙類に見る杉浦義勝の欧米留学―量子力学形成期のコペンハーゲンとゲッチンゲンから―」『物理学史ノート』（近刊）.

中野実『東京大学物語―まだ君が若かったころ―』（吉川弘文館、1999）.

中山茂『帝国大学の誕生―国際比較の中での東大―』（中央公論社、1978）.

『浪速大學學報　故総長追悼號』浪速大學事務局、1952 年 7 月 7 日.

西村成弘「フロンティア軌道理論と産学協同―福井謙一特許の分析―」『社会経済史学』第 73 巻、第 2 号（2007）：3-24.

新田義之『澤柳政太郎―随時随所楽シマザルナシ―』（ミネルヴァ書房、2006）.

日本化学会編『化学総説 No.83　福井謙一とフロンティア軌道理論』（学会出版センター、1983）.

日本化学会編『化学の原典　1．化学結合論Ⅰ（原子価結合法）』（東京大学出版会、1975）.

日本化学会編『化学語り部第 1 回　芝哲夫先生インタビュー』（日本化学会、2007）.

日本化学会編『化学語り部第 5 回　鶴田禎二先生インタビュー』（日本化学会化学遺産委員会、2008）.

日本化學研究會編『日本化學總覧』.

日本化学繊維協会編『日本化学繊維産業史』（日本化学繊維協会、1974）.

『日本の「創造力」―近代・現代を開花させた四七〇人―14　復興と繁栄への軌跡―』（日本放送出版協会、1993）.

丹羽淳「分子軌道法への大型コンピュータの導入と有機化学方法論の新しい展開」『化学史研究』第 42 号（1988）：21-28.

燃料化学・石油化学教室五十年史編纂委員会編『京都大学工学部燃料化学・石油化学教室五十年史』（京都大学工学部燃料化学・石油化学教室同窓会準備会、1991）.

「燃料國策に新道　コークスを液化　合成石油に成功　京大喜多博士の輝く研究　陰に美しい民間協力」『大阪毎日新聞』1938 年 5 月 5 日.

野崎一「野崎研究室（京都大学）の源流」『化学』59 巻、12 号（2004）：22-25.

野津龍三郎「高級分子有機化合體とスタウデンガー教授」『我等の化學』3（1930）：43-52.

――「高分子化学と Staudinger」『化学の領域』5（1951）：425-430.

野依良治『人生は意図を超えて　ノーベル化学賞への道』（朝日選書、2002）.

――『研究はみずみずしく　ノーベル化学賞の言葉』（名古屋大学出版会、2002）.

――『事実は真実の敵なり―私の履歴書―』（日本経済新聞社、2011）.

――「魅力　競争力に直結　文化の発展置き去りに」中部発、Yomiuri Online, 2017 年 1 月 3 日．http://www.yomiuri.co.jp/chubu/feature/CO027211/20170102-OYTAT50166.html

馬場宏明・坪井正道・田隅三生編『回想の水島研究室―科学昭和史の一断面―』（共立出版、1990）.

平野恭平「戦前日本の化学繊維工業と化学技術者―応用化学科卒業生の分析を中心として―」『技術と文明』第 18 号、第 1 号（2013）：47-60.

萩谷由喜子『幸田姉妹―洋楽黎明期を支えた幸田延と安藤幸―』（ショパン、2003）.

東健一「量子化学 50 年の歩み―有機電子説の発展への寄与―」『化学史研究』第 6 号（1977）：29-32.

Hückel, E.（新宮春男譯）「新量子力學の化學に對する意味」『化學評論』第 3 巻、第 3 號（1938）：115-121.

平尾公彦・熊谷信昭「対談　世界最高速のスーパーコンピュータ「京」への期待―幅広い分野への利用促進とシミュレーションの発展をめざして―」『ひょうごサイエンス』Vol. 29（2011.12）：1 -10.

平見松夫・福田猛編『稲垣博先生業績集』（稲垣先生を偲ぶ会、2013）.

廣田鋼藏『満鉄の終焉とその後―ある中央試験所員の報告―』（青玄社、1990）.

廣田襄『現代化学史―原子・分子の化学の発展―』（京都大学学術出版会、2013）.

「"ナイロン"顔負け　戦時下『新繊維』に凱歌！　半島出身學徒が發明」『大阪朝日新聞』1939 年 9 月 29 日.

「半島同胞から初の工學博士　李升基博士の研究に凱歌」『大阪朝日新聞』1939 年 1 月 18

日.

福井謙一「ブチレンの異性化速度に關する一考察」『日本化學會誌』第 16 帙、第 3 號 （1944）：（第一報）：240-244；（第二報）：245-251.

—— 「不飽和炭化水素の反應性に關する量子力學的解釋の進歩」『化學の領域』第 6 巻、第 7 号 （1952）：379-385、418.

—— 「"Frontier Electron" その後」『化學の領域』第 8 巻、第 2 号 （1954）：73-74.

—— 『化学反応と電子の軌道』（丸善、1976）.

—— （藤本博訳）「化学反応におけるフロンティア軌道の役割――一九八一年度ノーベル化学賞受賞記念講演―」、山邊時雄編『化学と私―ノーベル賞科学者　福井謙一―』（化学同人、1982）129-161 頁.

—— 『学問の創造』（佼成出版社、1984）；再版（朝日文庫、1987）.

—— 「わが研究を顧みて」『化学史研究』 第 18 巻 （1991）：51-63.

—— 「スウェーデンを夢みた目の動きが忘れられない」、週刊朝日編『わが師の恩』（朝日新聞社、1992）19-22 頁.

—— 「『応用をやるなら、基礎をやれ』」『日本原子力学会誌』第 35 巻、第 6 号 （1993）：475-481.

—— 「兒玉信次郎先生のこと」、兒玉先生をしのぶ会編『兒玉先生をしのぶ文集』、123-124 頁.

—— 「福井謙一　私の履歴書」『私の履歴書―科学の求道者―』（日経ビジネス人文庫、2007）119-226 頁.

「福井謙一名誉教授の講演『燃化―この類い稀な環境』の概要」、燃料化学・石油化学教室五十年史編纂委員会編『京都大学工学部燃料化学・石油化学教室五十年史』303-308 頁.

福井謙一・江崎玲於奈『科学と人間を語る』（共同通信社、1982）.

福井謙一博士記念行事実行委員会編『福井謙一博士記念行事記録集』（福井謙一博士記念行事実行委員会、1998）.

福井友栄「何もかも夢中」、福井謙一『学問の創造』（再版）255-258 頁.

—— 『ひたすら』（講談社、2007）.

福田英臣「名誉会員 福井謙一先生のご逝去を悼む」『ファルマシア』34 （4） （1998）：383.

福西信幸「沢柳事件と大学自治」、「講座日本教育史」編集委員会編『講座日本教育史　3　近代Ⅱ／近代Ⅲ』（第一法規、1984）284-307 頁.

藤永茂『おいぼれ犬と新しい芸―在外研究者の生活と意見―』（岩波現代選書、1984）.

—— 「科学の 20 世紀　物質の科学 4　化学結合パズルへの挑戦―VB 法から MO 法へ―」『科学朝日』（1994.4）：56-61.

「吹飛ぶ "羊毛飢饉"　ナイロン凌ぐ驚異の新繊維　京大李助教授の發明」『京都日日新聞』1939 年 9 月 29 日.

294 | 文 献 一 覧

「訃報　加藤重樹 京大教授追悼」『分子研レターズ』62（2010）：20-21.

「訃報　松浦輝男」『京大広報』593 号（2004 年 9 月）：1764.

「古川研究室卒業生卒業論文リスト　旧古川研究室保管論文より」（1988 年 11 月）.

古川淳二「合成ゴム工業化試験報告」『化學機械協會年報』6（1945）：109-184.

——「喜多源逸」、近畿化学工業会編『50 年のあゆみ』45 頁.

——「ゴムと人生」『日本ゴム協会誌』第 57 巻、第 1 号（1984）：3 -14.

——「高分子性の真理探究」、京都大学創立九十周年記念協力出版委員会編『京大史記』447 頁.

——「私の合成ゴム物語」『週刊ゴム報知新聞』第 1 回 1996 年 3 月 18 日；第 2 回：3 月 25 日；第 3 回：4 月 1 日；第 4 回：4 月 8 日；第 5 回：4 月 15 日.

——『化学への情熱』古川淳二先生を囲む「21 世紀を拓く日本の化学」講演会資料、1997 年 10 月 8 日.

古川淳二先生退官記念会編『古川淳二先生　退官記念記録』（非売品、昭和 51 年 9 月）.

古川安「カローザースとナイロン―伝説再考―」『化学と教育』55（2007）：274-277.

——「喜多源逸と京都学派の形成」『化学史研究』第 37 巻、第 1 号（2010）：1 -17.

——「ビニロンへの道」『繊維と工業』第 67 巻、第 11 号（2011）：310-314.

——「化学大家 422　喜多源逸（1883.4.8～1952.5.21）」『和光純薬時報』第 80 巻、第 3 号（2012）：24-27.

——「繊維化学から高分子化学へ―桜田一郎と京都学派の展開―」『化学史研究』第 39 巻、第 1 号（2012）：1 -40.

——「福井謙一に見る『逆方向の学び』と創造性」『化学』第 67 巻、第 7 号（2012）：11.

——「フライブルク学派から京都学派へ―稲垣博先生と私の科学史研究―」、平見松夫・福田猛編『稲垣博先生業績集』5 -10 頁.

——「燃料化学から量子化学へ―福井謙一と京都学派のもう一つの展開―」『化学史研究』第 41 巻、第 4 号（2014）：181-233.

——「現代科学史研究と史料探しの記」『科学史研究』第 53 巻（2014）：161-167.

古林祐佳「日本における高分子化学の成立―第二次世界大戦期における日本合成繊維研究協会の業績の分析を通して―」東京工業大学 2003 年度修士論文.

フローリ、ポール（岡小天・金丸競訳）『高分子化学 上・下』（丸善、1955-1956）.

白宗元「李升基博士の生涯を回顧して」『科学技術』50 号（2005）：112-116.

——『在日一世が語る戦争と植民地の時代を生きて』（岩波書店、2010）.

ボーキン、ジョーゼフ（佐藤正弥訳）『巨悪の同盟―ヒトラーとドイツ巨大企業の罪と罰―』（原書房、2011）.

ホフマン、ロアルド（川島慶子訳）『これはあなたのもの―1943―ウクライナ』（アートデイズ、2017）.

ポーリング、ライナス（小泉正夫訳）『化学結合論』（共立出版、1942）.

細矢治夫「福井理論の背景とその流れ」、日本化学会編『化学総説 No. 83　福井謙一とフ

ロンティア軌道理論』137-141 頁.

──「化学 vs 数学、化学者 vs 数学者、それにちょっぴり教育　第 4 回　福井謙一と数学（その I）」『化学経済』4 月号（2011）：78-82；同「化学 vs 数学、化学者 vs 数学者、それにちょっぴり教育　第 5 回　福井謙一と数学（その II）」『化学経済』5 月号（2011）：106-109.

ポバール会編『桜田一郎先生研究業績集　改訂・増補版』（ポバール会、2013）.

堀内寿郎『一科学者の成長』（北海道大学図書刊行会、1972）.

堀尾正雄・永田進治「二浴緊張固定紡絲法の基礎」『工業化學會誌』第 46 巻（1943）：706-708.

堀尾正雄「喜多源逸先生と繊維化学」『繊維と工業』第 52 巻、第 4 号（1996）：177-180.

──「繊維化学教室が生まれるまで」、京都大学工学部高分子化学科編『繊維化学教室・高分子化学教室創設史』1-12 頁.

牧島象二「亀山直人先生」『化学』第 19 巻、第 1 号（1964）：60-64.

槇田盤「1940 年京都帝国大学国策科学の天覧」『京都大学大学文書館だより』第 26 巻（2015）：4-5.

益川敏英『科学者は戦争で何をしたか』（集英社新書、2015）.

松井悦造「小田研が生まれるまでのこと」『小田研会会報』No. 2（1971）：7-9.

松尾尊兊「沢柳事件始末」『京都橘女子大学研究紀要』第 21 号（1994）：1-34.

──『滝川事件』（岩波現代文庫、2005）.

松尾博志『武井武と独創の群像──生誕百年・フェライト発明七十年の光芒──』（工業調査会、2000）.

松本和男「化学大家 415　武居三吉（1896.10.26～1982.6.25）」『和光純薬時報』Vol. 78、No. 3（2010）：28-31.

松本詔子「父は人造石油のドイツ人技師だった」『新潮 45』2013 年 8 月号、150-157.

松本誠「京大のガス監督松本均」、京都大学創立九十周年記念協力出版委員会編『京大史記』632 頁.

満史会編『満州開発四十年史　下巻』（満州開発四十年史刊行会、1964）.

水島三一郎『量子化學──分子構造論──』、仁科芳雄編『量子物理學』第 5 巻（共立社、1938）.

──「分子科学（構造化学）の始まった頃」『化学史研究』第 3 号（1975）：1-3.

宮田親平『「科学者の楽園」をつくった男──大河内正敏と理化学研究所──』（日本経済新聞社、2001）.

三輪宗弘「海軍燃料廠の石炭液化研究──戦前日本の技術開発──」『化学史研究』第 4 号（1987）：164-175.

宗像英二「石炭直接液化の工業技術（朝鮮人造石油会社阿吾地工場の実績）」『燃料協会誌』第 55 巻、第 594 号（1976）：820-830.

──『道は歩いたあとにある──研究を工業化した体験──』（東京化学同人、1986）.

「明治三十三年の建築　文献、圖書約二萬が焼失」『みやこ新聞』1951 年 2 月 9 日.

森嶋陽太郎「小田先生と私」『小田研会会報』No. 2（1971）: 9 -12.

諸熊奎治「私の分子科学 50 年」Molecular Science （分子科学会 web ジャーナル）Vol. 1、
　　No. 1（2007）: A0003.

「矢沢将英博士回顧談―ビニロン発明当時の思い出」『繊維科学』:（上）（1967.9）: 18-
　　22;（下）（1967.10）: 35-39.

矢沢将英・目黒清太郎・矢島稔・尾沢敏男「ポリヴィニール・アセタール繊維の製造法」
　　特許第 153812 号、鐘淵紡績、1939 年 12 月 8 日出願.

安井昭夫「友成九十九博士―志を掲げ、ビニロン工業化に猛進した男―」高分子学会編
　　『日本の高分子科学技術史』34-35 頁.

山口兆編『化学結合の理論　回顧と展望―スピン・電子間相互作用を中心として―』（大
　　阪大学大学院理学研究科化学専攻量子化学研究室、2007）.

――編『分子磁性の理論』（大阪大学大学院理学研究科化学専攻量子化学研究室、2007）.

山口文之助「高分子量液體の粘度の温度係數と分子會合度竝に分子構造との關係に就い
　　て」『日本化學會誌』55 帙（1934）: 353-365.

山田洋「留萌に於ける研究と思い出」、村田武雄編『北海道人造石油株式会社留萌研究所
　　における石炭液化の技術開発―北海道人造石油株式会社小史　II』（私家版、1985）.

山邊時雄編『化学と私―ノーベル賞科学者　福井謙一―』（化学同人、1982）.

――「福井謙一先生を悼む」『日本物理学会誌』53（4）（1998）: 288.

――「福井謙一先生を偲んで」『ファルマシア』34（4）（1998）: 383.

――「福井謙一博士の人とその学問」『学術月報』55（3）2002/3）: 261-263.

山邊時雄・田中一義・立花明知・長岡正隆「座談会：若手化学者　師を語る―福井先生が
　　遺したもの―」『化学』第 53 巻、第 4 号（1988）: 18-26.

湯川啓次・田村敏雄「ビニロン工業の発祥―国産初の合成繊維の足跡―」『きんか』第
　　64 巻、第 3 号（2012）: 1 - 4 .

米澤貞次郎「福井謙一先生を偲んで」『化学史研究』第 24 巻（1997）: 314-315.

――「化学反応論―福井謙一」『数理科学』42（5）（2004/5）: 35-42.

米澤貞次郎・永田親義『ノーベル賞の周辺―福井謙一博士と京都大学の自由な学風―』
　　（化学同人、1999）.

米沢貞次郎・永田親義・加藤博史・今村詮・諸熊奎治『量子化学入門』全 2 巻（化学同人、
　　上巻 1963、下巻 1964）.

――「師を語る」、山邊時雄編『化学と私―ノーベル賞科学者　福井謙一―』231-250 頁.

横田俊雄「海軍に於ける石炭液化研究實驗―昭和十二年三月二十七日人造石油講演會講
　　演録―」『燃料協會誌』第 176 號（1937 年 5 月）469-480.

吉田譲次「児玉語録あれこれ」、兒玉先生をしのぶ会編『兒玉先生をしのぶ文集』82-83
　　頁.

吉田善一「小田良平先生―有機合成化学の立場から高分子化学を開拓―」、高分子学会編

『日本の高分子科学技術史』8-9頁.

吉田善一先生定年退官記念事業会編『吉田善一教授定年退官記念誌』(吉田善一先生定年退官記念事業会、1990).

吉原賢二「挫折から再生へ：大正・昭和の化学者たち（6）京都が育んだ量子化学の賢人——福井謙一ノーベル賞への道」『現代化学』405（2004/12）：14-19.

——「挫折から再生へ：大正・昭和の化学者たち（12）ビニロンは日本が育てた繊維——桜田一郎 高分子の星」『現代化学』411（2005/6）：16-21.

——『化学者たちのセレンディピティー——ノーベル賞への道のり——』(東北大学出版会、2006).

理化學研究所『理化學研究所案内』.

理化学研究所史編集委員会編『理研精神八十八年』本編・資料編全2巻（理化学研究所、2005).

李升基「合成纖維に關する研究（第2報）」『日本化學纖維研究所講演集』4輯（1939）：51-69.

——「日本の新化纖 合成一號 PCやナイロンに優る性能」(談)『大阪朝日新聞』1939年11月2日.

——（在日朝鮮人科学者協会翻訳委員会訳）『ある朝鮮人科学者の手記』(未来社、1969).

李升基・川上博・人見清志「合成一號に關するその後の研究經過」『日本化學纖維研究所講演集』5輯（1940）：115-138.

——「合成一號に關するその後の研究經過」『日本化學纖維研究所講演集』5輯（1940）：115-138.

李升基・櫻田一郎・川上博・平林清・人見清志・松岡通禧「耐熱度高きポリヴィニル・アルコール系合成纖維製造法」特許159234号、日本化学纖維研究所、1940年6月12日出願.

李升基・櫻田一郎「酢酸纖維素は分子狀に溶解するか？」『工業化學雜誌』36（1933）：328-333.

——「纖維素誘導體溶液の透電的研究（第8-11報）」『工業化學雜誌』40（1937）：917-926.

立命館大学理工学部65年小史編纂委員会編『立命館大学理工学部65年小史』(立命館大学理工学部、1980).

「わが燃料國策愈々確立 海軍、満鉄と協力"石炭液化"を工業化す 斯界の權威總動員・徳山で協議 科學日本の一大飛躍」『大阪毎日新聞』1936年2月8日.

脇英夫・大西昭生・兼重宗和・冨吉繁貴『徳山海軍燃料廠史』(徳山大学総合経済研究所、1989).

『和熟』(京都大学工学部繊維化学教室・高分子化学教室創立40周年記念誌)（1992).

渡邉四郎『北人油小話 第3號、北人油社の研究所の使命』(北海道人造石油株式會社、1943).

和田野基「わが師、わが道（クルト・ヘッス教授について）」『繊維学会誌』16（1960）: 931-934.
──「厚木教授の面影」『高分子』14 巻、154 号（1965）: 73-75.

Bartholomew, James. "Perspectives on Science and Technology in Japan: The Career of Fukui Ken'ichi." *Historia Scientiarum*, Vol. 4（1994）: 47-54.

──. "Fukui, Ken'ichi," *New Dictionary of Scientific Biography*. Ed. Noretta Koertge, Vol. 3. Detroit: Thomson Gale, 2007, pp. 85-89.

Beaver, William. "The U. S. Failure to Develop Synthetic Fuels in the 1920s." *The Historian*, vol. 53（1991）: 241-254.

Beutler, H. und M. Polayni. "Über hochverdünnte Flammen. I," *Zeitschrift für physikalische Chemie, Abteilung B, Chemie der Elementarprozesse aufbau der Materie*. Bd. 1（1928）: 3-20.

Bogdand, St. v. und M. Polanyi. "Über hochverdünnte Flammen. II." *Zeitschrift für physikalische Chemie, Abteilung B, Chemie der Elementarprozesse aufbau der Materie*. Bd. 1（1928）: 21-29.

Buckingham, A. D. and H. Nakatsuji. "Kenichi Fukui, 4 October 1918-9 January 1998: Elected For. Mem. R. S. 1989." *Biographical Memoirs of Fellows of the Royal Society, London*, 47（2001）: 223-237.

Davis, Scott A. "Kenichi Fukui, 1981," in Frank N. Magill, ed., *The Nobel Prize Winners*. Vol. 3: *Chemistry*. CA: Salem Press, 1990, pp. 1061-1067.

Dirac, Paul A. M. "Quantum Mechanics of Many-Electron Systems." *Proceedings of the Royal Society of London*, Series A 123（1929）: 714-733.

"Dr. Karl Lauer Dies; Professor At University," *The Tuscaloosa News*, February 11, 1968.

Fischer, Franz. "Über die Entwicklung unserer Benzinsynthese aus Kohlenoxyd und Wasserstoff bei gewöhnlichem Druck." *Brennstoff Chemie*, 11（1930）: 489-500.

Fischer, Franz und Hans Tropsch. "Die Erdölsynthese bei gewöhnlichem Druck aus den Vergasubgsprodukten der Kohlen." *Brennstoff Chemie*, 7（1926）: 97-104.

──. "Über die Reduktion und Hydrierung des Kohlenoxyds." *Brennstoff Chemie*, 7（1926）: 299-300.

──. "Über die direkte Synthese von Erdöl-Kohlenwasserstoffen bei gewöhnlichem Druck（Erste Mitteilung)." *Berichte der deutechen chemischen Gesellschaft*, 59（1926）: 830-831.

──. "Über die direkte Synthese von Erdöl-Kohlen wasserstoffen bei gewöhnlichem Druck（Tweite Mitteilung)." *Berichte der deutechen chemischen Gesellschaft*, 59（1926）: 832-836.

──. "Über einige Eigenschaften der aus Kohlenoxyd bei gewöhnlichem Durck hergestellten synthetischen Erdöl-Kohlenwasserstoffe." *Berichte der deutechen chemischen Gesellschaft*, 59（1926）: 923-925.

"Five Win Nobels for Chemistry, Physics." *Chemical and Engineering News*, vol. 59, no. 43 (1981): 6-7.

Flory, Paul J. *Principles of Polymer Chemistry*. Ithaca: Cornell University Press, 1953.

Fukui, Kenichi. "A Simple Quantum-Theoretical Interpretation of the Chemical Reactivity of Organic Compounds." In P.-O. Löwdin, B. Pullman eds. *Molecular Orbitals in Chemistry, Physics, and Biology*. New York: Academic Press, 1964, pp. 513-537.

———. "Formulation of the Reaction Coordinate." *Journal of Physical Chemistry*, 74 (1970): 4161-4163.

———. "Recognition of Stereochemical Paths by Orbital Interaction." *Accounts of Chemical Research*, vol. 4（1971）: 57-64.

———. "Kenichi Fukui: Autobiography"（1981）http://nobelprize.org/nobel_prizes/chemistry/laureates/1981/fukui-autobio.html

Fukui, Kenichi, Teijiro Yonezawa, and Haruo Shingu. "A Molecular Orbital Theory of Reactivity in Aromatic Hydrocarbons." *Journal of Chemical Physics*, 20（1952）: 722-725.

Fukui, Kenichi, Teijiro Yonezawa, Cjikayoshi Nagata, and Haruo Shingu. "Molecular Orbital Theory of Orientation in Aromatic, Heteroaromatic, and Other Conjugated Molecules." *Journal of Chemical Physics*, 22（1954）: 1433-1442.

Fukui, Kenichi, Teijiro Yonezawa, Chikayoshi Nagata, "Reply to the Comments on the 'Frontier Electron Theory'." *Journal of Chemical Physics*, 31（1959）: 550-551.

Fukui, Kenichi, Hiroshi Kato, Teijiro Yonezawa, and Hisao Kitano. "A Molecular Orbital Treatment of Triallyl Isocyanurates and Related Allyl Esters." *Bulletin of the Chemical Society of Japan* 34（1961）: 851-854.

Fukui, Kenichi, Shigeki Kato, and Hiroshi Fujimoto. "Constituent Analysis of the Potential Gradient along a Reaction Coordinate. Method and an Application to $CH_4 + T$ Reaction." *Journal of the American Chemical Society*, 97（1975）: 1-7.

Fukui, Kenichi, Nobuaki Koga, and Hiroshi Fujimoto, "Interaction Frontier Orbitals." *Journal of the American Chemical Society*, 103（1981）: 196-197.

Fukui, Kenichi and Hiroshi Fujimoto. eds. *Frontier Orbitals and Reaction Paths: Selected Papers of Kenichi Fukui*. Singapore: World Scientific Publishing, 1997.

Furukawa, Yasu. *Inventing Polymer Science: Staudinger, Carothers, and the Emergence of Macromolecular Chemistry*. Philadelphia: University of Pennsylvania Press, 1998.

———. "Sakurada, Ichiro." *New Dictionary of Scientific Biography*. Ed. Noretta Koertge, Vol. 6, Tomson & Gale: Detroit, 2007, pp. 330-335.

———. "From Fuel Chemistry to Quantum Chemistry: Kenichi Fukui and the Rise of the

Kyoto School." *Transformation of Chemistry from the 1920s to the 1960s* (Proceedings of the International Workshop on the History of Chemistry 2015 Tokyo). Tokyo: Japanese Society for the History of Chemistry, 2016, pp. 138-143.

Gavroglu, K. and A. Simões. "The Americans, the Germans and the Beginning of Quantum Chemistry: the Confluence of Diverging Traditions." *Historical Studies in the Physical Sciences* 25 (1994): 47-110.

――. "Preparing the Ground for Quantum Chemistry to Appear in Great Britain: The Contributions of the Physicist R. H. Flower and the Chemist N. V. Sidgwick." *British Journal for the History of Science* 35 (2002): 187-212.

――. *Neither Physics nor Chemistry: A History of Quantum Chemistry*. Cambridge, Massachusetts: The MIT Press, 2012.

Geison, Gerald L. "Scientific Change, Emerging Specialties, and Research Schools." *History of Science* 19 (1981): 20-40.

Geison, Gerald L. and Frederic L. Holmes, eds. *Research Schools: Historical Reappraisals*. *Osiris*, 2nd ser. 8 (1993).

Greenwood, H. H. "Molecular Orbital Theory of Reactivity in Aromatic Hydrocarbons." *Journal Chemical Physics*, 20 (1952): 1653.

――. "Some Comments on the Frontier Orbital Theory of the Reactions of Conjugated Molecules." *Journal Chemical Physics*, 23 (1955): 756-757.

Haas, Arthur Erich. *Die Grundlagen der Quantenchemie: Eine Einleitung in Vorträgen*. Leipzig: Akademische Verlaggesellschaft, 1929.

――. *Quantum Chemistry: A Short Intriduction in Four Non-mathematical Lectures*, translated by Laurence William Codd. London: Constable & Company Ltd., 1930.

Hargilttai, Istvab. "Fukui and Hoffmann: Two Conversations." *The Chemical Intelligencer*, 1 (2) (1995): 14-18.

Heitler, W. und F. London. "Wechselwirkung neutraler Atome und homöopolare Bindung nach der Quantenmechanik." *Zeitschrift für Physik*, 44 (1927): 455-472.

Hellmann, Hans. *Einführung in die Quantenchemie*. Leipzig und Wien: Deuticke, 1937.

Hess, Kurt. *Die Chemie der Zellulose und ihrer Begleiter*. Leipzig: Akademische Verlaggesellschaft, 1928.

Hoffmann, Roald. "Obituary: Kenichi Fukui (1918-98)." *Nature*, Vol. 391 (February, 1998): 750.

Houte, J. Van. "A Century of Chemical Dynamics Traced through the Nobel Prizes, 1981: Furki and Hoffmann." *Journal of Chemical Education*, Vol. 79, No. 6 (2002): 667-669.

Hückel, Erich. "Quantentheoretische Beiträge zum Benzolproblem. I. Dir Elektronenkonfiguration des Benzols und verwandter Verbindungen," *Zeitschrift für Physik* 70, (1931): 204-286.

――. "Die Bedeutung der neuen Quantentheorie für die Chemie," *Zeitschrift für die Chemie*, Bd. 42, Nr. 9 (1936): 657-662.

James, Jeremiah Lewis. "Naturalizing the Chemical Bond: Discipline and Creativity in the Pauling Program, 1927-1942." Ph. D. Dissertation, Harvard University, 2007.

――. "From Physical Chemistry to Chemical Physics, 1913-1941." *Transformation of Chemistry from the 1920s to the 1960s* (Proceedings of the International Workshop on the History of Chemistry 2015 Tokyo). Tokyo: Japanese Society for the History of Chemistry, 2016 : 183-191.

Jensen, William B. "Kenichi Fukui, 1918-." In Laylin K. James, ed., *Nobel Laureates in Chemistry, 1901-1992*. Washington. D. C. : American Chemical Society and Chemical Heritage Foundation, 1993.

Karachalios, Andreas. *Erich Hückel (1896-1980): From Physics to Quantum Chemistry*. Trans. by Ann M. Hentschel. Dordrecht, Heidelberg, London, and New York: Springer, 2010.

Kikuchi, Yoshiyuki. "Analysis, Fieldwork and Engineering: Accumulated Practices and the Formation of Applied Chemistry Teaching at Tokyo University, 1874-1900." *Historia Scientiarum*, Vol. 18, No. 2 (2008): 100-120.

――. "Mizushima San-ichiro," *New Dictionary of Scientific Biography*. Ed. Noretta Koertge, Vol. 5, Detroit: Thomson Gale, 2008, pp. 167-171.

――. *The English Model of Chemical Education in Meiji Japan: Transfer and Acculturation*. Ph. D. dissertation. The Open University, 2006.

――. *Anglo-American Connections in Japanese Chemistry: The Lab as Contact Zone*. New York: Palgrave Macmillan, 2013.

Kim, Dong-Won. "Two Chemists in Two Koreas," *Ambix*, Vol. 50 (2005): 67-84.

Kita, Gen-itsu. "Action du ferment sur le maltose et le saccharose." *Bulletin de la Societe de Chemie Biologique*, Tome II, No. 3 (1920): 140-142.

Kotani, Masao, Ayao Amemiya, and Tuneto Simoze. "Tables of Integrals Useful for the Calculations of Molecular Energyies." *Proceedings of the Physico-Mathematical Society of Japan*. 20(1938) Extra No. 1: 1-22.

Kotani, M., A. Amemiya, E. Ishiguro and T. Kimura. *Tables of Molecular Integrals*. Tokyo: Maruzen, 1955.

Lécuyer, Christophe. "MIT, Progressive Reform, and 'Industrial Service,' 1890-1920." *Historical Studies in the Physical and Biological Sciences* 26 (1995): 1-54.

――. "Academic Science and Technology in the Service of Industry: MIT Creates a 'Permeable' Engineering School." *American Economic Review* 88 (1998): 28-33.

――. "Patrons and a Plan," in *Becoming MIT: Moments of Decision*. Ed. by David Kaiser. MIT Press: Cambridge, Massachusetts, 2012, pp. 50-80.

Lee, Taikei and Henry Eyring. "Calculation of Dipole Moments from Rates of Nitration of Substituted Benzenes and Its Significance for Organic Chemistry." *Journal of Chemical Physics*, vol. 8 (1940): 433-443.

Lennard-Jones, J. E. "The Electronic Structure of Some Diatomic Molecules." *Transactions of the Faraday Society*, 25 (1929): 668-686.

London, Fritz und Michael Polanyi. "Über die atomtheoretische Deutung der Adsorptionskräfte." *Die Naturwissenschaften*, 18 (1930): 1099-1100.

Löwdin, Per-Olov. "Advances in Quantum Molecular Sciences — A Tribute to Kenichi Fukui." *Journal of Molecular Structure*, 103(1983): 3-24.

Massachusetts Institute of Technology, *The Courses of Study Including Transition Schedules*, The Technology Press, October 1919, pp. 22-23.

Morrell, J. B. "The Chemist Breeders: The Research Schools of Liebig and Thomas Thomson." *Ambix*, 19 (1972): 1-46.

Mulliken, Robert S. "Molecular Compounds and their Spectra. II." *Journal of the American Chemical Society*, 74(1952): 811-824.

——. "Molecular Compounds and Their Spectra. III. The Interaction of Electron Donors and Acceptors." *Journal of Physical Chemistry*, 56 (1952): 801-822.

Nagakura, Saburo. "Recollecting many years of friendship with Professor Kenichi Fukui." *Theoretical Chemistry Accounts*, 102 (1999): 7-8.

Nye, Mary Jo. *From Chemical Philosophy to Theoretical Chemistry: Dynamics of Matter and Dynamics of Discipline, 1800-1950*. Berkeley, Los Angeles, and London: University of California Press, 1993.

——. *Michael Polanyi and His Generation: Origins of the Social Construction of Science*. Chicago and London: The University of Chicago Press, 2011.

Park, Buhm Soon. "Chemical Translators: Pauling, Wheland, and Their Strategies for Teaching the Theory of Resonance." *British Journal for the History of Science* 32 (1999): 21-46.

——. "The Contexts of Simultaneous Discovery: Slater, Pauling, and the Origins of Hybridization." *Studies in the History and Philosophy of Modern Physics* 31 (2000): 451-474.

——. "A Principle Written in Diagrams: The *Aufbau* Principle for Molecules and Its Visual Representations," in *Tools and Modes of Representation in the Laboratory Sciences*. Ed. Ursula Klein. Dordrecht: Kluwer Academic Publishers, 2001, pp. 179-198.

——. "The 'Hyperbola of Quantum Chemistry': The Changing Practice and Identity of a Scientific Discipline in the Early Years of Electronic Digital Computers, 1945-1965." *Annals of Science* 60 (2003): 219-247.

——. "In the 'Context of Pedagogy': Teaching Strategy and Theory Change in Quantum

Chemistry." In *Pedagogy and the Practice of Science: Historical and Contemporary Perspectives*. Ed. David Kaiser. Cambridge, Massachusetts: The MIT Press, 2005, pp. 287–319.

———. "Between Accuracy and Manageability: Computational Imperatives in Quantum Chemistry." *Historical Studies in the Natural Sciences* 39 (2009): 32–62.

Parr, Robert G. and Jane B. Parr, "Kenichi Fukui: recollections of a friendship." *Theoretical Chemistry Account*. 102 (1999): 4–6.

Pauling, Linus. *The Nature of the Chemical Bond and the Structure of Molecules and Crystals: An Introduction to Modern Structural Chemistry*. Ithaca, New York: Cornell University Press, 1939.

———. "Arthur Amos Noyes, 1866–1936." *National Academy of Sciences Biographical Memoirs*. Vol. XXXI (1958): 322–346.

Polanyi, M. und G. Schay. Über hochverdünnte Flammen. II." *Zeitschrift für physikalische Chemie, Abteilung B, Chemie der Elementarprozesse aufbau der Materie*. Bd. 1 (1928): 31–61.

"Publications of Professor Kenichi Fukui." *Theoretical Chemistry Accounts*. Vol. 102, Issue 1–6 (June 1999): 13–22.

Robinson, Robert. *Two Lectures on an Outline of an Electrochemical (electronic) Theory of the Course of Organic Reactions*. London: Institute of Chemistry Publications, 1932.

Sakurada, Ichiro. "Vergleich der Viscosität-Eigenschaften von syntherischen und natürlichen Hochpolymeren Verbindungen (Bemerkungu zu Abhandlungen von H. Staudinger über den Aufbau der Hochmolekularen und über das Viscositäts-Gesets." *Berichte der Deutschen chemischen Gesellschaft*. 68 (1935): 998–1000.

———. *Polyvinyl Alcohol Fibers*. New York: Marcell Dekker, 1985.

Sakurada, I. und S. Lee, "Löst sich Azetylzellulose molecular in organischen Flüssigkeiten?" *Kolloid-Zeitschrift*, LXI Heft1 (1932): 50–54.

Schrödinger, E. "Quantiesierung als Eigenwertproblem (Erste Mitteilung)." *Annalen der Physik*. 4, 79 (1926): 361–376,

———. "Quantiesierung als Eigenwertproblem (Zweite Mitteilung)." *Annalen der Physik*. 4, 79 (1926): 489–527.

———. "Quantiesierung als Eigenwertproblem (Dritte Mitteilung: Störungstheorie, mit Anwendung auf den Starkeffekt der Balmerlinien)." *Annalen der Physik*. 4, 80 (1926): 437–490.

———. "Quantiesierung als Eigenwertproblem (Vierte Mitteilung)." *Annalen der Physik*. 4, 81 (1926): 109–139.

Schwarz, W. H. E. et al. , "Hans G. A. Hellmann (1903-1938)." Trans. from *Bunsen-Magazin*, no. 1 (1999): 10–21; no. 2 (1999): 60–70: http://www.tc.chemie.uni-siegen.

304 | 文 献 一 覧

de/hellmann/hh-engl_with_figs.pdf

Seeman, Jeffrey I. "Woodward-Hoffmann's *Stereochemistry of Electrocyclic Reactions*: From Day 1 to the JACS Receipt Date (May 5, 1964 to November 30, 1964)," *Journal of Organic Chemistry*, vol. 80 (2015): 11632-11671.

Servos, John W. "The Industrial Relations of Science: chemical Engineering at MIT 1900-1939." *Isis* (1980): 531-549.

――. *Physical Chemistry from Ostwald to Pauling: The Making of a Science in America*. Princeton: Princeton University Press, 1990.

Simões, Ana. "Chemical Physics and Quantum Chemistry in the Twentieth Century." In *Cambridge History of Science*, vol. 5, *The Modern Physical and Mathematical Sciences*. Ed. Mary Jo Nye Cambridge, UK: Cambridge University Press, 2003, pp. 394-412.

――. "Mulliken, Robert Sanderson." *New Dictionary of Scientific Biography*. Ed. Noretta Koertge, Vol. 5. Detroit : Thomson Gale, 2008, pp. 209-214.

Simões, A. and K. Gavroglu. "Different Legacies and Common Aims: Robert Mulliken, Linus Pauling and the Origins of Quantum Chemistry." In *Conceptual Perspectives in Quantum Chemistry*. Ed. J.-L. Calais and E. S. Kryachko. Netherlands: Kluwer Academic Press, 1997, pp. 383-413.

――. "Quantum Chemistry qua Applied Mathematics: The Contributions of Charles Alfred Coulson 1910-1974." *Historical Studies in the Physical and Biological Sciences*, 29 (1999): 363-406.

――. "Issues in the History of Theoretical and Quantum Chemistry, 1927-1960." In *Chemical Sciences in the 20th Century: Bridging Boundaries*. Ed. C. Reinhardt. New York: Wiley-VCH, 2001, pp. 51-74.

Staudinger, Hermann. "Über hochmolekulare Verbindungen, 99. Mitteil. : Über dem Aufbau der Hochmolekuaren und über das Viscositätsgesetz." *Berichte der Deutschen chemischen Gesellshaft*, 67 (1934): 1242-1256.

――. "Bemerkungen zu den Publikationen von I. Sakurada." *Berichte der Deutschen chemischen Gesellshaft*, 68 (1935): 1234-1238.

Stranges, Anthony N. "Synthetic Fuel Production in Prewar and World War II Japan: A Case Study in Technological Failure." *Annals of Science* 50 (1993): 229-65.

Transactions of the Faraday Society. 32 (1936), Part 1: 3-412.

Sugiura, Y. "Über die Eigenschaften des Wasserstoffmoleküls im Grundzustande." *Zeitschrift für Physik*, 45 (1927): 489-492.

Tachibana, Akitomo and Kenichi Fukui, "Differential Geometry of Chemically Reacting Systems." *Theoretica Chimca Acta* 49 (1978): 321-347.

――. "Intrinsic Dynamism in Chemically Reacting Systems." *Theoretica Chimca Acta* 51 (1979): 189-206.

文 献 一 覧 | 305

――. "Intrinsic Field Theory of Chemical Reactions." *Theoretica Chimca Acta* 51 (1979): 275-296.

U. S. Naval Technical Mission to Japan. "Japanese Fuels and Lubricants-Article 7: Progress in the Synthesis of Liquid Fuels from Coal, X-38 (N) -7," February 1946, p. 17; http://www.fischer-tropsch.org/primary_documents/gvt_reports/USNAVY

Walker, William H., Warren K. Lewis and William H. McAdams. *Principles of Chemical Engineering*. New York: McGraw-Hill, 1923.

White, James Lindsay. "Polymer Programs around the World: The Department of Polymer Chemistry at Kyoto University." *Polymer Engineering Reviews*, Vol. 2, No. 1 (1982): 1-11.

Witt, Otto N. "Über die Ausbildung der Chemiker für die Technik." *Chemiker-Zeitung*, No. 48 (April 1914): 509-510.

Woodward, R. B. and Roald Hoffmann. "Stereochemistry of Electrocyclic Reactions." *Journal of the American Chemical Society*, 87 (1965): 395-397.

Yonezawa, T., K. Hayashi, C. Nagata, S. Okamura, and K. Fukui. "Molecular Orbital Theory of Reactivity in Radical Polymerization." *Journal of Polymer Science*, 14 (1954): 312-314.

Yonezawa, Teijiro and Chikayoshi Nagata. "Prof. Kenichi Fukui 1918-1998: Theoretical chemist who created the fundamental theory of chemical reactivity." *Theoretical Chemistry Accounts*, 102 (1999): 9-11.

インタビュー一覧

氏名（五十音順）、実施日、実施場所.

荒木不二洋、2009 年 3 月 28 日、東京.
筏義人、2011 年 2 月 18 日、橿原.
櫟原四郎、2008 年 8 月 27 日、大阪.
稲垣博、2006 年 11 月 25 日、京都.
乾智行、2007 年 3 月 2 日、京都.
今西幸男、2009 年 11 月 8 日、京都.
植村榮、2010 年 8 月 3 日、東京.
岡勝仁、2008 年 7 月 21 日、京都.
小野木重治、2006 年 8 月 3 日、京都.
鍵谷勤、2010 年 2 月 22 日、京都、2013 年 8 月 4 日、電話.
梶山茂、2007 年 8 月 20 日、大阪.
喜多一男・時生、2008 年 1 月 25 日、2010 年 3 月 16 日、大和郡山.
喜多真由美・前田貞子、2007 年 3 月 2 日、京都.
喜多洋子、2006 年 11 月 24 日、2010 年 3 月 16 日、2016 年 3 月 16 日、大和郡山.
小辻義男・賢子、2008 年 4 月 28 日、東京.
小林文夫、2007 年 8 月 18 日、京都.
小林四郎、2008 年 7 月 22 日、京都.
近土隆、2006 年 8 月 3 日、2007 年 8 月 19 日、11 月 17 日、京都.
三枝武夫、2011 年 2 月 18 日、京都.
宍戸昌彦、2009 年 3 月 2 日、東京.
新宮秀夫、2010 年 11 月 12 日、2013 年 11 月 8 日、京都.
清水祥一、2010 年 2 月 23 日、京都.
武上久代、2010 年 9 月 6 日、京都.
田中一義、2014 年 3 月 7 日、京都.
玉尾皓平、2012 年 6 月 9 日、和光.
富久登、2008 年 8 月 27 日、西宮.
鶴田禎二、2006 年 8 月 12 日、2007 年 4 月 16 日、7 月 11 日、2008 年 7 月 17 日、2010 年
　6 月 5 日、横浜.
中辻博、2010 年 11 月 13 日、京都.
永田親義、2008 年 9 月 16 日、横浜.

野崎一、2008 年 8 月 28 日、高槻.
野依良治、2009 年 1 月 8 日、和光.
廣田襄、2013 年 11 月 1 日、京都.
福井友栄、2006 年 11 月 25 日、京都.
藤永茂、2013 年 10 月 11 日、博多.
前田一郎、2016 年 3 月 16 日、奈良.
森島績、2011 年 4 月 17 日、神戸.
諸熊奎治、2009 年 3 月 12 日、2013 年 11 月 8 日、京都.
山口兆、2009 年 11 月 7 日、京都.
山邊時雄、2013 年 11 月 1 日、京都.
吉田善一、2007 年 11 月 16 日、大阪.
米澤貞次郎、2007 年 8 月 19 日、大阪.
Roald Hoffmann、2016 年 11 月 2 日、名古屋.

喜多源逸　関連年表

1883（明治 16）年	4 月 8 日	奈良県生駒郡平端村大字額田部に源次郎・た賀の二男として出生、叔父・亥之祐の養子となる
1895（明治 28）年	3 月	平端尋常小学校卒業
1897（明治 30）年	9 月	京都帝国大学創立
1900（明治 33）年	3 月	奈良県郡山中学校卒業
	9 月	第三高等学校入学
1903（明治 36）年	7 月	第三高等学校卒業
	9 月	東京帝国大学工科大学応用化学科入学
1904（明治 37）年	2 月	日露戦争勃発（1905 年 5 月まで）
1906（明治 39）年	7 月	東京帝国大学工科大学応用化学科卒業
	7 月	東京帝国大学大学院入学
1907（明治 40）年	2 月	東京帝国大学工科大学講師
	5 月	工業化学会「編輯員」に選出される
	9 月	前田襄、東京音楽学校助教授
1908（明治 41）年	4 月	東京帝国大学工科大学助教授
	5 月	前田襄と結婚
1909（明治 42）年		実父・源次郎没
1913（大正 2 ）年	7 月	京都帝大で澤柳事件
	12 月	田中芳雄と『有機製造工業化學』全 3 巻出版
1914（大正 3 ）年	7 月	京都帝大、理工科大学を理科大学・工科大学に分離
		工業化学科新設
	7 月	第一次世界大戦勃発
1916（大正 5 ）年	6 月	京都帝国大学工科大学に助教授として転出
		工業化学第三講座分担
	8 月	養父・亥之祐没
1917（大正 6 ）年	3 月	財団法人理化学研究所創立
	9 月	理化学研究所研究員補となる
1918（大正 7 ）年	6 月	第一次世界大戦終結（ヴェルサイユ条約締結）
	7 月	工業化学第五講座担任
	7 月	文部省より 2 年間の留学を命じられる
	11 月	アメリカへ出発
1919（大正 8 ）年	4 月	官制改正により工科大学から工学部になる

	6月	工学博士号授与さる（「リパーゼに関する研究」）
	6月	文部省よりフランスを留学国へ追加の許可下る
1921（大正10）年	1月	帰朝
	1月	教授に昇格 工業化学第五講座担任
	9月	大河内正敏、理化学研究所第三代所長に就任
1922（大正11）年	1月	理化学研究所、主任研究員制度発足、主任研究員
1923（大正12）年	3月	阿部良之助、工業化学科卒業
	9月	妻・襄、同志社女学校教師（ヴァイオリン担当）
1926（大正15）年	3月	桜田一郎、工業化学科卒業
	秋	左京区北白川伊織町に新居完成
	10月	京都帝大に化学研究所設置
	12月25日	大正天皇の死去により昭和に改元
1928（昭和3）年	3月	兒玉信次郎、工業化学科卒業
	9月	桜田一郎、理研在外研究員としてドイツ留学
1929（昭和4）年	3月	高槻に化学研究所の本館竣工、京大「附置」となる
1930（昭和5）年	3月	小田良平、宍戸圭一、工業化学科卒業
		兄・源治郎、喜多醤油を開業
	9月	化学研究所第2代所長となる（1942年9月まで）
	10月	兒玉信次郎、理研在外研究員としてドイツ留学（1932年まで）
1931（昭和6）年	4月	桜田一郎帰国
1932（昭和7）年	6月～12月	ヨーロッパ出張、襄と富久力松（東洋紡）を同行
	12月	兒玉信次郎帰国
1933（昭和8）年	5月	工業化学第四講座を分担
1934（昭和9）年	9月	カール・ラウエル（Karl Lauer）を専任講師として招く
	11月	学術研究会議会員を仰付
1935（昭和10）年	1月	『化學評論』創刊
	3月	桜田一郎、教授
	5月	工業化学第三講座を分担
1936（昭和11）年	1月	甥・喜多義逸（大阪帝大院生）逝去
	2月	石炭液化徳山会議
	3月	新宮春男、工業化学科卒業
	4月	小田良平、工業化学科講師（翌年助教授、1940年教授）
	8月	財団法人日本化学繊維研究所設立（伊藤萬助寄付）
	9月	妻・襄、同志社女子専門学校器楽教授
1937（昭和12）年	3月	岡村誠三、古川淳二、舟阪渡、工業化学科卒業
	4月	合成石油中間試験開始
	5月	ラウエル離任

1938（昭和13）年	6月	堀尾正雄を倉敷絹織より助教授として招く（1941年教授）
	10月	DuPont社、ナイロンを発表
1939（昭和14）年	2月	大阪でナイロン講演会
	3月	工業化学会会長
	4月	燃料化学科新設、燃料化学第一講座担任、工業化学第五講座分担
	4月	児玉信次郎を住友肥料製造所より講師として招く（翌年教授） 宍戸圭一を三菱化成工業より講師として招く（1942年教授）
	8月	満州国へ出張
	9月	工学部長（1941年9月まで）
	10月	李升基、合成一号の発表
1940（昭和15）年	3月	燃料化学第一講座分担、化学機械学科新設
	6月	古川淳二、化研助教授（1948年教授） 岡村誠三、化研助教授（1946年教授）
1941（昭和16）年	2月	財団法人日本合成繊維研究協会設立　副理事長
	3月	福井謙一、工業化学科卒業
	4月	繊維化学科新設
	9月	燃料化学第一講座担任
	10月	財団法人有機合成化学研究所設立（東洋紡の寄付）
	12月8日	真珠湾攻撃、日米開戦
	12月	合成一号中間試験工場建設開始
	12月	鶴田禎二、工業化学科卒業
1942（昭和17）年	12月	科学技術審議会委員
	12月	北海道人造石油滝川工場稼働開始
1943（昭和18）年	1月	大阪帝大工学部醸造学科の高田亮平を教授として工業化学科に招く
	1月	日本合成繊維研究協会、高分子化学協会に改称
	2月	荒木源太郎を東京文理科大学より助教授として工業化学科に招く（翌年教授）
	2月	合成一号本操業
	4月	学術研究会議会員
	4月	定年退官
	8月	福井謙一、燃料化学科講師（1945年助教授、51年教授）
	9月	古川淳二、帝國発明協会の合成ゴム懸賞に受賞
	11月	『合成繊維研究』創刊
1944（昭和19）年	2月	京都帝国大学名誉教授
	5月	戦時研究委員を命ぜられる

	5 月	李升基、化研教授
1945（昭和 20）年	8 月 15 日	終戦
	11 月	李升基帰国
1946（昭和 21）年	8 月	教員適格と判定される
	11 月	合成一号公社設立
1948（昭和 23）年	4 月	立命館専門学校教授・工学科部長・立命館理事（翌年退職）
1949（昭和 24）年	1 月	日本学術会議会員
	4 月	浪速大学（現 大阪府立大学）初代学長に就任
	10 月	日本学士院会員
1950（昭和 25）年	3 月	日本化学会会長
1952（昭和 27）年	5 月 21 日	京大病院にて逝去　勲一等瑞宝章
	5 月 26 日	法然院で本葬
1960（昭和 35）年	4 月	京大工学部に合成化学科新設
1961（昭和 36）年	3 月	野依良治、工業化学科卒業
	4 月	化学機械学科、化学工学科に改称
	4 月	繊維化学科、高分子化学科に改称
1963（昭和 38）年	4 月	野崎一、工業化学科教授
1966（昭和 41）年	4 月	燃料化学科、石油化学科に改称
1980（昭和 55）年	3 月 28 日	妻・襄逝去
1981（昭和 56）年	12 月	福井謙一ノーベル化学賞受賞
1983（昭和 58）年	4 月	工学部化学系学科、工業化学科に統合
2001（平成 13）年	12 月	野依良治ノーベル化学賞受賞

人名索引

【あ行】

アイリング、ヘンリー（Henry Eyring, 1901-
　　1981）　190, 195, 247

アインシュタイン、アルベルト（Albert
　　Einstein, 1879-1955）　197

赤木和夫（1905-　）　245

赤堀四郎（1900-1992）　257, 259

浅井美博　245

朝枝孝　144

生明康介　66

厚木勝基（1887-1959）　123, 124, 148, 150,
　　153, 162

アトキンソン、ロバート（Robert William
　　Atkinson, 1850-1929）　18

阿部良之助（1898-1980）　65-68, 105

天谷千松（1860-1933）　22

荒井渓吉（1907-1971）　133, 147

荒木源太郎（1912-1980）　38-39, 199-202,
　　211, 224, 225

荒木不二洋（1932-　）　199

有本茂（1952-　）　245

安藤一雄（1883-1972）　65-66

李在業［イ・ジェオプ］　114

李泰圭［イ・テギュ］（1902-1992）　138,
　　155, 190, 196

飯島孝　68

飯盛里安（1885-1982）　33

筏義人（1935-　）　126

池田菊苗（1864-1936）　33, 34

石田和弘（1946-　）　245

石橋雅義（1896-1978）　180

磯部甫（1894-1978）　203

磯村乙巳（1905-1981）　37

伊藤萬助（1875-1963）　47, 127-128, 131,
　　139

稲垣都士（1948-　）　245

稲垣博（1924-2007）　5, 6, 8, 125, 256

乾智行（1935-2007）　189

井上祥平（1933-　）　3, 261, 263

今井政三　144

今西幸男（1934-　）　144

今村詮（1934-　）　237, 245

今村奇男　127-128

任正爀［イム・ジョンヒョク］　114

井本立也（1917-2004）　160

岩崎振一郎　66

インゴールド、クリストファー（Christo-
　　pher Kelk Ingold, 1893-1970）　216

ウィーラント、ハインリッヒ（Heinrich
　　Otto Wieland, 1877-1957）　259-260

ウイーランド、ジョージ（George Willard
　　Wheland, 1907-1976）　217-218, 223

ウィット、オットー（Otto Nikolaus Witt,
　　1853-1915）　19, 20

ウィルシング、ルートヴィヒ（Ludwig
　　Wilsing）　86

ウィンターニッツ、フレックス（Flex Win-
　　ternitz）　29

ウォーカー、ウィリアム（William H.
　　Walker, 1869-1934）　30, 206

ウォーシェル、アリー（Arieh Warshel,
　　1940-　）　251

ウッドワード、ロバート（Robert Burns
　　Woodward, 1917-1979）　228-230, 272

内本喜一朗（1935- ） 266

梅原猛（1925- ） 214

江口孝（1898-1985） 85

榎本隆一郎（1894-1987） 91

遠藤一央（1943- ） 245

往西重治 176,177

往西（旧姓喜多）キクエ（シズエ）（1875-1950） 15,176,177

大河内正敏（1878-1952） 31,33-36,103,107,108

大嶌幸一郎（1947- ） 267

大島義清（1882-1957） 65,66

太田勝久 245

大塚良子 137

大築千里（1873-1914） 21,23

大原総一郎（1909-1968） 154

岡崎達也（1924-1998） 189

岡村誠三（1914-2001） 3,44,59,125,126,127,128-131,140,144,146,153,159,162,274

奥田（小辻）賢子（1930- ） 52

長村吉洋 245

オストヴァルト、ヴィルヘルム（Friedrich Wilhelm Ostwald, 1853-1932） 26,106

オストヴァルト、ヴォルフガング（Wolfgang Ostwald, 1883-1943） 106,108

小田良平（1906-1992） 3,33,38,44,46,54,73,126,139,153,163,191,255-258,260,261,262,266,270,274

落合英二（1898-1974） 123

小野木重治（1920-2015） 23,256

【か行】

カープラス、マーティン（Martin Karplus, 1930- ） 236,251

鍵谷勤（1927-2015） 238,242,243,244,247

梶雅範 259

梶山茂（1925-2016） 53

片山正夫（1877-1961） 33,34,231

加藤重樹（1949-2010） 244-246

加藤肇（1941- ） 245

加藤博史（1923-1992） 237,242,245,246

加藤正雄 271

加藤与五郎（1872-1967） 29

金子武夫（1907-1977） 259

金原康助 144

鎌谷親善 48

亀井三郎（1892-1977） 47,146,206,207

亀山直人（1890-1963） 19,266

鴨居武（1864-1960） 16

カラー、パウル（Paul Karrer, 1889-1971） 108

カローザース、ウォーレス（Wallace Hume Carothers, 1896-1937） 120,121,131,133,135,138

川上博（1919-2004） 43,44,137,138,140,142-144,150,151,153,155,160

河喜多能達（1849-1925） 16-17,18,20-21,123-124

川嶋憲治 125

川田茂 129

河東凖 77

川村尚（1941- ） 245,247

菊池大麓（1855-1917） 22

菊池好行 18

喜多一郎 15

喜多亥之祐（1850-1916） 14,15

喜多一男（1934- ） 14,15,45,46,51,52

喜多カツ 15

喜多源逸（1883-1952） 3-4,6-9,13-21,24-55,59-62,65,66,69-74,81-83,90,92,95,98-105,107-111,113-114,123-

126,128-132,135,136,137,139,141-
142,144-145,147-149,152,153,156,
158,160,161,162-163,165,176-179,
181,183,188-189,191-194,198-199,
201,202-208,212-213,221,228,232,
242,247,249-250,255-256,258-261,
266,272-274
喜多源次郎（1847-1909）　14,15,177
喜多源治郎（1877-1959）　14,15,45,51,
177,261
喜多三郎　15,52
喜多（旧姓前田）襄（1883-1980）　15,26,
27,29,42,52,54,198
喜多た賀（1849-1920）　14,15,177
喜多た津　15
喜多保　15
喜多太郎　15
喜多千代　15
喜多時生　14
喜多富子　15
喜多（古川）信　15
喜多富美　15
喜多満智　15
喜多真由美　15,54
喜多稔　15
喜多やす　14,15
喜多雍夫　15
喜多洋子　14,15
喜多義逸（1908-1936）　15,45
北尾修（1960-　）　245
北川進（1951-　）　246
北野登志雄　73,105,129
北野尚男（1927-　）　238,240-243
紀喜一郎　66
君島武男（1886-1978）　65,66
金日成［キム・イルソン］（1912-1994）
159

金泰烈［キム・テヨル］　114
木村健二郎（1896-1988）　97
木村正路（1883-1962）　146
木村和三郎（1898-1995）　44
キュリー、マリー（Marie Curie, 1867-
1934）　208
クールソン、チャールズ（Charles Alfred
Coulson, 1910-1974）　217,223,226
陸羯南（1857-1907）　97
鯨井恒太郎（1884-1935）　33
鯨井忠五　52
熊田誠（1920-2007）　258,262,270
朽津耕三（1927-　）　191
久原躬弦（1856-1919）　63
久保田尚志（1909-2004）　259
久保田勉之助　271
久村清太（1880-1951）　100,102,103
グリーンウッド、ハリー（Harry H. Green-
wood）　223,225
栗原艦司（1879-1934）　67
黒田チカ（1884-1968）　259
ケルン、ウェルナー（Werner Kern, 1906-
1985）　117
呉祐吉（1901-1990）　134,148
幸田（安藤）幸（1878-1963）　27
幸田延（1870-1946）　26,27,29
幸田露伴（1867-1947）　26,27
上月栄一　144
コーリー、エリアス（Elias James Corey,
1928-　）　272
コーン、ウォルター（Walter Kohn, 1923-
　）　251
古賀俊勝（1949-　）　245
古賀伸明（1958-　）　245
小杉信博（1953-　）　245
小竹無二雄（1894-1976）　69,257,259,
260,263

小谷正雄（1906-1993）185,186,246

兒玉信次郎（1906-1996）3,9,11,13,19,
　33,34,36,38-39,41,42,43,47,50,72,
　73,76,77,79,81,82,83,88,90-92,109,
　110,130,153,188,191-208,210,212,
　213,223,232,237,238,242,249,250,
　258,274

小辻義男（1928- ）52

小西英之（1940- ）245

小林恵之助（1913-1996）38,44,141

小林四郎（1941- ）253,261,262,264

小林久芳（1951- ）245

小松茂（1883-1947）63-70,82,104,110

コリュー、ロバート（Robert J. P. Corriu,
　1934-2016）262

近土隆（1916-2010）43,44,59,137,138,
　141,143,146,158

【さ行】

斎藤楢夫　129

佐伯勝太郎（1870-1934）129,130

三枝武夫（1927- ）258

榊茂好（1947- ）247,248

坂田昌一（1911-1970）199,272

櫻井錠二（1858-1939）19,32,33

桜田一郎（1904-1986）3,6,8,9,33,34,
　38,39,41,43,44,48,54,93,95-137,
　139-164,191,194,197,256,258,266,
　267,274

桜田千代子　109

桜田（高倉）紀子　110

桜田文吾（1863-1922）97

桜田まさ　97

桜田満里子　109,127

桜田洋（1933- ）109,110

佐々木申二（1896-1990）179-180,191

サバティエ、ポール（Paul Sabatier, 1854-

　1941）63,68

澤井郁太郎（1896-1967）79

澤柳政太郎（1865-1927）21,22

宍戸圭一（1908-1995）3,33,46,73,191,
　234,265-268,274

宍戸昌彦（1944- ）234,266

芝哲夫（1924-2010）11,13

柴田雄次（1882-1980）97

島内武彦（1918-1980）191

清水祥一（1926-2013）46

清水剛夫（1933-2015）238,242,243,247,
　248

下村脩（1928- ）271

下村孝児　66

シュタウディンガー、ヘルマン（Her-
　mann Staudinger, 1881-1965）5,6,
　95,104-108,111,112,115-121,123,
　162,163

シュタウディンガー、マグダ（Magda
　Staudinger, 1902-1997）5,117

シュルツ、ギュンター（Günter Viktor
　Schulz, 1905-1999）5,6,117

シュレーディンガー、エルヴィン（Erwin
　Rudolf Josef Alexander Schrödinger,
　1887-1961）180,183,194,195,197,
　244

東海林浩太　90

庄野達哉（1929- ）258

昭和天皇（1901-1989）81

白石博　77

白川英樹（1936- ）255

白山隆起　89

新宮春男（1913-1988）3,33,183,188,
　189,191,192,213,214,216,217,220,
　221,223,237,250,255,258,274

新宮秀夫（1938- ）189

スヴェドベリ、テオドール（Theodor Sved-

人名索引 | 317

berg, 1884-1971) 112
杉浦義勝（1895-1960） 185
杉田望（1943- ） 70
杉野目晴貞（1892-1972） 259
鈴木梅太郎（1874-1943） 33, 34
隅田武彦（1896-1981） 137, 139, 144, 153
スターリン、ヨシフ（Иосиф Виссарио́нов
　　ич Ста́лин, 1878-1953） 181
スタイン、チャールズ（Charles M. A.
　　Stine, 1882-1954） 132
ストレンジズ、アンソニー（Anthony N.
　　Stranges） 61
スレーター、ジョン（John Clark Slater,
　　1900-1976） 184, 226
関厚二 129
祖父江寛（1904-1979） 109
宋法燮［ソン・ボプソプ］ 74

【た行】
ダイヴァース、エドワード（Edward
　　Divers, 1837-1912） 16
高倉孝一（1935- ） 110
高洲鐵一郎 80
高谷秀正（1940-1995） 271
高田亮平（1898-1978） 45, 46
高松豊吉（1852-1937） 16, 18
高嶺俊夫（1885-1959） 33, 34
武居三吉（1896-1982） 103
武上善信（1920-2008） 69, 79, 223
竹崎嘉真（1918-2008） 223
竹城富雄 144
立花明知（1951- ） 244, 245
巽和行（1949- ） 248
田中郁三（1926-2015） 191
田中一義（1950- ） 244, 245, 247
田中芳雄（1881-1966） 17, 18, 31, 53, 54,
　　65, 66, 149, 203, 228

田中隆吉 23
田辺元（1885-1962） 11
谷口政勝（1907-1988） 140
谷本富（1867-1946） 22
田原秀一 77, 83
田伏岩夫（1933-1987） 258
玉尾皓平（1942- ） 3, 262
玉蟲文一（1898-1982） 121
田丸節郎（1879-1944） 33
多羅間公雄（1915-1996） 77, 247
千谷利三（1901-1973） 257
朱炫暾［チュ・ヒョンドン］ 160
塚原厳夫 132, 141, 142
辻和一郎（1911-1999） 125, 144
常岡俊三（1909-1948） 44, 72, 74, 81-84,
　　86, 89
鶴田禎二（1920-2015） 3, 115, 125, 126,
　　163, 191, 192, 253, 258, 262, 263, 265,
　　270
ディラック、ポール（Paul Adrien Maur-
　　ice Dirac, 1902-1984） 183, 184, 210
デバイ、ペーター（Peter Joseph Wilhelm
　　Debye, 1884-1966） 106
デュクロー、ジャック（Jacques Eugene
　　Duclaux, 1877-1978） 104
寺前裕之 245
天能精一郎（1967- ） 246
陶山英成 144
ドーデル、レイモンド（Raymond Daudel,
　　1920-2006） 225
富久力松（1898-1988） 41, 59, 66, 105,
　　113, 144, 198
朝永振一郎（1906-1979） 188, 199
友成九十九（1902-1957） 109, 110, 149,
　　150, 154, 163
鳥居敬 144
鳥養利三郎（1887-1976） 115

トローグス、カール（Carl Trogus） 109

トロプシュ、ハンス（Hans Tropsch,
　　1889-1935） 70

【な行】

長井栄一 144

長岡半太郎（1865-1950） 33,34

長岡正隆 245,247

中川有三（1899-1992） 79

長倉三郎（1920- ） 191,227,246

中澤岩太（1858-1943） 16,18,24

中澤良夫（1883-1966） 16,18,23,24,54,
　　98,145,207

中島章夫（1922-1997） 126

中島正 105

永瀬茂（1947- ） 246,248

永田進一（1948- ） 245

永田親義（1922-2016） 169,200,202,211,
　　214,221,223,227,232,233,235-236,
　　237,239,242,243,245

中辻博（1943- ） 244-248,261

中西香爾（1925- ） 271

中西佐七郎 66,142,143

中西壽子 137

夏目漱石（1867-1916） 173,218

鉛市太郎（1883-1951） 16,18,65,66

西川正治（1884-1952） 33

西島安則（1926-2010） 3,256

西田幾多郎（1870-1945） 11

仁科芳雄（1890-1951） 36,199

ネルンスト、ヴァルター（Walter Her-
　　mann Nernst, 1864-1941） 197

ノイズ、アーサー（Arthur Amos Noyes,
　　1866-1936） 26,28-30

野崎一（1922- ） 3,266-268

野副鐵男（1902-1996） 255,259

野津龍三郎（1892-1957） 104,105,110,
　　111,123,180,192,238

野依金城 266

野依良治（1938- ） 3,9,253,255,266-
　　269,271-273

【は行】

ハース、アルター（Arthur Erich Haas,
　　1884-1941） 182,183

バーソロミュー、ジェームス（James R.
　　Bartholomew） 168,171

ハーバー、フリッツ（Fritz Haber, 1868-
　　1934） 194,197

ハーン、オットー（Otto Hahn, 1879-
　　1968） 197

ハイゼンベルグ、ヴェルナー（Werner
　　Karl Heisenberg, 1901-1976） 181,
　　195

ハイトラー、ヴァルター（Walter Hein-
　　rich Heitler, 1904-1981） 183,184,
　　185,195

萩原俊雄 129

朴哲在［パク・チョルゼ］（1905-1970）
　　155

橋本義一郎 77

長谷川基 203,204

端一郎 66

秦逸三（1880-1944） 100

早川幸男（1923-1992） 272

東健一（1905-1995） 191

人見清志 144

檜山爲次郎（1946- ） 267

ヒュッケル、ヴァルター（Walter Hückel,
　　1895-1973） 184

ヒュッケル、エーリッヒ（Erich Armand
　　Arthur Joseph Hückel, 1896-1980）
　　184,186,192

平尾公彦（1945- ） 234,244-246

平尾説市 77

平田義正（1915-2000） 271

平林清（1906-1983） 38, 139, 144, 153

廣田鋼藏（1907-2002） 68

フーゼマン、エルフリーデ（Elfriede Husemann, 1908-1975） 117

ファーブル、アンリ（Jean-Henri Casimir Fabre, 1823-1915） 176, 178

フィーザー、ルイス（Louis Frederick Fieser） 272

フィッシャー、フランツ（Franz Fischer, 1877-1947） 70, 71, 72, 74

笛野高之（1931-2015） 247, 248, 261

福井慶蔵 177

福井謙一（1918-1998） 3, 8, 9, 38, 41, 54, 69, 92, 162, 165, 167-184, 187-192, 198-204, 206-212, 214, 217-251, 255, 258, 264, 270, 272, 274

福井三郎（1919-1998） 46, 266

福井慈夫 177

福井千栄 173, 177

福井哲也 208

福井（旧姓堀江）友栄（1925- ） 208, 209, 219, 229

福井ナカ 176, 177

福井亮吉 173, 176, 177

福島郁三（1882-1951） 23-24, 98, 99, 102, 146, 147, 255

福田祐作（1916-2006） 43, 44

藤井厚二（1888-1938） 42

藤永茂（1926- ） 200, 224, 225, 230

藤野清久（1902-1985） 146

藤本博（1938- ） 238, 242, 244, 245, 247, 248

淵野桂六（1909-1974） 38, 44, 109, 113, 115, 129, 133, 143, 144, 162

舟阪渡（1912-1974） 77, 79, 83, 211

プライス、チャールズ（Charles Coale Price, 1913-2001） 269, 270

プランク、マックス（Max Karl Ernst Ludwig Planck, 1858-1947） 197

古川淳二（1912-2009） 3, 44, 54, 236, 247, 248, 255, 258-264, 270, 271, 274

古林祐佳 120

プルマン、アルベルト（Alberte Pullman, 1920- ） 225, 235

プルマン、ベルナール（Bernard Pullman, 1919-1996） 225, 235

フロイデンベルク、カール（Karl Freudenberg, 1886-1983） 104

フロイントリッヒ、ヘルベルト（Herbert Max Finlay Freundlich, 1880-1941） 194

フローリー、ポール（Paul John Flory, 1910-1985） 235

フント、フリードリッヒ（Friedrich Hermann Hund, 1896-1997） 186

白宗元［ペク・ジョンウォン］（1923- ） 114, 154

ヘス、クルト（Kurt Hess, 1888-1961） 103, 104, 106-112, 116-118, 120, 198

ベルギウス、フリードリヒ（Friedrich Karl Rudolf Bergius, 1884-1949） 64, 70

ベルグマン、マックス（Max Bergman, 1866-1944） 108, 112

ヘルツォーク、レギナルド（Reginald O. Herzog, 1878-1935） 108

ベルトラン、ガブリエル（Gabriel Bertrand, 1867-1962） 29

ヘルマン、ヴィリー（Willey O. Herrmann） 150

ヘルマン、ハンス（Hans Gustav Adolf Hellmann, 1903-1938） 181, 182

320 | 人名索引

ポープル、ジョン（John Anthony Pople,
　1925-2004）251
ポーリング、ライナス（Linus Carl Paul-
　ing, 1901-1994）184-185,187,217,
　230,251
ホール、ジョージ（George Garfield Hall,
　1925- ）248
星野孝平（1910-1990）134
星野敏雄（1899-1979）134,148,259
細矢治夫（1936- ）222,223,226
ボッシュ、カール（Carl Bosch, 1874-
　1940）20
ホフマン、ロアルド（Roald Hoffmann,
　1937- ）228-230,251
ポラニー、ミハエル（マイケル）（Michael
　Polanyi, 1891-1976）38,109,193-
　196,198,200,250
堀謙次　245
堀内寿郎（1901-1979）200,238
堀尾正雄（1905-1996）3,43,145,146,50,
　52,153,227,255,256,274
堀場信吉（1886-1968）82,153,179,190
ボルン、マックス（MaxBorn, 1882-1970）
　185
本多健一（1925-2011）248
本多光太郎（1870-1954）33,34

【ま行】
マーカス、ルドルフ（Rudolph Arthur
　Marcus, 1923- ）251
マイトナー、リーゼ（Lise Meitner, 1878-
　1968）108,112,113,121
マイヤー、クルト（Kurt H. Meyer, 1883-
　1952）108,112,113,121,197
前田貞子　54
牧島象二（1907-2000）266
牧野正三　84

マクアダムス、ウィリアム（William
　Henry McAdams, 1892-1975）206
正岡子規（1867-1902）97
正宗悟　255
眞島利行（1874-1962）33,34,148,259,
　271
益川敏英（1940- ）57
松井元興（1873-1947）128
松浦輝男（1926-2004）262,263
松村彰一　77
馬詰哲郎　66
松本詔子（1942- ）86
松本均（1873-1950）22-24,98,125,207
松本誠　22
マリケン、ロバート（Robert Sanderson
　Mulliken, 1896-1986）186,226,228,
　251
マルク、ヘルマン（Herman F. Mark,
　1895-1992）108,112,113,121,140,
　150
三木鶏郎（1914-1994）213-214
水島三一郎（1899-1983）191
道堯繁治　144
湊敏（1948- ）245
宮崎タマ　26
宮田道雄（1886-1984）98
三輪恒一郎　22
宗像英二（1908-2004）68,69
村岡範為馳（1853-1929）22
村田義夫（1916-1996）43,44,72,74,77,
　78,83,84
村橋俊介（1908-2009）259
森昇　144
森島績（1940- ）244,245,247,248,
森野米三（1908-1995）191
諸熊奎治（1934- ）236,237,242,245,
　246,248,261,270

【や行】

矢木栄（1904-1991） 203

矢沢将英（1905-1980） 148-150,153

安武侑 144

山口兆（1943- ） 248,261

山下晃一（1952- ） 245,247

山下晋三（1928-2010） 261

山下隆男 144,261

山中正之 166

山辺信一（1946- ） 245

山邊時雄（1936- ） 167,231,238,239,
242-245,247

山本晃 144

山本条太郎（1867-1936） 63

山本信夫（1880-1947） 3,267

山本尚（1943- ）

湯淺幸雄 77

湯川秀樹（1907-1981） 36,167,183,188,
199,210,266

ユーリー、ハロルド（Harold Urey, 1893-
1981） 220-221

ユンケル、アウグスト（August Junker）
27

横堀治三郎（1871-1938） 22

吉岡藤作（1889-1961） 98

吉川亀次郎（1869-1956） 21-23

吉川研一（1948- ） 245

吉澤一成（1958- ） 245

吉田卯三郎（1887-1948） 109

吉田善一（1925- ） 1,3,201,202,237,
258,262,270

吉田彦六郎（1859-1929） 21-24,255

吉増欽太 142,143

米澤貞次郎（1923-2008） 167,169,200,
202,210,211,214,217,220-222,223,
232,233,235,237,239,242,244-248

廉成根［ヨム・ソングン］ 114,144

【ら行】

ラウエ、マックス・フォン（Max Theo-
dor Felix von Laue, 1879-1960） 197,
255

ラウエル、カール（Karl Lauer, 1897-
1968） 9,37,146,188,255,256,258-
260

ラプワース、アーサー（Arthur Lapworth,
1872-1941） 216

李升基［リ・スンギ］（1905-1996） 43,
44,48,95,114-116,128,129,136-144,
148,149-151,153-162

ルイス、ウォーレン（Warren Kendall
Lewis, 1882-1975） 206

ルイス、ギルバート（Gilbert N. Lewis,
1875-1946） 216

レヴィット、マイケル（Michael Levitt,
1947- ） 251

レナードジョーンズ、ジョン（John Ed-
ward Lennard-Jones, 1894-1954）
186

レフディン、ペル-オロフ（Per-Olov
Lowdin, 1916-2000） 226

ロビンソン、ロバート（Robert Robinson,
1886-1975） 104,192,195,216

ロンゲット＝ヒギンス、ヒュー（Hugh
Christopher Longuet-Higgins, 1923-
2004） 217

ロンドン、フリッツ（Fritz Wolfgang Lon-
don, 1900-1954） 183-185,195

【わ行】

和田猪三郎（1870-1962） 33

渡辺格（1916-2007） 191

渡邊四郎（1882-1945） 80,81,85

和田野基 109

事項索引

【あ行】

アウタルキー　36,47,59,74,127,131
茜　176
『朝日新聞』　213
朝日ベンベルグ　128
アジピン酸　133
アスファルト　157
東工業米沢人絹製造所　100
アセチレン　132,259,260,261
アセテート　99,131
アニオン重合　265
尼崎人造石油　80
アメリカ化学会　167
『アメリカ化学会誌』　120,231
アメリカ物理学協会　220
アラバマ大学　259
アリザリン　176
『ある朝鮮人科学者の手記』
アレクサンドリア大学　259
アンモニア　20,194,207-208
硫黄　64,68
イオン交換樹脂　257
イギリス学派　216
位相（phase）　230
イソオクタン　204
イソパラフィン　190
一酸化炭素　70,85
伊藤忠商事　145
伊藤萬商店（イトマン）　127,145,154
今宮中学校（今宮高等学校）　173
イリノイ工科大学　231,235
ヴィスコース　100,101,113,140,146

ヴィスコース法（式）　100,131,141,255
『ヴィスコース式人造絹絲』　101
ウィーン大学　182
上田蚕糸専門学校　119
ヴェルサイユ条約　25
ウッドワード＝ホフマン則　228,230,240
漆　22,29,255
ウルシオール　259
栄養化学研究所　45
エチレン　132
X線　38,108-109,113,114,120,133,143,
　　155,162,195,211
エモリー大学　236,245,261
塩化亜鉛　65,67,68
オイルショック　273
王子製紙株式会社　44
応用物理学　39,200,211
鴨沂高等学校　51
大蔵省　65,145
大阪工業大学　45
大阪高等学校　38,174
大阪高等工業学校　23
大阪市立高等女学校（大手門高等学校）
　　26
大阪市立大学　160,259,263
大阪醸造学会　45
大阪帝国大学（大阪大学）　12,16,18,45,
　　65,66,68,69,114,148,247,248,257,
　　259,260,261,263,271
大阪・中之島の陣　124,149-150
『大阪朝日新聞』　133,137,141
『大阪毎日新聞』　75,88

事項索引 | 323

岡山県立工業学校　72,137
岡山大学　266
お茶の水大学　259
オーラル・ヒストリー　7
オワンクラゲ　271
恩賜の銀時計　18

【か行】
海軍省　63,65,146
海軍燃料廠　63-67,69,85,203
会合体説　105
カイザー・ヴィルヘルム化学研究所　103,
　　107,194,197,198
カイザー・ヴィルヘルム石炭研究所　70
カイザー・ヴィルヘルム物理化学電気化学
　　研究所　38,109,193-194
界面活性剤　258
『科學』　121
『化学』　237
科学技術審議会　60
『化学結合の本性』　185
『化学結合論』　185
『化學研究所講演集』　49
化学工学　30,69,85,206-207,208,240,273
『化学工学の原理』　206
科学史　5,6,9,13,173
化学史学会　8,12
『化学史研究』　8
『化学者新聞』　19
科学主義工業　34
化学繊維　47
『科學知識』　135
科学動員　81,148
化学統計力学　212
『科学と人間を語る』　169
『化学反応と電子の軌道』　231
『化學評論』　49,183

化学物理学　200
『化学物理学雑誌』　220,223
『科學ペン』　84
学術研究会議　3,60
学派（research school）　13
学風（scientific style）　13
『学問の創造』　169
苛性ソーダ　100
カゼイン　129
ガソリン（揮発油）　71,79,85,204
褐炭　65
金沢大学　245
鐘淵化学　266
鐘淵紡績（鐘紡）　128,145,148,149-150,
　　153
カネビアン　149
カーバイド　260
紙　101,146
ガラス繊維　82
カリフォルニア工科大学　26
生糸　133
喜多醤油　45-46
喜多文庫　213
軌道（orbital）　186,219-221,225,229-232
軌道対称性　230
岐阜大学　245
絹　133-136,139
絹フィブロイン　114
九州帝国大学（九州大学）　23,65,66,114,
　　225,245
牛乳蛋白　129
共重合　260,261
『京大史記』　22
京都学派　3,4,8,11,13,49,55,60,95,146,
　　162,163,168,246,255,272,274
京都瓦斯　22-23
京都工芸繊維大学（京都高等工芸学校）

324 ｜ 事項索引

23,24,245,248,261,264
『京都日日新聞』 81,141
京都師範学校 199
京都大丸 132
京都帝国大学（京都大学）3,4,6,7,13,14,
16,21-24,25,30,31,32,33,34,35,38,
39,41,44,45,47,49,50,54,55,59,60,
65,66,69,70,71,75,77,79,81,82,83,
90,92,95,99,100,102,106,113,114,
124,125,126,128,129,137,144,145,
150,154,156,164,167,168,183,188,
198,199,203,208,210,236,245,246,
248,255,256,261,262,264,265,266,
268,270,271,273
医学部附属病院 52,221,249,268
医科大学 22
化学研究所 3,6,7,36,38,48,49,60,75,
78,81,82,84,90,114,125,128,130,
137,141,142,148,151,152,153,157,
158,163,190,198,205,248,256,260,
261
経済学部 114
工化総合館 262
工学部 化学機械学科 3,30,47,146,
200,206
工学部 化学工学科 3,30,146
工学部 機械工学科 206
工学部 建築学科 42
工学部 工業化学科（工業化学教室）3,
23,24,36,37,38,44,45,46,47,65,72,
77,79,98,102,111,114,125,129,136,
140,145,146,162,163,176,179,184,
188,190,191,192,194,199,200,201,
202,206,207,211,224,236,247,248,
249,253,255,256,258,259,261,262,
263,265-268,273
工学部 合成化学科（合成化学教室）

237,244,247,253,261-262,263,264,
267
工学部 高分子化学科 3,163,227,234
工学部 石油化学科（石油化学教室）3,
92,167,234,237,238,243,244,246,
247,248
工学部 繊維化学科 3,23,47,48,52,
110,145-147,162,163,191,200,256,
267
工学部 電気工学科 115
工学部 燃料化学科（燃料化学教室）3,
38,47,53,77,79,83,92,110,165,167,
168,187-189,191,192,198,200,204,
205,206,210,212-215,223,232,237,
239,244,247,249,250,258,263,266
工科大学 工業化学科 23
数理解析研究所 199
大学院工学研究科 原子核工学専攻 211
大学院工学研究科 分子工学専攻 248,
273
大学院工学研究科 化学系 273
農学部 82,103
薬学部 206
楽友会館 144,203
理学部 化学科（化学教室） 23,36,37,
63,104,138,179,180,190-191,192,
196,200,234,244,262
理学部 動物学科 38
理学部 物理学科（物理学教室）38,109,
113,155,156,180,182,187,188,199
理科大学 化学科 23
理工科大学 21,22,23,24,27
理工科大学 純正化学科 21,23,29
理工科大学 製造化学科 21,22,23,255
京都大学大学文書館 7
京都通信社 97
『京都日日新聞』 81,141,143

事項索引 | 325

京都府立第一中学校（洛北高等学校） 97
共鳴（resonance） 185
行列力学 →マトリックス力学
極限的反応座標（IRC） 231
局在化法 218,223
倉敷絹織（倉敷レイヨン、クラレ） 102,
　109,110,145,146,152,154,255
熊田・玉尾カップリング（熊田・玉尾・コ
　リューカップリング） 262
呉羽紡績 145
クロスカップリング 262
グロブリン 51
クロロプレン 260
群馬大学 38,129
慶応大学 245
京華社 97
経験化学 251
蛍光 258,262
計算化学 225,232,236,248,251
ゲッティンゲン大学 185,186
『ケミカル・アンド・エンジニアリング・
　ニュース』 167,230
ゲル化反応 239
研究室制度（化研） 36
原子核 197
原子価結合法（VB法） 184-185,186,230
『原子論』 210,219
高圧化学 237-239
工英社 156
高温化学 210,212,237-239
工化会 98
光学顕微鏡 38
工業化学会 3,20,21,60,84,91,122,129,
　130,132,188
『工業化學雑誌』 19,49,59,72,91,101,
　122,124,148
講座制 16,264

麹菌 44
『ごうせい』 263
合成一号 18,95,131,140-144,148-153,
　157,159-162
合成一号公社 154
合成ガソリン 188
『合成液體燃料』 84
合成高分子 123,146
合成ゴム 4,47,48,49,50,55,60,95,104,
　132,147,152,257-261,263
合成樹脂 →プラスチック
合成石油 →人造石油
合成繊維 4,9,47,48,55,60,95,120,129,
　131,132,134,135,136-140,146,147,
　148,152,153,157,159,162
『合成繊維研究』 49,153
合成染料 176
合成皮革 49
合繊 →合成繊維
酵素 18,29,31,264
工部大学校 16
高分子 93,104,115,116,119,121-123,
　125,130,131,141,162,263
高分子化学 5,6,8,9,34,55,95,109-111,
　119,122,123,135,137,145-147,153,
　161,162,163,164,235,236,258,260,
　263,273
『高分子化學』 153
高分子化学協会 152,153
『高分子化学とともに』 96
高分子学会 153,161,163
『高分子の化學』 122
高分子コロキウム 5
高分子説 95,104,105,106,108,110,111,
　119,120,123,130,162
神戸大学 7,105,245,246
酵母 44

香料　16,266
郡山中学校（郡山高等学校）　15
国際純正応用化学連合（IUPAC）248
国際量子分子科学アカデミー　246,248
国際理論物理学会　226
国策科学　9,46-48,55,59,60,81,163
コークス　67,68,85
国立がんセンター（国立がん研究セン
　ター）　236,245
小谷の積分表　185
国家科学財団（NSF）　231
国家総動員法　136
コーネル大学　267
コバルト触媒　72-74,81,82,88
ゴム　16,95,104,108,111,112,118,119,
　120,152,260,261
コールタール　132,176
コロイド　97,100,104,105,107,124,146
コロイド化学（膠質化学、コロイド学、コ
　ロイド科学）　97,106,108,112,121,
　123,125,135,146,194
コロイド学会　108
『コロイド学会誌』
コロンビア大学　236,271
混成（hybridization）　185
こんにゃく　114
コンピュータ　232,236,244,251

【さ行】
最高被占軌道（HOMO）　219,222,225,
　228-230
再生繊維　100,131,132
最低被占軌道（LUMO）　222,225,228-
　230
酢酸セルロース（酢酸繊維素、酢酸人絹）
　47,98,100-101,106,124,138-140,163
錯体化学　97,246

澤柳事件　21-24,54
産業技術総合研究所　245
シカゴ大学　186,225,267
『自然科学』　195
実験化学　232
実験物理学　232
写真化学　98
シャールシュミット反応　190
上海事変　136
重合　119,146,152,235,238,239,240,242,
　243,261
重合体同族列　118
主宰所員（化研）　36,48
シュタウディンガーの粘度則（粘度式）
　108,111,115-117
主任研究員（理研）　3,33,36,60,198,259
潤滑油　79,85,188
商工省　49,65,147
醸造　16,44,45,59
城西大学　245
樟脳油　22
醤油　29,44-45
昭和合成　151
触媒　4,39,64,65,68,70-77,210,238-240,
　242,243,264
触媒化学　55,68,210,247,263
ジョンズホプキンス大学　99
新興人絹　145
人造絹糸（人絹）→レーヨン
『人造絹絲』　124
人造ゴム　→合成ゴム
人造石油（合成石油）　4,39,47,48,49,50,
　55,57,60-65,70,72,75,79-82,84,86,
　88-92,95,153,189,192,207,210
人造石油関係研究実験当事者懇談会　204
人造石油事業振興計画　49
人造石油製造事業法　63

事項索引 | 327

人造石油振興 7 ヶ年計画　63
人造石油第 2 次振興計画　86
人造繊維　47,49,50,81,131,132,146,153,
　　255
人造羊毛　49,128-129
新ミセル説　108,121
水酸化鉄　68
水性ガス　85
水素　27,63,64,70,71,76,77,85,88,91,
　　183,190,217
水素添加　63,64,65,68,204
スウェーデン王立化学アカデミー　167
数学　22,30,38-39,97,167,168,175-178,
　　181,183,187,192,194,195,197,198,
　　199,200,201,203,207,208,221,234,
　　249,250
数理化学　181
数理物理学　181
スケールアップ　61,69
スタンダードオイル社　64
スーパーコンピュータ「京」　244
スフ　48,127,131,136,139,145
住友化学工業　48,75,76,81,193,198,207,
　　237,260
住友鉱業　80
住友肥料製造所　72,193,198
住友本社　128
製紙　16,98
製紙化学　24
清酒　29
製造化学　18,123
生物化学　63,123
石炭　61,62,63,64,65,67,70,75,80,85,
　　91,133,139,176,192
石炭液化　39,61,62,63,65,67,68,70,79,
　　91,188
　間接法　70

　直説法　63,64,67,70
石炭液化徳山会議　65-67
石炭化学　39,210,263
石炭ガス　23,24,98
石油　37,63,64,65,67,82,85,86,98,193,
　　203
石油化学　63,91,92,130,263,266
石油化学工業　91
『石油代用液體燃料』　62
石鹸　16
絶対反応速度論　197
セルロース（繊維素）　9,16,37,95,98-
　　104,106-108,111,112,113,114,116,
　　118-121,124,128,130,131,132,140,
　　143,150,162
セルロース・エステル　99
セルロース化学　95,99,137
セルロース繊維　49,109
『セルロースとその誘導体の化学』　106
繊維　38,47,60,93,95,98,99,100,101,
　　102,109,119,120,125,127,128,130,
　　132,133,134,146-148,151,152,153,
　　154,157,162,163
繊維化学　8,9,24,95,99-100,109,138,
　　146,157,162,191
繊維機械　146
繊維技術総動員　147
繊維工業学会　119
『纖維工業學會誌』　119
繊維国策　127,136
繊維素　→　セルロース
繊維素協会　124
『纖維素工業』　49,99
繊維物理　146
繊維文献刊行会　134
戦時研究員　60,257,266
染料　18,98,99,255,258

328 | 事項索引

染料化学　24,256,258
双極子能率（双極子·モーメント）　106,113
『綜合科學』　121
相互作用フロンティア軌道　231
ソウル大学　155
『素粒子論序説』　210

【た行】
第一高等学校　17
第一次世界大戦　24,25
大学院特別研究生　210
タイガー計算機　220,233
第三高等学校　15-16,97
大豆　128
大豆蛋白　128,129,131,140
大日本セルロイド　109,206
大日本紡績（ユニチカ）　44,102,127,128,
　　145,152,154,160
太平洋戦争　59,70,86,91,152
台北帝国大学　259
タカジアスターゼ　46
滝川化学工業　89
多孔性配位高分子　246
玉出第二尋常小学校（岸里小学校）　173
タール　63,64,67,68,85
単位操作　30,206
炭化水素→ハイドロカーボン
短期現役　203
蛋白質（タンパク質,たんぱく質）　104,
　　112,119,121,128,130
蛋白質研究奨励会ペプチド研究所　12
蛋白質繊維　131
窒素肥料　67
『中央日報』　158
中間工業試験（中間試験）　4,48,61,75-
　　79,81,86,90,131,148,151,153,188,
　　198,204,207

中間子理論　199
超遠心分離　112
朝鮮人造石油　67
朝鮮戦争　155
朝鮮対外科学技術交流委員会　160
通商擁護法　127
津山工業高等専門学校　245
低温乾留法　63
『帝國大學新聞』　86
帝国女子理学専門学校（東邦大学）　208
帝国人造絹絲（帝人）　100,102,103,145
帝国大学令　16
帝国燃料　63,80,81,83
帝国燃料興業株式会社法　63
帝国発明協会　260
ディーゼル油（軽油）　85
低分子説　105,106,111,112
ディールズ・アルダー反応　228
鉄触媒　43,72-74,77,79,81-83,86,88,90
テトロドトキシン　271
デュポン社　132-133,135
電荷移動（charge transfer）　226
電気化学　22,23,98
電磁気学　197
電子顕微鏡　38
伝統（research tradition）　13
『伝統の形成と継承』　7
澱粉（でんぷん、デンプン）　104,112,
　　114,118,121
天然ゴム　104
天然繊維　127,133
天然物有機化学　255,266,271
『ドイツ化学会誌』　105,107,116,117,119
ドイツ化学者会議　184
ドイツ博物館　5,116
『東亜日報』　158
東京音楽学校（東京藝術大学）　26,29

東京化学会　32
東京工業大学　114,134,148,203,205,259,
　　266
　　燃料工学科　188
東京高等工業学校　23,29
東京高等商業学校（一橋大学）　173,176
東京帝国大学（東京大学）　4,16,17,18,
　　21,23,24,31,32,44,53,54,65,66,99,
　　114,124,125,148,149,150,162,168,
　　176,203,205,227,244,245,261,263,
　　265
　　教養学部　244
　　工学部 応用化学科　4,16,18-19,21,23,
　　　24,37,47,54,68,98,100,109,123,124,
　　　148,149,168,227,228,248,263,266
　　工学部 化学工学科　263
　　工学部 火薬学科　263
　　工学部 工業化学科　263
　　工学部 合成化学科　263
　　工学部 燃料工学科　263
　　第一工学部 石油工学科　188
　　第二工学部 応用化学科　47
　　理学部 化学科　16,37,97,168,191,271
　　理学部 工学科　168
　　理学部 数学・物理学科及び星学科　168
　　理学部 物理学科　146,168,185
　　理科大学 化学科　19
東京文理科大学（筑波大学）　199
東京法学院（中央大学）　97
東京理科大学　245
トウゴマ　31
同志社女子専門学校　26
透電率　113,114,115,120
東邦人造繊維　145
東北帝国大学（東北大学）　21,109,114,
　　148,259,261
　　工学部 応用化学科　264

灯油　85
東洋ゴム工業　59
東洋紡績　48,102,128,145,151,152,198
東洋レーヨン（東レ）　102,134,145,266
徳島大学　189
特許庁　150
塗料　16
トルエン　257

【な行】
内閣資源局　65
内閣対満事務局　65
内務省　45
ナイロン　48,95,131-139,141,154,157,
　　162,257,266
名古屋帝国大学（名古屋大学）　46,114,
　　199,237,245,248,255,266,272
　　理学部 化学科　271
浪速大学（大阪府立大学）　3,44,50,51
灘高等学校　266
ナフタレン（ナフタリン）　217-220,258
奈良教育大学　245
奈良高等女学校　173
奈良大学　245
二酸化トリウム（トリア）　72
日米通商航海条約　86
日露戦争　97
日韓併合条約　114
ニッケル触媒　73,74,77,261,262
日清戦争　97
日中戦争　59,63,84,136,188
日朝科学技術協力委員会　160
ニトリルゴム　260
ニポラン　131
日本化学会　3,51,82,84,91,248
　　維持会員制度　51
日本化学会賞　91

日本化学繊維研究所　3,47,48,126,128,
　　131,132,139,141,143,150,154,162,
　　163
『日本化學繊維研究所講演集』　49
日本学士院　3,54,248
日本学士院賞　191,227
日本学術会議　3
日本瓦斯化学工業　91
日本化成　128
日本毛織　145
日本原子力研究所　161
日本合成化学工業　151
日本合成繊維研究協会　3,48,145,147-
　　153,162,163
日本触媒学会　68
日本人造石油会社　88
日本新聞社　97
日本曹達工業　149
日本大学　114
日本窒素　151
日本紡績　151
日本レイヨン（ユニチカ）　102,128,145,
　　152
ニューイングランド音楽院　29
二浴緊張紡糸法　101,146
燃焼工学　212
粘度　98,105,107,108,112,118,123,124,
　　130,162
燃料化学　8,9,191,192,234,249,250
『燃料協會誌』　62
ノーベル賞　7,167,169,170,188,220-221,
　　246,249,251
　ノーベル化学賞　3,38,92,163,165,167,
　　212,228,230,232,233,236,239,247,
　　250,251,255,269,271,272
　ノーベル賞の館　188
　ノーベル物理学賞　226

『ノーベル賞の周辺』　167

【は行】
ハイデルベルク大学　104
ハイトラー＝ロンドン論文　184-185
ハイドロカーボン（炭化水素）　64,71,79,
　　91,190,192,204,214,216-217,226,
　　237,250
パイロットプラント　47,61,75,79,101,
　　260
パスツール研究所　29,104
発酵　18,24,29,45,50,59,98,99
波動関数　186
波動方程式　181,194
波動力学　181,199
ハーバード大学　99,228,236,272
パラフィン　190,259
パルプ　43,98,100,101,146,255
半合成繊維　60,99,131,132
非経験的分子軌道法（ab initio MO 法）
　　251
ビナロン　155,160
ビニル重合　130,261
ビニロン　43,48,109,141,154,161,162,
　　266
ヒノキチオール　255
蓖麻子　31
ヒュッケル法　186,218-219,236
　拡張ヒュッケル法　228
平端尋常小学校（昭和小学校）　15
広島高等学校　129
広島大学　237,245
『ファーブル昆虫記』　175-176
ファラデー学会　121
『ファラデー学会紀要』　121
フィッシャー法（フィッシャー・トロプ
　　シュ法）　63,70,71,73,78,79,80,83,

84

フィルム　99,152

福井謙一記念研究センター　245,248

福島人絹　145

福島紡績　145

ふぐ毒　271

富士紡績　133

富士瓦斯紡績　145

撫順炭　65

不斉カルベン反応　269,272

不斉触媒反応　269

不斉水素化反応　272

ブタノール　204,237

ブタジエン　260

フッ化カリウム　239

物理化学　19,26,36,39,91,106,123,179,
　　197,199,212,221

『物理化学雑誌 B』（ドイツ）　193

『物理化学雑誌』（アメリカ）　221,231

物理学　30,34,38,54,97,108,162,167,
　　168,180,181,182,183,184,194,197,
　　198,199,203,211,213,221,232,249,
　　250,251

物理学還元主義　183,187

『物理学雑誌』　183

『物理学年報』　180,182

『物理学便覧』　180

『物理学レビュー』　221

物理有機化学　261,262,271

ブナ N、S　260

フライブルク学派　6

フライブルク大学　5,104,117

プラスチック　4,47,49,104,119,132,147,
　　152,163,210,263

プラハ・ドイツ工科大学　37

フランス化学会　29

フランス生化学会　29

フリーデル・クラフツ反応　266

プリンストン大学　190,196

ブレスラウ工科大学　259

フロンティア軌道　222,225,231,232,238

フロンティア軌道理論　38,167,169,172,
　　190,192,217,227-232,235,236,237,
　　243,250

フロンティア電子　211,221,224,235

文化勲章　3,159

『文藝春秋』　52

分子科学研究所　236,245,246

分子軌道法（MO 法）　186,216,219,230,
　　235,251

分子積分　185

分析化学　180

米国戦略爆撃調査団　57,90

米海軍訪日技術使節団　90

ヘキサメチレンジアミン　134

ベトナム戦争　273

ヘモネティックスジャパン　110

ベルギウス法　64

ベルリン大学　195,197

ベルリン工科大学　19

ベンツピレン　235

ペンシルヴェニア大学　269

芳香族炭化水素　218,220-221,235

紡糸　131,132,140,143,144,146,150,151,
　　152

　湿熱式（湿式）　140,141,148-150

　乾熱式（乾式）148,150

放射線重合　161

法然院　53,54,249

北清事変　97

星薬科大学　208

北海道人造石油　80-90

　滝川研究所　85

　滝川工場　80-81,87-89

332 | 事項索引

留萌研究所　85,86
北海道炭礦汽船　80
北海道帝国大学（北海道大学）　114,200,
　　205,238,259
　燃料工学科　188
保土谷化学　37-38
ポリアミド　119
ポリエステル　119
ポリエチレン　207,237,239
ポリオキシメチレン　108,111,119
ポリオレフィン　239
ポリ酢酸ビニル　132,139,140,144,151,
　　152
ポリスチレン（ポリスチロール）　108,
　　111,119,132,141
ポリビニルアルコール　139-141,143-144,
　　148,150,151,155,161
ポリプロピレン　268
ポリマー　104-105,152
ポリメタクリル酸メチル　132
ホルマリン　140,141,143,150
ホルモン　266

【ま行】
マインツ大学　6,117
マサチューセッツ工科大学（MIT）　26,
　　28-30,99,193,206,255
　化学科　30
　化学工学科　30
　化学工学実習所　30
　物理化学研究所　26,28
松江高等工業専門学校　23
松山高等学校　114
マトリックス力学（行列力学）　181,194,
　　195,199
『満州開発四十年史』　67
満州事変　136

マンチェスター大学　198
ミセル　113,120,125
三井鉱山（三井化学工業,三池石油合成）
　　80,81,85,88
三井造船　85
三井物産　79,80
密度汎関数法　251
三菱化成　154,265
三菱鉱業　80
南満州鉄道株式会社（満鉄）　63,65,67
　中央試験所　18,65,67,68,106
宮川毛織　131,139
無機化学　30,36,179,191,197
無機化学工業　98
無機製造化学　23
室蘭工業大学　245
明治専門学校　23
明正レイヨン　145
メタノール　70,85
メタン　63,76,85
メチルビニルケトン　260
綿業会館　120,134,141
綿製品　136
木綿　99,127,135
モラル・エンバーゴ　86
文部省　25,29,49,103,146,236,237,257,
　　261

【や行】
安田銀行　80
山形大学　44
山口大学　245
ヤマトイチ　45
ヤング率　134,141
有機化学　30,36,39,63,64,108,110,121,
　　123,132,180,184,189,197,213,216,
　　222,255,258,259,260,261,266,269,

271,272

有機化学工業　132

有機金属化学　262

有機ケイ素化学　262

有機工業化学　53,273

有機工業化学大要　39

有機合成化学（有機合成）　9,37-38,49,
　　55,139,147,213,238-240,242,243,
　　255,256,258,259,262,263,265

有機合成化学研究所　3,48,49,260

有機製造化学　24,255

『有機製造工業化學』　17

有機電子論　192,216-217,250

融通寺　53

誘電率　106,116,162

油脂　16,18,37,98,99,102,255,259

油脂化学　31,256

ユニチカ　44

『夢十夜』　218

窯業　96

羊毛　43,127,130,135,141,162

吉田の蛍光則　262

米沢高等工業学校　23

【ら行】

ライプチヒ大学　26,106,191

ラッカー　99

ラニタール　129,131

理化学研究所　3,7,32-36,38,47,48,49,
　　60,72,103,108,111,113,124,140,162,
　　163,185,192,193,198,199,203,244,
　　259,260,262,271

　記念史料室　103

『理化學研究所彙報』　49

陸軍技術有功章　160,204

陸軍省　65

陸軍燃料廠　69,82,203-204

『陸軍燃料廠』　204

陸軍燃料研究所　203-204,237

理研コンツェルン　34

理研精神　31,35,54

立体選択性　228-229

立命館専門学校（立命館大学）　50

リパーゼ　29,31

量子化学　3,4,8,9,38,55,92,167,168,
　　169,172,181-187,195,198,202,210,
　　217,220,221,226,228,230,231,232,
　　234,237,239,240-244,246-251,258,
　　261

『量子化学』　181,182

量子化学史　169,171,172

量子化学シンポジウム（サニベル島）
　　228,229,236

『量子化学入門』（米澤ほか著）　237

『量子化学入門』（ヘルマン著）　181-182

『量子化学の基礎』　182

量子力学　38,55,167,180-184,187,190,
　　192,194-202,203,210,211,214,219,
　　220,239,247,250,251

『量子力学序説』　210

量子論　→量子力学

旅順工科大学　79

理論化学　4,232,239,246,248,250,261,
　　273

理論セミナー　210

理論物理学　39,197,200,211,226,232

ルーア・ヘミー社　79-80

レーヨン　48,60,95,100-102,127,131,
　　133,136,137,146,147,254,255

盧溝橋事件　136

ロチェスター大学　236

【わ行】

早稲田大学　114

『我等の化學』 110, 111

【欧字】

Deaprtment of Hydrocarbon Chemistry
237

Gausian　251

GHQ　89, 90, 205, 210, 261

GR-S　260

HOMO　→最高被占軌道

IG ファルベン社　64

Journal of Polymer Science　153

Kuhn-Mark-Houwink-Sakurada 式　115

LUMO　→最底被占軌道

MO 法　→分子軌道法

Makromolekulare Chemie　153

Polyvinyl Alcohol Fibers　161

Principles of Polymer Chemistry　235

PVA　→ポリビニルアルコール

VB 法　→原子価結合法

π 電子　219, 227, 262

π 電子討論会　227

［著者略歴］

古川　安（ふるかわ　やす）

科学史家．日本大学生物資源科学部教授．
1948年　静岡県生まれ．東京工業大学工学部合成化学科卒業，米国オクラホマ大学大学院博士課程修了，Ph. D. 帝人株式会社，横浜商科大学商学部助教授，東京電機大学工学部助教授・同教授を経て現職．
化学史学会会長（2011-2016），日本科学史学会欧文誌編集委員長（2003-2007），*Chemical Heritage*（米国・化学遺産財団誌）海外編集委員（1993-2011），国際科学史技術史科学哲学連合・現代化学史委員会役員（1999-2015），徳山科学技術振興財団理事（2017- ）．
日本産業技術史学会賞（2001），化学史学会学術賞（2004），化学史学会論文賞（2013, 2016）．
主要著書
『科学の社会史―ルネサンスから20世紀まで―』（南窓社，1989；増訂版2000），*Inventing Polymer Science, Staudinger, Carothers, and the Emergence of Macromolecular Chemistry*（University of Pennsylvania Press, 1998）．［共著］：『科学史』（弘文堂，1987），『精密科学の思想』（岩波書店，1995），『科学と国家と宗教』（平凡社，1995）．［共編著］：『化学史事典』（化学同人，2017）．

化学者たちの京都学派
――喜多源逸と日本の化学

2017年12月5日　初版第一刷発行

著　者	古　川　　　安	
発行人	末　原　達　郎	
発行所	**京都大学学術出版会**	
	京都市左京区吉田近衛町69	
	京都大学吉田南構内（〒606-8315）	
	電　話　075(761)6182	
	FAX　075(761)6190	
	URL　http://www.kyoto-up.or.jp	
印刷・製本	亜細亜印刷株式会社	
装　幀	森　　　華	

Ⓒ Yasu Furukawa 2017　　　　　　　　　　　Printed in Japan
ISBN978-4-8140-0122-4　　　　　　定価はカバーに表示してあります

本書のコピー，スキャン，デジタル化等の無断複製は著作権法上での例外を除き禁じられています．本書を代行業者等の第三者に依頼してスキャンやデジタル化することは，たとえ個人や家庭内での利用でも著作権法違反です．